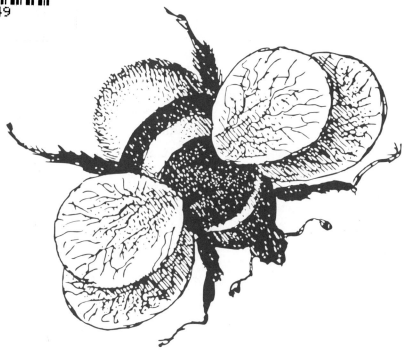

Python

树莓派开发

从入门到精通

明日科技　编著

清华大学出版社

北京

内 容 简 介

本书从初学者角度出发，通过通俗易懂的语言、丰富多彩的实例，详细介绍了使用 Python 树莓派进行软件和硬件项目开发需要掌握的技术。全书共分为 4 篇 15 章，包括树莓派基础、树莓派使用 Python、Linux 命令、常用操作、常用服务、GPIO 基础、简单硬件、高级硬件、控制电机、OpenCV 应用、传感器、扩展板、Arduino 使用，以及 4 个小型软件项目实战和智能小车硬件项目实战。书中所有知识都结合具体实例进行介绍，涉及的程序代码给出了详细的注释，可以使读者轻松领会树莓派开发的精髓，快速提高开发技能。

本书列举了大量的小型实例、综合实例和部分项目案例；所附资源包中有实例源程序及项目源码等；本书的服务网站提供了模块库、案例库、题库、素材库、答疑服务等。

本书内容翔实，实例丰富，既可作为树莓派初学者的学习用书，也可以作为软件和硬件开发人员的案头查阅、参考资料。

图书在版编目（CIP）数据

Python 树莓派开发从入门到精通 / 明日科技编著. —北京：清华大学出版社，2021.10（2025.2重印）
ISBN 978-7-302-58395-0

I. ①P… II. ①明… III. ①软件工具—程序设计 IV. ①TP311.561

中国版本图书馆 CIP 数据核字（2021）第 117378 号

责任编辑：贾小红
封面设计：飞鸟互娱
版式设计：文森时代
责任校对：马军令
责任印制：沈　露

出版发行：清华大学出版社
　　　网　　址：https://www.tup.com.cn，https://www.wqxuetang.com
　　　地　　址：北京清华大学学研大厦 A 座　　　　　　　　邮　　编：100084
　　　社 总 机：010-83470000　　　　　　　　　　　　　　邮　　购：010-62786544
　　　投稿与读者服务：010-62776969，c-service@tup.tsinghua.edu.cn
　　　质量反馈：010-62772015，zhiliang@tup.tsinghua.edu.cn
印 装 者：北京同文印刷有限责任公司
经　　销：全国新华书店
开　　本：203mm×260mm　　　印　　张：24.25　　　字　　数：666 千字
版　　次：2021 年 10 月第 1 版　　　　　　　　　　印　　次：2025 年 2 月第 7 次印刷
定　　价：89.80 元

产品编号：090254-01

前　言

Preface

在大数据、人工智能应用越来越普遍的今天，Python 可以说是当今世界上最热门、应用最广泛的编程语言之一，在人工智能、爬虫、数据分析、游戏、自动化运维等方面，无处不见其身影。而树莓派作为最流行的开发板之一，在其上可以使用 Python 等多种编程语言进行开发。翻开本书，通过树莓派使用 Python 开发软件和硬件的大门缓缓打开。

本书内容

本书提供了从 Python 树莓派入门到编程高手所必需的各类知识，共分为 4 篇，大体结构如图所示。

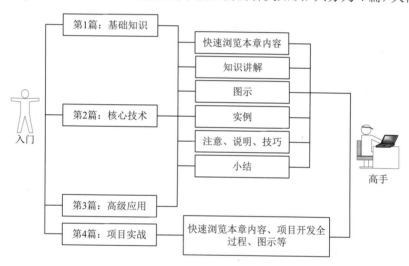

第 1 篇：**基础知识**。本篇主要包括树莓派基础、树莓派使用 Python、Linux 命令、常用操作和常用服务等内容。通过本篇的学习，可以使读者快速掌握树莓派的必备基础知识，为以后编程奠定坚实的基础。

第 2 篇：**核心技术**。本篇介绍树莓派中 GPIO 相关基础知识，并使用部分简单和高级的硬件，最后还将介绍常见控制电机的控制方法和 OpenCV 最新库在树莓派中的安装方法与简单应用。学习完本篇，即可控制一些常见的硬件，以此来实现一个简单的项目需求。

第 3 篇：**高级应用**。本篇介绍树莓派常用的各类传感器和扩展板，以及配合 Arduino 的使用方法。学完这一部分，可以利用各类传感器、扩展板和 Arduino 来实现一些较为复杂的项目。

第 4 篇：**项目实战**。本篇使用树莓派来完成一些常用的软件项目，如家居控制、智能音箱、Android TV 和个人博客网站搭建。同时，也使用树莓派制作了类似智能小车的硬件项目。通过本篇的学习，可以使用树莓派研发一些高级的应用，并加深对软件和硬件项目的实践开发流程的理解。

本书特点

☑ **由浅入深，循序渐进：** 本书以初、中级程序员为对象，采用图文结合、循序渐进的编排方式，从树莓派每个必备硬件介绍和系统烧录，到树莓派的核心技术应用，最后通过多个完整软件和硬件实战项目，对树莓派开发进行详细讲解，帮助读者快速掌握树莓派开发技术，全面提升开发经验。

☑ **实例典型，轻松易学：** 本书实例丰富，提供了 120 个应用实例，读者可边学边练。另外，为了便于读者阅读程序代码，快速学习编程技能，书中为重要代码提供了注释。

☑ **项目实战，积累经验：** 本书通过完整的实战项目，讲解实际项目的完整开发过程，带领读者亲身体验开发项目的全过程，积累项目经验。

☑ **精彩栏目，贴心提醒：** 本书根据学习需要使用了很多"注意""说明""技巧"等小栏目，可以让读者在学习过程中更轻松地理解相关知识点及概念，并轻松地掌握个别技术的应用技巧。

读者对象

☑ 初学编程的自学者　　　　　　　☑ 编程爱好者

☑ 大中专院校的老师和学生　　　　☑ 相关培训机构的老师和学员

☑ 毕业设计的学生　　　　　　　　☑ 初中级程序开发人员

☑ 程序测试及维护人员　　　　　　☑ 参加实习的"菜鸟"程序员

读者服务

本书配套的学习资源包，读者可扫描图书封底的"文泉云盘"二维码，获取其下载方式。读者也可登录清华大学出版社网站（www.tup.com.cn），在对应图书页面下获取其下载方式。

致读者

本书由明日科技 Python 开发团队组织编写。明日科技是一家专业从事软件开发、教育培训以及软件开发教育资源整合的高科技公司，其编写的教材非常注重选取软件开发中的必需、常用内容，同时也很注重内容的易学、方便性以及相关知识的拓展性，深受读者喜爱。其教材多次荣获"全行业优秀畅销品种""全国高校出版社优秀畅销书"等奖项，多个品种长期位居同类图书销售排行榜的前列。

在编写本书的过程中，我们始终本着科学、严谨的态度，力求精益求精，但不足、疏漏之处在所难免，敬请广大读者批评指正。

感谢您购买本书，希望本书能成为您编程路上的领航者。

"零门槛"编程，一切皆有可能。

祝读书快乐！

编　者

2021 年 8 月

目 录

Contents

第 1 篇 基 础 知 识

第 2 篇 核 心 技 术

第3篇　高　级　应　用

第 4 篇　项 目 实 战

第 1 篇　基础知识

本篇主要包括树莓派基础、树莓派使用 Python、Linux 命令、常用操作和常用服务等内容。通过本篇的学习，可以使读者快速掌握树莓派的必备基础知识，为以后编程奠定坚实的基础。

第1章

树莓派基础

树莓派是为学习计算机编程而设计的微型计算机，其系统基于 Linux，在其上学习 Python 更是事半功倍。树莓派自问世以来，受众多计算机发烧友和创客的追捧，曾经一"派"难求。虽然其外表"娇小"，但内"心"却很强大，具有视频、音频等多种功能，可谓"麻雀虽小，五脏俱全"。

1.1　树莓派简介

Raspberry Pi（中文名为"树莓派"，简写为 RPi、RasPi 或 RPI）是尺寸仅有信用卡大小的微型计算机，如图 1.1 所示。可以将树莓派连接电视、显示器、键盘鼠标等设备使用。因其尺寸小、价格便宜且扩展性强，树莓派能替代日常桌面计算机的多种用途，包括文字处理、电子表格、媒体中心甚至游戏。此外，最新的树莓派 4B 还可以双屏输出 4K 的高清视频。

图 1.1　树莓派

1.1.1　起源

2006 年 Eben Upton（埃·厄普顿博士）在面试申请剑桥大学的高中生时，他注意到许多学生不知道计算机是什么，以及是如何工作的。他意识到学校并没有教给学生计算机的基础知识，而只是教会他们如何使用软件，把大量的时间浪费在了这种低价值技能上。培养学生应该把时间花在计算机基础教育上，如编程语言、计算机的工作原理等。

在学生们的眼中计算机专业看起来平淡无奇，甚至乏味并且学费有些昂贵。因此提供一个便宜、灵活的小型计算设备更能激起人们对计算机学科的兴趣。于是 Eben Upton 博士联络了志同道合的教师、学生和计算机爱好者，开发出了"Raspberry Pi"（中文译名"树莓派"），当 A 型树莓派在 2012 年发售时，几乎立刻售罄。升级后的 B 型，在当年夏末销售依然火爆。在研发出树莓派后，该开发团队成立了注册于英国的慈善基金会，即"Raspberry Pi 基金会"。

基金会以提升学校计算机科学及相关学科的教育，以让计算机变得有趣为宗旨。基金会期望这一款计算机无论是在发展中国家还是在发达国家，会有更多的其他应用不断被开发出来，并应用到更多领域。

1.1.2　介绍

树莓派是一款开源的硬件，搭载着 CPU、图形处理器、内存、USB 控制器等，构成了一个片上系统。它虽然比笔记本电脑和台式计算机速度慢、性能低，但仍然是一个完整的 Linux 计算机，而且功耗极低。树莓派的很多项目都是开源的，有很全面的文档，使用者可以参与修改这些项目，或在其基础上创作自己的新项目。

目前，树莓派的最新版本是 Raspberry Pi 4，如图 1.2 所示。树莓派 4 首次提供 PC 级性能，同时保持了经典树莓派产品的对接能力和可编程性，例如，使用 1.5GHz ARM 芯片、更高的自选内存，支持双 HDMI 4K 显示器、USB 3.0、蓝牙 5.0，以及板载无线网络和千兆以太网等，本书将使用 4B 版本树莓派来演示具体的用法。新版本的树莓派通常向前兼容旧版本，所以旧版本的项目大多数移植到新版本上依旧可用。

树莓派有两种型号即 A 和 B，型号 B 的可扩展性远胜于 A，如内存、USB 口的数量、网卡等。所以 A 型的价格相对更加优惠，且功耗更低。读者在购买前请根据自身需求购买适宜版本的树莓派，避免性能过剩，造成资源浪费。型号 A+和型号 B+分别是相对于型号 A 和型号 B 的升级版本。在树莓派的终端中，可以通过以下命令查看树莓派的型号：

图 1.2　最新版本 Raspberry Pi 4

```
cat /proc/cpuinfo
```

在返回的结果中最后一行会出现 Model 栏，其对应的就是树莓派的版本信息，例如："Model: Raspberry Pi 4 Model B Rev 1.1"代表的是树莓派 4 代 B 型，或者通过外观简单判断树莓派的型号，具体如下。

☑　A 型：1 个 USB 口、无有线网络接口、功率 2.5W、500mA、256MB RAM（基本已经见不到了）。

☑　B 型：2 个 USB 口、支持有线网络、功率 3.5W、700mA、512MB RAM、26 个 GPIO。

☑　B+型：4 个 USB 口、支持有线网络、功耗 1W、512MB RAM、40 个 GPIO。

1.1.3　系统

树莓派主要的操作系统为 Linux 操作系统，许多 Linux 发行版都为树莓派提供了优化的版本。两个最流行的版本是 Raspberry Pi OS（也称为 Raspbian）和 Pidora，其中 Raspberry Pi OS 是基于 Debian 操作系统，Pidora 是基于 Fedora 操作系统。对于初学者来说，两个系统都是可以选择的，但最好是选择一个和平时使用的桌面系统或服务器环境较为相似的系统。

如果想尝试不同的 Linux 发行版，但是不能确定使用哪个版本时，可以尝试最新生成软件（New out of Box Software，NOOBS）。当第一次从 TF 卡启动时，它会提供一个菜单让使用者选择，并列出多个 Linux 发行版，包括 Raspberry Pi OS 和 Pidora。如果想尝试不同版本的系统，或是系统出现问题，只需要在启动时按住键盘上的 Shift 键，就会重新弹出该选择菜单。

当然还有很多其他的选择，OpenELEC 和 RaspBMC 同样是基于 Linux 的发行版系统，它们主要用于作为媒体中心的树莓派。树莓派支持的系统非常多，例如：Raspberry Pi OS、Arch Linux ARM、Debian Squeeze、Firefox OS、Gentoo Linux Google Chrome OS、Raspberry Pi Fedora Remix、Slackware ARM QtonPi、Slackware ARM、WebOS、RISC OS、FreeBSD、NetBSD、Android 4.0（Ice Cream Sandwich）等。也有非 Linux 的系统，如运行在树莓派上的 RISC 系统和 Windows 10 IoT。一些树莓派爱好者为了学习操作系统原理，甚至利用树莓派来设计自己的操作系统。

1.1.4　应用

树莓派相对于传统计算机价格低廉、功耗更低且拥有 GPIO 数模转换接口，通过它可以控制各种传感器、电动机等，这也就意味着树莓派的用途将更加广泛。例如，作为一个低能耗的 Linux 家用服务器，可以提供与网络相关、文件相关、音频以及视频相关的各种服务，具体如下：

- ☑ 连接硬件用来做数据采集、监控、分析、发布等。
- ☑ 作为小车、飞行器、机器人、智能家居等智能设备的控制中心。
- ☑ 轻量级的计算机，这也是树莓派设计的初衷。
- ☑ 用于青少年的编程学习。
- ☑ 用于搭建原型产品。

1.2　烧　录　系　统

树莓派就是一款小型的计算机，就像常见的计算机一样，如图 1.3 所示。它也需要存储设备、电源、显示器、键盘和鼠标等。本节将介绍树莓派 4B 的一些必须外设以及如何搭建树莓派的环境，将树莓派组装成一台可以操作的计算机。

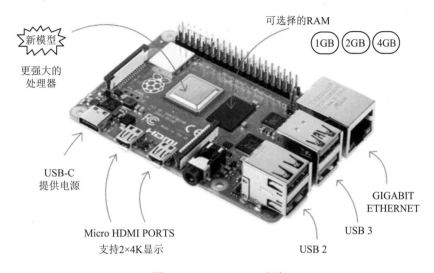

图 1.3　Raspberry Pi 4 裸机

1.2.1　电源

不同版本的树莓派使用的电流输出差别较大,就树莓派 4B 而言,官方推荐的是 Raspberry Pi USB-C 电源，如图 1.4 所示。

图 1.4　Raspberry Pi USB-C 电源

官方推荐的电源相对来说更安全一些，如果经济条件有限，也可以使用其他电源，但必须严格满足 5.0V/3.0A 的直流输出条件。通常大多数的 Type-C 接口的手机充电器都能满足条件，或者使用满足条件的移动电源。

1.2.2　显示器

树莓派 4 有两个视频信号输出接口，如图 1.3 所示。靠近电源接口的一侧一般称为 0 号接口，另一侧称为 1 号接口，许多系统默认使用的是 0 号接口，如果使用的是 1 号接口则在烧录镜像时可能不会显示任何信息。通过这两个接口可以连接两台 HDMI 4K 显示器，需要注意树莓派 4 使用的是 Micro HDMI 母口，显示器一般配备的也是 HDMI 母口，需要一根 Micro HDMI 公接口转 HDMI 公接口的转接线，如图 1.5 所示。

近几年市面上带 HDMI 接口的显示器基本都可以与树莓派直接连接使用，但一些旧版本的显示器并未配备 HDMI 接口，使用的是 DVI 接口，这种接口如果要连接树莓派，需要先使用 DVI-HDMI 转换头再连接 HDMI 线缆即可，如图 1.6 所示；或者直接使用一端为 DVI 公接口，另一端为 HDMI 公接口的线缆，如图 1.7 所示。

对于更旧的一些显示器使用的是 VGA 接口，此时需要的是 HDMI-VGA 转换器而非转换头，它可以将数字视频转换为模拟视频，如图 1.8 所示。

图 1.5　Micro HDMI 转 HDMI 转接线

图 1.6　DVI-HDMI 转换头

图 1.7　DVI-Micro HDMI 转接线

图 1.8　Micro HDMI-VGA 转换器

1.2.3　TF 内存卡

树莓派没有内部存储设备，因此它没有预装的操作系统。TF 卡（Micro SD 卡）被用来在树莓派上存储信息并运行操作系统。对于一个新的树莓派 4 来说，需要一张至少 8GB 容量的 TF 卡。如果使用的 TF 卡超过了 32GB，那么需要使用格式化软件格式化为 FAT32 的格式（MAC 系统可以用自带的软件，Windows 系统推荐 DiskGenius 软件）。当然，如果希望稳定性更好可以选择官方提供的 TF 卡，如图 1.9 所示，并且还可以预装操作系统。

图 1.9　官方 TF 卡

注意

不必用高容量的 TF 卡来储存文件和程序，后续可以通过树莓派的 USB3.0 端口连接存储设备。

1.2.4　键盘和鼠标

标准 USB 接口的键盘和鼠标都可以供树莓派直接使用，不需要安装额外的驱动。蓝牙无线键盘和鼠标也可以供树莓派使用，但是不一定能连接成功，主要取决于键盘和鼠标的型号。购买前，请仔细阅读说明书，确认是否与树莓派兼容。

同样，官方也提供了具有树莓派特色的鼠标和键盘，如图 1.10 所示。

图 1.10　官方提供键盘和鼠标

1.2.5　可选设备

除上面必需的设备外，还可以选择其他外设帮助我们更好地使用树莓派。

你买到的树莓派只是一个如图 1.2 所示的裸机，为了更好地保护树莓派远离灰尘以及剧烈碰撞，我们可以为其加装一个外壳。随着树莓派的使用越来越广泛，用户 DIY 的外壳也越来越多，其形状也各种各样，官方也推出了一款备受好评的外壳，如图 1.11 所示。但是比较遗憾的是不能安装散热风扇，然而树莓派 4B 的发热量很大，希望以后会得到改进。当然，大家也可以下载现有的图纸并用 3D 打印机 DIY 一个适合自己的外壳。

图 1.11　官方外壳

对于树莓派 4 而言，散热设备是必不可少的。树莓派 4 的发热非常严重，如果到了夏季或者加装了外壳，热量不能及时散发出去，将会对设备的使用寿命造成不可逆转的影响。具体的散热设备大家可到网上自行搜索购买即可，注意匹配树莓派的型号。

1.2.6 安装系统

树莓派的操作系统有以下两种安装方式：

（1）先把树莓派的安装引导程序 NOOBS 写入 TF 卡，然后启动树莓派进入 NOOBS 来安装操作系统。

（2）将操作系统镜像直接写入 TF 卡，树莓派启动后直接进入操作系统。

官方更推荐初学者使用第一种方式（即 NOOBS 方式）来安装操作系统，在本节我们也以此种方式来安装。

首先，准备好一张至少 8GB 的 TF 卡（建议先格式化，如果 TF 卡超过了 32GB 需提前格式化为 FAT32 格式），通过读卡器将其连接到计算机上。在官网 https://www.raspberrypi.org/downloads/noobs/ 中使用迅雷下载 NOOBS，单击如图 1.12 所示的线框部分。

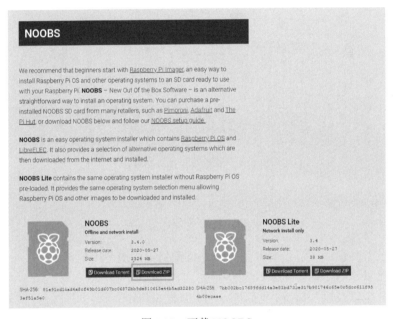

图 1.12 下载 NOOBS

下载完成后解压，得到一个 NOOBS 文件夹，把这个文件夹里所有内容直接复制到 TF 卡中，而不是将这个文件夹复制过去。

> **注意**
>
> NOOBS 和 NOOBS Lite 的区别为：NOOBS 提前下载了 Raspberry Pi OS 系统且包含选择菜单中的系统，所以 NOOBS 的文件会更大；NOOBS Lite 只包含系统选择菜单和安装器，用户选择后需要再次从网上下载相应的系统并安装，所以只有几十 MB 大小。

　　复制完成后，将内存卡从计算机中弹出，然后插在树莓派的底部 TF 卡槽中，并保证 TF 卡有芯片的一侧朝上。接入键盘、鼠标、网线（也可以用无线网）、显示器（需要一根 Micro HDMI-HDMI 线）、电源，插入 TF 卡，为树莓派通电，在显示器中就会看到一个五彩斑斓的页面。

　　第一次启动会 Resize TF 卡的分区（超过 32GB 的 TF 卡需要格式化为 FAT32 格式，未格式化会 resize 失败），这里不用任何操作，等待完成即可。随后进入安装操作系统界面，选择树莓派官方推荐基于 Linux 发行版的 Raspberry Pi OS（Raspbian）操作系统（选择第一个，单击 Install 按钮），单击后会提示存储卡被全部覆盖，确定就会继续执行。在等待 20min 后会提示已经完成，完成后单击 OK 按钮，进入树莓派启动页面。

　　进入操作系统后，跟随引导（选择地区、语言、时区），选择键盘，一直下一步，设置系统的 root 密码，检测网络。连上网络后，自动检测系统更新，一般安装后都要更新系统，但在国内访问树莓派官网的延迟比较高，可换国内源完成后再进行更新。至此，树莓派已完成系统安装，运行后页面如图 1.13 所示。

图 1.13　系统安装完成页面

注意

　　（1）如果下载速度过慢，可将树莓派的源切回国内源，具体方法参见 4.1 节。

　　（2）建议使用网线连接网络，即升级了的千兆网口。

　　（3）树莓派没有开关，接通电源即会开机。

1.2.7　无显示器安装系统

　　如果身边没有使用于树莓派的显示器，或者连接线，也可以在树莓派的官网下载 Raspberry Pi OS 镜像，地址为 https://www.raspberrypi.org/downloads/raspbian/。这里选择带桌面和一些常用软件的镜像，即"Raspberry Pi OS (32-bit) with desktop and recommended software"，如图 1.14 所示。

图 1.14　下载镜像

下载完成后得到一个 ZIP 格式的压缩包，树莓派的镜像在解压过程中非常容易损坏，所以最好不要将该压缩文件解压，直接使用 Etcher 软件将该压缩包写入 FAT32 格式内存卡中，如图 1.15 所示。先选择压缩包，再选择写入的内存卡，最后单击"Flash！"即可。

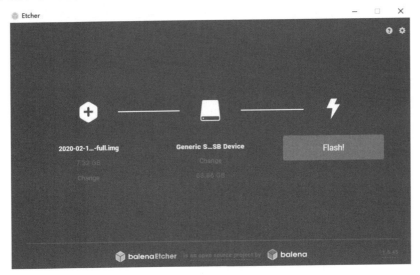

图 1.15　写入镜像

如果必须解压，建议使用官方推荐的 7-Zip 软件进行解压。写入完成后，如果软件自动弹出了内存卡，还需要将其插回计算机中，并在内存卡的根目录下新建一个 ssh 空文件（特别注意，该文件没有任何后缀）来开启 SSH 功能。最后将内存卡插入树莓派底部的卡槽中，接入网线、键盘以及标准电源，开机等待即可。

然后登录路由器的管理后台，查看树莓派使用的 IP 地址，或者使用 ipscanner 端口扫描工具扫描所使用网段的 IP 地址端口信息，例如："192.168.1.1-192.168.1.254"，树莓派连接网络时使用的用户名一般为 RASPBERRY，该用户名对应的地址即为树莓派的 IP 地址。

　　如果上述两种方法都不能获取 IP 地址，也可以将树莓派的网线接口通过一根网线直接连接到计算机的网线接口上，此时如果配备无线网卡，可以使用无线网络连接 WIFI 继续上网，并在"网络连接"窗口内选择使用的 WLAN，右击并选择"属性"，再选择"共享"选项卡，选中"允许其他网络用户通过此计算机的 Internet 连接来连接"复选框，并选择一个可用的家庭网络连接，如图 1.16 所示。

图 1.16　设置共享网络

打开 CMD 窗口输入以下命令来查看所有的网络连接：

```
arp -a
```

　　通过对比使用网线接入树莓派前后该命令执行得到的结果，可获取树莓派的 IP 地址信息。在获取树莓派的 IP 地址后，通过 Xshell 等 SSH 软件输入 IP 地址和 22 号端口即可连接到树莓派上，树莓派默认的用户名为 pi，密码为 raspberry。

1.3　小　　结

　　本章首先对树莓派的起源进行了简要说明，并概述了树莓派上主流的操作系统、硬件配置、历史版本和应用等信息；然后详细介绍了使用树莓派所必需的一些硬件；最后主要介绍了在树莓派上安装操作系统的两种不同的方法。

　　本章的安装操作系统比较重要，建议读者亲自尝试。此外，树莓派一定要使用符合要求的正规电源。

第 2 章

树莓派使用 Python

树莓派设计的初衷正是编程教育，使用树莓派可以学习多种编程语言。本书大部分内容也是使用 Python 语言来控制树莓派。本章将介绍树莓派最基础的使用，以及 Python 在树莓派内的安装及设置。

2.1 树莓派使用

本节将重点介绍运行在树莓派上的 Raspberry Pi OS 系统及其简单使用。通过本节的学习，将掌握如何使用 Raspberry Pi OS 的图形用户界面、命令行和远程连接的配置。

2.1.1 Raspberry Pi OS 简介

Linux 系统是编程领域使用最广泛的操作系统之一，而 Raspberry Pi OS（Raspbian）发行版是基于 Debian 系统的 Linux 发行版，其针对 Raspberry Pi 硬件进行了优化，即 Raspberry Pi OS 系统是 Debian 7.0/wheezy 的定制版本。得益于 Debian 从 7.0/wheezy 开始引入的"带硬件浮点加速的 ARM 架构"，Debian 7.0 在树莓派上的运行性能有了很大提升。Raspberry Pi OS 默认使用 LXDE 桌面，内置 C 和 Python 编译器。

操作系统是使 Raspberry Pi 运行的一组基本程序。但是，Raspberry Pi OS 提供的不只是一个纯粹的 OS 系统，它带有 35 000 多个软件包，以稳定兼容的格式捆绑了大量预编译的软件，可以轻松地在 Raspberry Pi 上安装。但是，Raspberry Pi OS 仍在积极开发中，其重点是尽可能提高 Debian 软件包的稳定和性能。Raspberry Pi OS 系统不属于树莓派基金会。该系统是由专门的小型开发团队创建的，该开发团队的成员都是树莓派以及 Debian Project 的爱好者。

2.1.2 使用 LXDE

LXDE 是一个轻量级的桌面环境，即 Raspberry Pi OS 的标准窗口系统，其基本组件与大多数的 Windows 窗口类似。在窗口的左上角显示出基本的操作菜单和应用的快捷方式，右上角显示出当前已启用的服务状态。

　　树莓派启动后直接进入桌面环境，在桌面上通过双击的方式运行一个程序、打开文件管理器或编辑文件，也可以使用右键打开下拉菜单，再选择相应的命令。

　　单击桌面左上角的树莓派图标，可以使用树莓派预装的一些应用，涵盖了编程（以后会经常使用的 Thonny Python IDE）、教育、办公、互联网、影音、图像、游戏等各个领域，还有一些系统常见的软件工具等。在底部的 Shutdown 选项中，可以选择 Shutdown（关机）、Reboot（重启）或 Logout（登出）命令。

　　打开树莓派的文件管理器，进入文件管理系统，显示 Raspberry Pi OS 系统的一些基础文件夹，如图 2.1 所示。各个文件夹存放的内容如下：

图 2.1　文件管理器

☑　/bin：放置与 Raspberry Pi OS 有关的（包括运行图形界面所需的）二进制可执行文件。

☑　/boot：放置 Linux 内核以及其他用来启动树莓派的软件包。

☑　/dev：这是虚拟文件夹之一，用来访问所有连接设备，包括存储卡。

☑　/etc：系统管理和配置文件。

☑　/home：Linux 上的我的文档，包含用户命名的文件夹。

☑　/lib：各种应用需要的代码库。

☑　/lost+found：一般情况下是空的，当系统非法关机后，这里就存放了一些文件。

☑　/media：放置可移动存储驱动器，例如 USB 和 CD。

☑　/mnt：用来手动挂载外部硬件驱动器或存储设备。

☑　/opt：可选软件文件夹，非系统部分的软件将会放置在这里。

☑　/proc：用于输出内核与进程相关的虚拟文件系统。

☑　/root：管理员主目录。

☑　/run：与运行中进程相关的数据，通常用于存放进程的 pid 文件。

☑　/sbin：放置超级用户使用的系统管理命令。

☑　/srv：系统上运行服务用到的数据。

☑　/sys：放置操作系统文件。

☑　/tmp：放置临时文件。

☑ /usr：放置用户使用的程序。

☑ /var：虚拟文件，用于程序保存数据。

2.1.3　使用终端

通过桌面左上角的快捷方式打开树莓派的终端命令行工具，在首次使用树莓派时，由于没有创建用户，可以使用默认的用户名 pi 和密码 raspberry，在输入密码时，Linux 系统使用的是盲输入，即屏幕上不会显示任何信息。登录成功后会显示出类似下面的信息：

```
pi@raspberrypi: ~ $
```

通常这些信息被称为 Linux 命令行，通过使用命令行，可以输入正确的命令，并按 Enter 键提交来完成不同的任务，具体的命令参见第 3 章。树莓派默认是没有启用 root 用户（也称为超级用户）的，可以通过下面的命令来启用：

```
# 先设置密码
sudo passwd root
# 盲输入两次密码（无提示）
# 切换到 root 账户
su root
```

有些命令在没有 root 用户的高级权限下是无法执行的，这个账户最初被配置成 Linux 中的一个全能用户，设立它的主要目的是默认可以管理整个系统。在某些情况下，root 用户与 Windows 中的管理员账户类似。出于安全考虑，最好避免直接使用 root 用户。

那么要如何执行需要 root 用户权限的命令呢？这时只需要在命令前面加上 sudo 即可，sudo 代表"超级用户做的"，那些被允许使用 sudo 的账户可以执行管理任务，pi 用户已被默认授权使用 sudo。因此，在登录 pi 用户后，可以直接使用 sudo 来执行任何需要超级用户权限的命令。

2.1.4　使用 SSH

SSH 为 Secure Shell 的缩写，由 IETE 的网络小组（Network Working Group）制定，SSH 为建立在应用层基础上的安全协议。SSH 专为远程登录会话和其他网络服务提供安全的协议。利用 SSH 协议可以有效防止远程管理中的信息泄露问题。

Raspberry Pi OS（Raspbian）操作系统自 2016 年 11 月发行后，默认禁用 SSH 协议，因此需要我们手动打开，打开方式如下。

（1）单击桌面左上角树莓派图标，选择"首选项（Preferences）"下的 Raspberry Pi Configuration。

（2）在打开的对话框中选择 Interfaces 选项卡，然后选择"Enable"SSH 服务，如图 2.2 所示。

开启 SSH 服务后，就可以在 Windows 上使用第三方提供的软件，如 Xshell，填入 IP 地址，设置默认端口 22，输入用户名和密码即可登录到树莓派的终端。

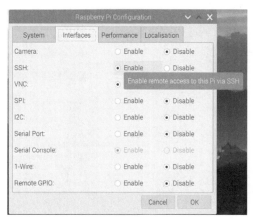

图 2.2　开始 SSH 服务

2.1.5　使用 VNC

VNC 是 Virtual Network Computing 的缩写，它是一个桌面共享系统，允许访问者通过网络访问树莓派的桌面系统，使用方式基本跟 SSH 类似，首先在树莓派上安装 VNC 服务器（最新版系统已默认安装），命令如下：

```
sudo apt-get install realvnc-vnc-server realvnc-vnc-viewer
```

VNC 安装完成后，还需要手动开启 VNC 服务，开启方式同 SSH 一致。如果没有显示器可使用以下方式开启 VNC 服务。

（1）打开命令行输入 sudo raspi-config 命令，如图 2.3 所示。然后按 Enter 键，打开树莓派设置界面。

（2）选择第五项，即 5 Interfacing Options，如图 2.4 所示，然后按 Enter 键。

图 2.3　设置树莓派命令

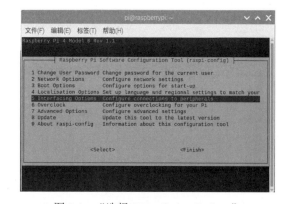

图 2.4　"选择 5 Interfacing Options"

（3）选择第三项，即 P3 VNC，如图 2.5 所示，然后按 Enter 键。

（4）通过左右键，选择<是>，如图 2.6 所示，然后按 Enter 键。

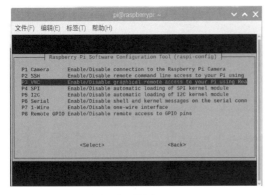
图 2.5　设置 VNC

图 2.6　开启 VNC

（5）最后通过左右键，选择<Finish>，如图 2.7 所示，按 Enter 键完成即可。

树莓派开启 VNC 服务后，可以通过客户端软件访问树莓派的桌面系统。首先通过官网 https://www.realvnc.com/en/connect/download/vnc/下载对应客户端的软件，双击运行软件，然后输入树莓派的 IP 地址、用户名和密码就可以远程访问树莓派的桌面，如图 2.8 所示。这个方法对只有一台显示器的用户非常便捷。

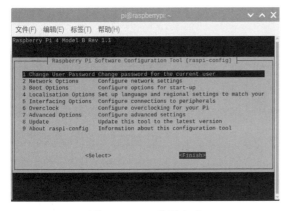
图 2.7　VNC 设置完成

图 2.8　VNC 远程访问桌面

如果成功连接后 VNC 显示一个黑色的小窗口，此时需要调整树莓派的分辨率来适配显示器，通过 SSH 软件连接至树莓派。使用 sudo raspi-config 命令打开设置页面，按照如下步骤设置分辨率。

（1）通过上下方向键选择 7 Advanced Options Configure advanced settings 高级设置，按 Enter 键。

（2）通过上下方向键选择 A5 Resolution　Set a specific screen resolution 设置特定屏幕分辨率，按 Enter 键。

（3）根据计算机使用的分辨率，通过上下方向键选择合适的分辨率，按 Enter 键。

（4）在提示页面选择"确定"，按 Enter 键。

（5）通过左右方向键选择<Finish>保存设置，按 Enter 键。

（6）提示 Would you like to reboot now？通过左右方向键选择<是>，按 Enter 键重启即可完成设置。

重启完成后，再使用 VNC 软件重新连接即可。如果仍为黑色小窗口，确认使用的镜像是否为桌面版。

2.1.6　中文输入法

树莓派系统默认的输入法是英文版，如果要使用中文还需要安装中文输入法，具体方法如下。

（1）打开命令窗口，输入如下命令：

```
sudo apt-get install ttf-wqy-microhei scim-pinyin
```

如果提示是否确认安装，输入 y 即可，如图 2.9 所示。

（2）从"首选项（Preferences）"中打开 Raspberry Pi Configuration 对话框，如图 2.10 所示。

图 2.9　确认安装输入法

图 2.10　打开 Raspberry Pi Configuration 对话框

（3）选择 Localisation 选项卡，单击"Set Locale…"按钮，在弹出的对话框中设置语言信息即可，如图 2.11 所示。

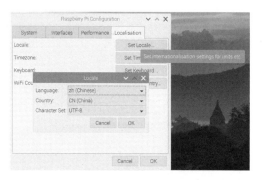

图 2.11　设置 Locale

（4）最后重启树莓派，在编辑器中可以通过快捷键 Ctrl + Space 切换输入法。

2.2　安装 Python

在树莓派使用的最新 Raspberry Pi OS 系统中，默认安装了 Python 2 和 Python 3.7，对于一些比较旧的系统，可参考本节内容安装 Python 3 的稳定版本。

2.2.1 安装 Python

在开始安装 Python 前，需要先检查树莓派是否连接了网络。然后通过以下步骤安装 Python 3.7.4。

（1）安装依赖包。

打开终端命令行，执行以下命令，安装所需的依赖包。如果下载速度太慢，可以切换树莓派默认的官方源到国内源（如清华源、中科大源、豆瓣源等），具体方法参见 4.1 节。

```
sudo apt-get install -y make build-essential libssl-dev zlib1g-dev
sudo apt-get install -y libbz2-dev libreadline-dev libsqlite3-dev wget curl llvm
sudo apt-get install -y libncurses5-dev   libncursesw5-dev xz-utils tk-dev
```

（2）进入待下载目录。

使用 cd 命令在终端进入待下载目录中，例如：

```
cd ~
```

（3）下载 Python。

在 Python 网站找到相应版本的下载链接，打开网址 https://www.python.org/ftp/python/，从这个网页中，找相应的版本，并获取该版本 Python 的下载地址，再执行以下命令：

```
sudo wget https://www.python.org/ftp/python/3.7.4/Python-3.7.4.tgz
```

（4）等待下载结束，执行以下命令解压：

```
sudo tar -zxvf Python-3.7.4.tgz
```

（5）解压结束后，生成一个 python-3.7.4 的文件夹，执行以下命令进入该文件夹：

```
cd Python-3.7.4
```

（6）执行以下命令安装 python：

```
sudo ./configure --prefix=/usr/local/python3
sudo make
```

（7）安装完成，创建软连接，并打印版本测试，对应的命令如下：

```
ln -s /usr/local/python3/bin/python3 /usr/local/bin/python3
ln -s /usr/local/python3/bin/pip3 /usr/local/bin/pip3
python3 -V
pip3 -V
```

如果安装正确就会在终端打印出正确的版本信息，否则为安装失败，按照上述步骤重新安装覆盖即可。

2.2.2　Python 解释器

Python 是一种解释型的语言，而不是编译型。编译型的语言在执行前需要一次性将所有的程序语句翻译成二进制代码，而解释型的语言，每检查一条语句，翻译成二进制代码然后执行。

在安装完 Python 3 后，有两种方式可以使用 Python，分别是 Shell 交互和文本程序。Shell 交互可以执行用户输入的每条指令，对于调试和实验非常有利，也可以编写整个 Python 程序，即脚本。文本程序就是保存在文本文件中的 Python 代码，它可以一次性全部运行。

这里两种方式也很容易区分，如果处于 Shell 交互模式，每行都会以 "＞＞＞" 开始，如图 2.12 所示。本书大部分代码都使用文本文件。

图 2.12　Python Shell 模式

2.2.3　使用 Thonny

写 Python 程序有两种不同的方法：第一种方法是创建一个包含 Python 代码的文本文件，然后运行；第二种方法是使用集成开发环境（IDE），例如：PyCharm、IDLE3 等。两种方法的运行方式一样，结果也一样，可根据个人爱好自己选择。

在 Raspberry Pi OS 系统中，已经预装了 IDE 工具，即 Thonny。打开 Tonny 后需要通过单击左上角的 New 按钮新建一个 Python 文件并保存，如图 2.13 所示。

在 Thonny 上方的文本编辑区可以正常编辑 Python 代码，编辑完成后单击 Run 按钮即可正常运行程序，结果如图 2.14 所示。

图 2.13　新建 Python 文件

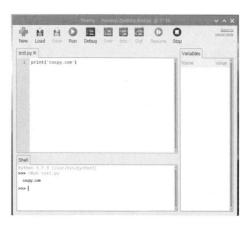

图 2.14　使用 Thonny 运行 Python

还可以单击右侧的 regular mode 重启 Thonny 后，切换出状态栏，然后在"Run-Select Interpreter…"下面设置 Python 的解释器为对应的虚拟环境，如图 2.15 所示。

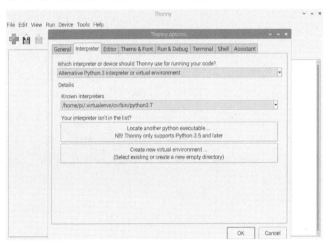

图 2.15　设置 Interpreter

2.3　小　　结

本章首先介绍了树莓派最主流的操作系统 Raspberry Pi OS（旧称 Raspbian），并详细介绍了该系统的使用方法。由于大多数树莓派爱好者都不会为树莓派配置显示器，所以本章介绍了使用 SSH 和 VNC 两种远程连接树莓派的方法，并为树莓派安装了中文输入法。在最新的 Raspberry Pi OS 系统上，已经默认安装了稳定版的 Python 3，读者也可按本章的方法安装最新版，同时该系统也配备了一款简单的 IDE 工具，可帮助开发者完成编程任务。

第 3 章

Linux 命令

对于 Linux 新手来说，使用 Raspberry Pi OS 系统会遇到很多比较棘手的问题，其中之一就是不了解各种 Linux 命令。为更加便捷地使用树莓派，本章将介绍在使用树莓派开发时常用的一些 Linux 命令。

3.1　系　统　管　理

本节将简单介绍在使用树莓派终端过程中涉及的系统管理操作，如增删用户、修改密码、查看与终止进程、管理服务和关机重启等基础命令。

3.1.1　用户管理

安装完 Raspbian 系统后，在树莓派桌面的左上角打开系统自带的终端，或者使用 SSH 软件连接默认打开终端，显示内容如图 3.1 所示。

图 3.1　打开终端

从图 3.1 中可以看出，树莓派默认的提示命令符如下：

pi@raspberrypi:~ $

这表明我们是在名为 raspberrypi 的主机上以用户 pi 的身份登录，并且正处在 pi 用户的主目录即"～"下。可以在其后输入各种 Linux 命令，然后按 Enter 键即可执行。

当然，也可以使用超级管理员 root 用户登录，命令提示符如下：

root@raspberrypi:~ #

与 pi 用户不同的是，命令提示符为#，表明这是 root 用户，默认情况下，树莓派并不会启用 root

用户，可以通过以下方式启用 root 用户：

```
# 先设置密码
sudo passwd root
# 输入两次密码（无提示）
```

再通过以下 su 命令切换到 root 用户：

```
su root
# 输入密码即可
```

事实上，所有的 Linux 系统都带有 root 用户，而 passwd 命令主要用于设置用户的认证信息，包括用户密码、密码过期时间等。系统管理者能用它管理系统用户的密码，只有管理者可以指定用户名称，一般用户只能变更自己的密码，使用方法如下：

```
passwd 用户名
```

还可以通过 useradd 命令增加一个叫作 c0c 的系统用户，具体如下：

```
sudo useradd c0c
```

用户建好之后，使用 passwd 命令设定用户的密码。如果要删除该用户，可以使用 userdel 命令实现，命令如下：

```
sudo userdel c0c
```

至此，细心的读者可能会发现，当我们新建用户或者删除用户时都带了一个 sudo 命令（第一次使用时要求输入密码），这表示以系统管理员身份执行这条命令，如果不加这条命令则会提示"Permission denied"权限不足。

3.1.2　进程和服务管理

进程是操作系统上非常重要的概念，所有系统上面运行的数据都会以进程的类型存在。在 Linux 系统中触发任何一个事件时，系统都会将它定义为一个进程，并且给予这个进程一个 ID，称为 PID，同时根据触发这个进程的用户，给予这个 PID 一组有效的权限设置。

当程序处于运行时，我们看不到也摸不着，因此 Raspberry Pi OS 系统提供了一系列方便的命令来查看正在运行的进程。首先是 ps 命令，如 ps -l 命令能查看当前 bash 下相关进程的全部信息。使用方法如下：

```
ps -l
# 结果如下
F S   UID    PID   PPID  C PRI  NI ADDR SZ WCHAN  TTY           TIME CMD
0 S   1000   897   894   0  80   0 -  2174 do_wai pts/0      00:00:00 bash
4 S   1000   1124  1119  0  80   0 -  2181 do_wai pts/0      00:00:00 bash
0 R   1000   1251  1124  0  80   0 -  2466 -      pts/0      00:00:00 ps
```

另外，还可以用 pstree 命令来显示整棵进程树，如图 3.2 所示。

```
pi@raspberrypi:~ $ pstree
systemd─┬─alsactl
        ├─avahi-daemon───avahi-daemon
        ├─bluealsa───2*[{bluealsa}]
        ├─bluetoothd
        ├─cmstart.sh───xcompmgr
        ├─cron
        ├─dbus-daemon
        ├─dhcpcd
        ├─hciattach
        ├─lightdm─┬─Xorg───{Xorg}
        │         ├─lightdm───lxsession─┬─lxpanel───3*[{lxpanel}]
        │         │                     ├─lxpolkit───2*[{lxpolkit}]
        │         │                     ├─openbox
        │         │                     ├─pcmanfm───2*[{pcmanfm}]
        │         │                     ├─ssh-agent
        │         │                     └─2*[{lxsession}]
        │         │         └─2*[{lightdm}]
        │         └─2*[{lightdm}]
        ├─login───bash
        ├─menu-cached───2*[{menu-cached}]
        ├─nginx───nginx
        ├─nmbd
        ├─polkitd───2*[{polkitd}]
        ├─rngd───3*[{rngd}]
        ├─rsyslogd───3*[{rsyslogd}]
        ├─smbd─┬─cleanupd
        │      ├─lpqd
        │      └─smbd-notifyd
        ├─ssh-agent
        ├─sshd───sshd───sshd───bash───su───bash───su───bash───pstree
        ├─sudo───aria2c
        ├─systemd─┬─(sd-pam)
        │         ├─dbus-daemon
        │         ├─gvfs-afc-volume───3*[{gvfs-afc-volume}]
        │         ├─gvfs-goa-volume───2*[{gvfs-goa-volume}]
        │         ├─gvfs-gphoto2-vo───2*[{gvfs-gphoto2-vo}]
        │         ├─gvfs-mtp-volume───2*[{gvfs-mtp-volume}]
        │         ├─gvfs-udisks2-vo───2*[{gvfs-udisks2-vo}]
        │         ├─gvfsd─┬─gvfsd-trash───2*[{gvfsd-trash}]
        │         │       └─2*[{gvfsd}]
        │         └─gvfsd-fuse───5*[{gvfsd-fuse}]
        ├─systemd-journal
        ├─systemd-logind
        ├─systemd-timesyn───{systemd-timesyn}
        ├─systemd-udevd
        ├─thd
        ├─udisksd───4*[{udisksd}]
        ├─vncagent
        ├─vncserver-x11-s───vncserver-x11-c
        ├─vncserverui───vncserverui
        ├─vsftpd
        └─2*[wpa_supplicant]
```

图 3.2　进程树

pstree 清楚地显示了程序和进程之间的关系，如果不指定进程的 PID 号，或者不指定用户名称，则将默认为根进程，显示系统的所有程序和进程信息；如果指定用户或 PID，则将以用户或 PID 为根进程，显示用户或 PID 对应的所有程序和进程。例如，如果想知道某个用户启动了哪些进程，可以使用 pstree 指令，执行如下命令：

```
pstree mysql
```

当然 ps 命令也有弊端，它只能显示进程某一时刻的信息。此时可以借助 top 命令来动态、实时地显示进程状态，并且 top 命令还提供了一个交互界面，用户可以根据需要，个性化定制自己的输出，更清楚地了解进程的实时状态，如图 3.3 所示。

```
top - 13:21:13 up  2:17,  3 users,  load average: 0.02, 0.01, 0.00
Tasks: 159 total,   1 running, 158 sleeping,   0 stopped,   0 zombie
%Cpu(s):  0.1 us,  0.2 sy,  0.0 ni, 99.8 id,  0.0 wa,  0.0 hi,  0.0 si,  0.0 st
MiB Mem :   1887.9 total,   1432.1 free,    144.4 used,    311.4 buff/cache
MiB Swap:    100.0 total,    100.0 free,      0.0 used.   1630.3 avail Mem

  PID USER      PR  NI    VIRT    RES    SHR S  %CPU  %MEM     TIME+ COMMAND
 1278 pi        20   0   10528   2860   2468 R   0.7   0.1   0:02.27 top
   20 root      rt   0       0      0      0 S   0.3   0.0   0:00.01 migration/2
  467 root      20   0   30232  14672  12600 S   0.3   0.8   0:01.91 vncserver-x11-c
 1268 root      20   0       0      0      0 I   0.3   0.0   0:00.05 kworker/0:1-events
    1 root      20   0   33800   8004   6344 S   0.0   0.4   0:03.57 systemd
    2 root      20   0       0      0      0 S   0.0   0.0   0:00.01 kthreadd
    3 root       0 -20       0      0      0 I   0.0   0.0   0:00.00 rcu_gp
    4 root       0 -20       0      0      0 I   0.0   0.0   0:00.00 rcu_par_gp
    8 root       0 -20       0      0      0 I   0.0   0.0   0:00.00 mm_percpu_wq
    9 root      20   0       0      0      0 S   0.0   0.0   0:00.06 ksoftirqd/0
   10 root      20   0       0      0      0 I   0.0   0.0   0:00.67 rcu_sched
   11 root      20   0       0      0      0 I   0.0   0.0   0:00.00 rcu_bh
   12 root      rt   0       0      0      0 S   0.0   0.0   0:00.01 migration/0
   13 root      20   0       0      0      0 S   0.0   0.0   0:00.00 cpuhp/0
   14 root      20   0       0      0      0 S   0.0   0.0   0:00.00 cpuhp/1
   15 root      rt   0       0      0      0 S   0.0   0.0   0:00.01 migration/1
   16 root      20   0       0      0      0 S   0.0   0.0   0:00.11 ksoftirqd/1
   19 root      20   0       0      0      0 S   0.0   0.0   0:00.00 cpuhp/2
   21 root      20   0       0      0      0 S   0.0   0.0   0:00.04 ksoftirqd/2
   24 root      20   0       0      0      0 S   0.0   0.0   0:00.00 cpuhp/3
   25 root      rt   0       0      0      0 S   0.0   0.0   0:00.00 migration/3
   26 root      20   0       0      0      0 S   0.0   0.0   0:00.04 ksoftirqd/3
   29 root      20   0       0      0      0 S   0.0   0.0   0:00.00 kdevtmpfs
   30 root       0 -20       0      0      0 I   0.0   0.0   0:00.00 netns
   32 root      20   0       0      0      0 I   0.0   0.0   0:00.27 kworker/1:1-events
   34 root      20   0       0      0      0 S   0.0   0.0   0:00.00 khungtaskd
   35 root      20   0       0      0      0 S   0.0   0.0   0:00.00 oom_reaper
   36 root       0 -20       0      0      0 I   0.0   0.0   0:00.00 writeback
   37 root      20   0       0      0      0 S   0.0   0.0   0:00.00 kcompactd0
   38 root       0 -20       0      0      0 I   0.0   0.0   0:00.00 crypto
   39 root       0 -20       0      0      0 I   0.0   0.0   0:00.00 kblockd
   41 root      rt   0       0      0      0 S   0.0   0.0   0:00.00 watchdogd
   42 root      20   0       0      0      0 I   0.0   0.0   0:00.00 rpciod
   43 root       0 -20       0      0      0 I   0.0   0.0   0:00.00 kworker/u9:0-hci0
   44 root       0 -20       0      0      0 I   0.0   0.0   0:00.00 xprtiod
```

图 3.3　进程状态

如果要查找指定进程的进程号 ID，还可以使用 pidof 命令，例如，查找 nginx 的进程号：

```
pidof nginx
13312 5371
```

如果要结束某个进程，可以使用 kill 命令，后面接上对应进程的 PID，具体如下：

```
kill 3268
```

kill 命令只结束对应的单个进程，如果要结束某个程序的全部进程，可以使用 killall 实现：

```
killall nginx
```

Linux 服务管理主要有两种方式，即 service 和 systemctl。其中，service 已经逐渐被 systemctl 取代。本书主要介绍 systemctl 命令。systemctl 是一个 systemd 工具，主要负责控制 systemd 系统和服务管理器。其中，Systemd 是一个系统管理守护进程、工具和库的集合，用于取代 System V 初始进程。它的功能是集中管理和配置类 UNIX 系统，即 system daemon，是 Linux 下的一种 init 软件。

Systemctl 命令常见用法如下。

（1）列出所有可用单元，命令如下：

```
pi@raspberrypi:~ $ systemctl list-unit-files
# 结果如下
```

```
UNIT FILE                               STATE
proc-sys-fs-binfmt_misc.automount       static
-.mount                                 generated
boot.mount                              generated
dev-hugepages.mount                     static
dev-mqueue.mount                        static
proc-fs-nfsd.mount                      static
# 省略部分结果
```

（2）检查某个服务的运行状态，命令如下：

```
pi@raspberrypi:~ $ systemctl status nginx
# 结果如下
● nginx.service - A high performance web server and a reverse proxy server
   Loaded: loaded (/lib/systemd/system/nginx.service; enabled; vendor preset: enabled)
   Active: active (running) since Wed 2020-03-11 15:44:39 CST; 22h ago
     Docs: man:nginx(8)
  Process: 458 ExecStartPre=/usr/sbin/nginx -t -q -g daemon on; master_process on; (code=exited, status=
0/SUCCESS)
  Process: 534 ExecStart=/usr/sbin/nginx -g daemon on; master_process on; (code=exited, status=
0/SUCCESS)
 Main PID: 535 (nginx)
    Tasks: 2 (limit: 3911)
   Memory: 9.2M
   CGroup: /system.slice/nginx.service
           ├──535 nginx: master process /usr/sbin/nginx -g daemon on; master_process on;
           └──536 nginx: worker process

3 月 11 日 15:44:37 raspberrypi systemd[1]: Starting A high performance web server and a reverse proxy server...
3 月 11 日 15:44:39 raspberrypi systemd[1]: Started A high performance web server and a reverse proxy server. mctl
```

（3）列出所有服务，命令如下：

```
pi@raspberrypi:~ $ systemctl list-unit-files --type=service
# 结果如下
UNIT FILE                               STATE
alsa-restore.service                    static
alsa-state.service                      static
alsa-utils.service                      masked
apparmor.service                        enabled
apply_noobs_os_config.service           disabled
apt-daily-upgrade.service               static
apt-daily.service                       static
aria2.service                           generated
aria2c.service                          generated
auth-rpcgss-module.service              static
# 省略部分结果
```

（4）重启、停止、启动服务等，命令如下：

```
pi@raspberrypi:~ $ systemctl restart nginx
```

```
# systemctl restart nginx
# systemctl stop nginx
# systemctl reload nginx
# systemctl status nginx
```

（5）查询服务是否激活，以及配置开机启动，命令如下：

```
pi@raspberrypi:~ $ systemctl is-active nginx
pi@raspberrypi:~ $ systemctl disable nginx
pi@raspberrypi:~ $ systemctl enable nginx
```

（6）使用 systemctl 命令结束服务，命令如下：

```
pi@raspberrypi:~ $ systemctl kill nginx
```

（7）列出系统的各项设备、挂载、服务等：

```
pi@raspberrypi:~ $ systemctl list-unit-files --type
automount device path snapshot swap timer
busname mount service socket target
```

（8）重启、停止、挂起、休眠系统等，命令如下：

```
systemctl reboot
systemctl halt
systemctl suspend          # 树莓派暂不支持
systemctl hibernate        # 树莓派暂不支持
systemctl hybrid-sleep     # 树莓派暂不支持
```

3.1.3 系统重启和关机

在 3.1.2 节中，我们已经通过 systemctl 命令介绍了系统重启和关机的方法，此外，还可以使用单独的命令来完成对应的操作：

```
# 重启
sudo reboot

# 关闭系统并切断电源
sudo poweroff
# 凌晨 3 点 14 分定时关机
sudo shutdown -h 03:14
# 关闭系统
sudo halt
```

这里要特别注意 halt 命令，其与 poweroff 不同，此命令会在关机前停止所有 CPU 功能。执行时，结束应用进程、执行 sync 系统调用、文件系统写操作完成后就会停止内核。推荐使用这种方法关机。

3.2　文　件　管　理

文件管理包括文件或目录的创建、删除、查询、移动，由 mkdir、rm、mv 等命令实现。其中文件查询是重点，用 find 命令来进行，find 的参数丰富，功能非常强大。

3.2.1　创建和删除

当需在当前目录下新建一个目录 temp 时，可以使用如下命令：

```
mkdir temp
```

如果想把这个 temp 新建到/home/pi/projects 下，那么可以使用以下命令：

```
mkdir /home/pi/projects/temp
```

前提是 projects 目录必须存在，并且所有使用的用户对其拥有写入的权限。如果要把 temp 目录删除，可以使用如下命令：

```
rmdir temp
# 或者
rmdir /home/pi/projects/temp
```

这里要求 temp 必须是一个空目录，如果 temp 中还有其他内容，可以使用如下命令：

```
rm -fr temp
```

系统会把 temp 及其里面的所有内容全部删除。当需要新建一个文件时，直接用树莓派自带的 nano 编辑器即可。如果当前目录下不存在该文件，则将自动创建，存在则打开该文件：

```
nano c0c.txt
```

同时，也可以用 rm 命令来删除一个文件：

```
rm c0c.txt
```

或者使用 mv 命令把它移动到其他的位置，命令如下：

```
mv c0c.txt /home/pi
```

前提是要移动的这个目录必须存在，如果不存在，就需要使用 mkdir 命令新建一个目录。在移动的过程中，也可以给它重新命名：

```
mv c0c.txt /home/pi/cocpy.txt
```

同样，以上的删除中移动命令也适用于文件夹，也可以使用 cp 命令复制一个文件到文件夹中，命令如下：

```
cp c0c.txt /home/pi/Document
```

如果要复制整个目录到/home/pi 下，就需要加上 "-r"，命令如下：

```
cp -r coc /home/pi
```

有时既不移动也不复制文件，而是采用创建一个符号链接/硬链接的方式，命令如下：

```
# 硬链接，删除一个，将仍能找到
ln cc ccAgain
# 符号链接(软链接)，删除源，另一个无法使用（后面一个 ccTo 为新建的文件）
ln -s cc ccTo
```

3.2.2　目录切换

目录切换可以直接输入 ls 命令然后按 Enter 键，或者输入 ls -l 命令再按 Enter 键，加上 "-l" 参数后目录下的文件以清单形式展现，可以清晰展示文件的类型、所属用户、创建时间等信息，如图 3.4 所示。

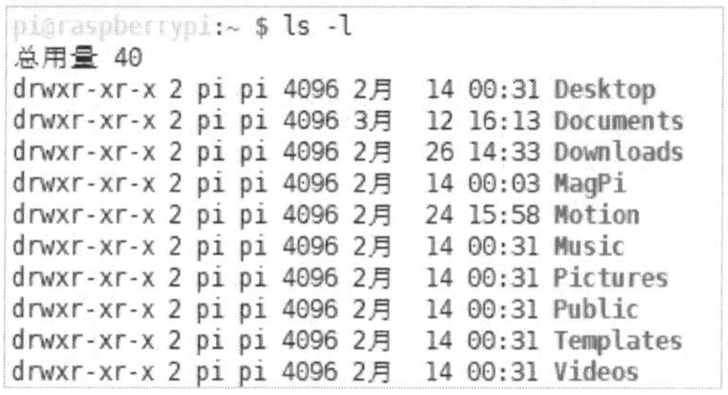

```
pi@raspberrypi:~ $ ls -l
总用量 40
drwxr-xr-x 2 pi pi 4096 2月  14 00:31 Desktop
drwxr-xr-x 2 pi pi 4096 3月  12 16:13 Documents
drwxr-xr-x 2 pi pi 4096 2月  26 14:33 Downloads
drwxr-xr-x 2 pi pi 4096 2月  14 00:03 MagPi
drwxr-xr-x 2 pi pi 4096 2月  24 15:58 Motion
drwxr-xr-x 2 pi pi 4096 2月  14 00:31 Music
drwxr-xr-x 2 pi pi 4096 2月  14 00:31 Pictures
drwxr-xr-x 2 pi pi 4096 2月  14 00:31 Public
drwxr-xr-x 2 pi pi 4096 2月  14 00:31 Templates
drwxr-xr-x 2 pi pi 4096 2月  14 00:31 Videos
```

图 3.4　目录信息

如图 3.4 所示第一列 "drwxr-xr-x" 中的第一个字母 d，表示该文件是一个目录（directory）文件，如果是普通文件，第一个字母的位置将显示连字符 "-"。其余 9 个字符以 3 个为一组（连字符 "-" 也包括在内），每一组均表示文件对于不同用户的权限：第一组"rwx"表示该文件所属用户具有读（read）、写（write）和执行（execute）该文件的权限；第二组 "r-x" 表示同组用户具有读和执行的权限（ " - " 表示不具备相关权限）；第三组 "r-x" 表示其他所有用户具有读和执行的权限。

"ls -a" 命令还能列出包括隐藏文件在内的所有文件，Linux 所有隐藏文件的文件名以 " . " 开始。有些 Linux 发行版会提供 ll 命令，该命令等价于 ls -l，但树莓派默认没有 ll 命令，可以通过修改用户主目录下的 .bashrc 文件，找到以下两行：

```
#alias ll='ls -l'
#alias la='ls -Al'
```

将上述代码中的 # 删除，保存后重新进入终端即可使用 ll 命令。有时需要知道当前在什么目录下，可以通过 pwd 命令打印出来。pwd 就是 print working directory（打印当前工作目录）的首字母缩写。

假设在如下目录中：

/home/pi/projects/rebot/bin

但终端仅仅显示以下内容：

pi@raspberrypi: /bin $

通过终端显示信息只知道在 bin 目录下，却不知道全部路径信息，这时就需要使用 pwd 命令。

可以通过 cd 命令到任何想去的目录，只要知道它的路径，这个路径可以是绝对路径，也可以是相对路径。假设位于以下目录中：

/home/pi/projects/robot/bin/

如果想去/home/pi/projects/ 目录，可以使用绝对路径，命令如下：

cd /home/pi/projects

也可以使用相对路径：

$ cd ../../

其中 ../ 是指上一级目录，在这个示例中，bin 目录往上两级就是 projects 目录。如果 robot 目录下，还有一个 lib 目录和 bin 目录同级，那么从 bin 目录去 lib 目录就可以使用以下命令：

$ cd ../lib

也就是 bin 的上级目录下面的 lib 目录。此外，输入 cd 或者 cd ~命令可以直接回到 pi 用户的主目录/home/pi/中。输入 cd .. 命令可以回到当前目录的上一级目录中。

3.2.3　权限设置

上一节在介绍 ls 命令时，相信大家已经大致了解了一个文件的权限可以用下面的形式来表示：

-rwxrwxrwx

如果需要对权限进行修改，就要用到 chmod 命令。该命令使用直接或二进制两种方式修改权限。

1. 直接方式

u 代表文件所属用户；
g 代表与文件所属用户同组的用户；
o 代表其他所有用户。
例如一个文件的权限为：

-rwxrwxrwx

如果希望其他所有用户仅具有只读权限，可以用如下命令来实现：

```
chmod o-wx filename
```

这样，这个文件的权限就变成了

```
-rwxrwxr--
```

如果想恢复原来的全部可读可写和可执行的权限，就使用以下命令：

```
chmod o+wx filename
```

2. 数值方式

数值方式为每一种权限分配了一个数值：

r = 4

w = 2

x = 1

将每一组所有权限的数值加起来即可。例如 744，代表文件所属用户具有 rwx 权限，同组用户和其他所有用户只具有 r 权限。如果想将一个文件的权限设置为：

```
-rwxr-xr-x
```

那么可以使用以下命令：

```
chmod 755 filename
```

3.2.4　查找

可以使用以下方式搜寻文件或目录：

```
find ./ -name "core*" | xargs file
```

使用以下命令查找目标文件夹中是否有 obj 文件：

```
find ./ -name '*.o'
```

使用以下命令递归当前目录及子目录以删除所有.o 结尾的文件：

```
find ./ -name "*.o" -exec rm {} \
```

find 是实时查找，如果需要更快地查询，可使用 locate，locate 会为文件系统建立索引数据库，如果有文件更新，需要定期执行更新命令来更新索引库。

3.3　软　件　管　理

目前，比较流行的 Unix 操作系统都提供了一个集中的软件包管理机制，帮助用户搜索、安装和管理软件。其中，软件通常以包的形式存储在仓库（repository）中，对软件包的使用和管理称为包管理。而 Linux 包的基本组成部分通常有共享库、应用程序、服务和文档。

本节将介绍在使用 Raspberry Pi OS（Debian、Ubuntu）系统时，安装、升级、搜索和卸载等软件包管理基本方式，帮助读者快速了解软件包管理基本操作与技巧。

3.3.1　软件安装

大多数软件包管理系统是建立在包文件上的集合，包文件通常由编译好的二进制文件和其他资源组成，例如：软件、安装脚本、元数据及其所需的依赖列表。Raspberry Pi OS 系统包的格式为.deb 文件，要直接安装生成.deb 包时需要使用 dpkg 命令，具体如下：

```
sudo dpkg -i 包名.deb
```

Raspberry Pi OS 系统使用的是本地数据库存储远程可用的包仓库列表，所以在安装或升级包之前最好更新这个数据库，命令如下：

```
sudo apt-get update
```

知道某个软件包的名称后，就可以使用以下命令从软件仓库中安装包：

```
sudo apt-get install  包名
# 安装所有列出的包
sudo apt-get install  包1 包2 …
# 无须提示直接安装
sudo apt-get install -y 包名
```

3.3.2　软件升级

如果没有包管理系统，要升级并保持 Linux 已安装的软件处在最新版本是一项巨大的工程，管理员和用户不得不手动跟踪上游软件版本变化及安全警告。包管理系统只需几条命令便可保持软件最新，具体如下：

```
# 更新所有已安装的软件包
sudo apt-get upgrade
# 将系统升级到新版本
sudo apt-get dist-upgrade
```

3.3.3　软件搜索

大多数 Linux 桌面版本都提供用户可搜索和安装软件包的界面，这是查寻和安装软件的最佳方法。但对于追求效率的服务器管理员来说，使用命令行工具查找/搜索软件包才是正途，具体如下：

```
apt-cache search 搜索内容
```

在决定安装哪个包之前，需要查看该软件包的详细说明。包的说明文件中通常包括包名、版本号及依赖列表等元数据，可以使用以下命令查看：

```
# 显示有关软件包的本地缓存信息
apt-cache show  包名
# 显示包的当前安装状态
dpkg -s 包名
```

3.3.4 软件卸载

由于包管理器知道哪些文件是由哪个包提供的，所以在卸载了不需要的软件包之后，通常可以获得一个干净的系统。可以通过以下命令卸载一个已经安装的软件包：

```
# 卸载一个已安装的软件包（保留配置文件）
sudo apt-get remove  包名
# 卸载一个已安装的软件包（删除配置文件）
sudo apt-get –purge remove packagename

# 自动移除已知不需要的包
sudo apt-get autoremove
```

包管理器会把已安装或已卸载的软件都备份在硬盘上，所以如果需要释放空间，可以通过以下命令彻底删除软件：

```
sudo apt-get autoclean apt
```

以下命令删除已安装的软件的备份，且不影响软件的使用：

```
sudo apt-get clean
```

3.4 性 能 监 控

当使用树莓派时，需要在其系统中部署几个不同功能的程序系统，这些功能涉及数据库读写、串口读写、Web 访问等，因此使系统使用压力较大。我们经常需要查看当前系统的性能，这就需要了解 CPU、内存和硬盘的使用情况。本节将介绍查看这些系统资源使用情况的两种方式。

3.4.1 使用命令查看

通过 vmstat 命令直接查看树莓派的 CPU、内存和硬盘的使用情况，具体如下：

```
vmstat n m  （n 为监控频率、m 为监控次数）
```

在终端直接运行 vmstat 命令即可查看当前系统资源的使用量，如图 3.5 所示。

```
pi@raspberrypi:~ $ vmstat 1 3
procs -----------memory---------- ---swap-- -----io---- -system-- ------cpu-----
 r  b   swpd   free   buff  cache   si   so    bi    bo   in   cs us sy id wa st
 0  0      0 1472820  32436 281028    0    0    12     0   30   18  0  0 100  0  0
 0  0      0 1472820  32436 281028    0    0     0     0  134   68  0  0 100  0  0
 0  0      0 1472820  32436 281028    0    0     0     0  158   99  0  0 100  0  0
```

图 3.5　vmstat 查看系统资源

同时，也可以使用其他单独的命令来查看内存使用量，具体命令如下：

free -m

或者查看磁盘空间利用情况，命令如下：

df -h

查询当前目录下空间使用情况，命令如下：

-h 参数是人性化显示　-s 参数是递归整个目录的大小
du -sh

查看该目录下所有文件夹排序后的大小，命令如下：

for i in \`ls\`; do du -sh $i; done | sort
或者
du -sh \`ls\`

当需要持续监控应用的某个数据变化时，可以使用 watch 工具。执行 watch 命令后，会进入一个界面中，输出当前被监控的数据。一旦数据变化，就会高亮显示变化情况。例如，操作 redis 时，监控内存变化命令如下：

$watch -d -n 1 './redis-cli info | grep memory'

以下为 watch 工具中的界面内容，一旦内存变化，就会实时高亮显示变化：

Every 1.0s: ./redis-cli info | grep memory raspberrypi: Fri Mar 13 14:13:36 2020
used_memory:45157376
used_memory_human:43.07M
used_memory_rss:47628288
used_memory_peak:49686080
used_memory_peak_human:47.38M

3.4.2　使用脚本查看

在 3.4.1 节中，使用的是命令行的方式查看树莓派系统资源的使用情况，本节将提供一个 Python 脚本，用来监控 CPU 温度、CPU 占用、内存占用和硬盘占用情况。

首先新建一个 Python 文件，命名为 manage.py，然后打开树莓派自带的 Thonny 编辑器，添加如下代码：

【实例 3.1】 读取树莓派资源占用情况（实例位置：资源包\Code\02\01）

```
01  import os
02  # 以字符串形式返回 CPU 温度
03  def getCPUtemperature():
04      res = os.popen('vcgencmd measure_temp').readline()
05      return(res.replace("temp=","").replace("'C\n",""))
06
07  # 以列表形式返回 RAM 信息（单位=kb）
08  # Index 0: total RAM
09  # Index 1: used RAM
10  # Index 2: free RAM
11  def getRAMinfo():
12      p = os.popen('free')
13      i = 0
14      while 1:
15          i = i + 1
16          line = p.readline()
17          if i==2:
18              return(line.split()[1:4])
19
20  # 返回占用 CPU 百分比的字符串
21  def getCPUuse():
22      return(str(os.popen("top -n1 | awk '/Cpu\(s\):/ {print $2}'").readline().strip()))
23
24  # 以列表形式返回有关磁盘空间的信息
25  # Index 0: total disk space
26  # Index 1: used disk space
27  # Index 2: remaining disk space
28  # Index 3: percentage of disk used
29  def getDiskSpace():
30      p = os.popen("df -h /")
31      i = 0
32      while 1:
33          i = i +1
34          line = p.readline()
35          if i==2:
36              return(line.split()[1:5])
37
38
39  # CPU 信息
40  CPU_temp = getCPUtemperature()
41  CPU_usage = getCPUuse()
42
43  # 内存信息
44  # 输出使用 KB，转换为 MB
45  RAM_stats = getRAMinfo()
46  RAM_total = round(int(RAM_stats[0]) / 1000,1)
47  RAM_used = round(int(RAM_stats[1]) / 1000,1)
48  RAM_free = round(int(RAM_stats[2]) / 1000,1)
49
50  # 硬盘信息
```

```
51    DISK_stats = getDiskSpace()
52    DISK_total = DISK_stats[0]
53    DISK_used = DISK_stats[1]
54    DISK_perc = DISK_stats[3]
55
56    if __name__ == '__main__':
57        print('')
58        print('CPU Temperature = '+CPU_temp)
59        print('CPU Use = '+CPU_usage)
60        print('')
61        print('RAM Total = '+str(RAM_total)+' MB')
62        print('RAM Used = '+str(RAM_used)+' MB')
63        print('RAM Free = '+str(RAM_free)+' MB')
64        print('')
65        print('DISK Total Space = '+str(DISK_total)+'B')
66        print('DISK Used Space = '+str(DISK_used)+'B')
67        print('DISK Used Percentage = '+str(DISK_perc))
```

一旦单击 Thonny 的绿色 Run 按钮，程序就会运行，结果如图 3.6 所示。

```
>>> %Run manage.py
 TERM environment variable not set.

 CPU Temperature = 35.0
 CPU Use =

 RAM Total = 1933.2 MB
 RAM Used = 191.4 MB
 RAM Free = 1387.3 MB

 DISK Total Space = 12GB
 DISK Used Space = 6.0GB
 DISK Used Percentage = 54%
```

图 3.6　使用脚本查看系统资源使用

或在终端执行如下命令：

```
chmod +x manage.py
python manage.py
```

输出结果应与图 3.6 一致，只不过未占用的资源会输出为 0.0，而非图 3.6 中的不显示。

3.5　小　　结

对于从未接触过 Linux 系统的读者而言，在刚开始使用 Raspberry Pi OS 系统时可能会感觉非常不习惯，尤其是一些需要使用 Linux 命令的地方，如软件安装、软件升级、软件卸载、创建文件、创建文件夹、编辑文件、权限设置和用户管理等。实际上，树莓派的设计初衷恰有一点是学习 Linux 系统，故本章详细地介绍了一些最常用的 Linux 命令，这些命令也同时适用于大多数的 Linux 系统，对于想要进一步地了解 Linux 系统的读者来说，可尽量多掌握。如果已熟知这些命令，亦可略过本章。

第 4 章

常 用 操 作

在使用树莓派和 Python 的过程中，经常出现 timeout 连接超时错误，这是因为保存这些应用的服务器在海外，物理距离较远。同时用户也会需要挂载大容量的硬盘，或将自己的系统备份。本章的几节内容将会解决这些问题。

4.1 树莓派换源

由于树莓派的官方服务器远在海外，物理距离与国内很远，因此在国内更新树莓派的软件就会很慢，相信下载过系统的大家已经深刻地体会到了这一点。为了解决这一问题，可以将树莓派的源更换为国内公益组织或机构提供的软件源。

4.1.1 查看系统版本

在更换源之前需要查看树莓派使用的系统是哪一个版本，打开树莓派的终端工具，输入如下命令：

```
sudo lsb_release -a
```

结果如图 4.1 所示。

```
pi@raspberrypi:~ $ sudo lsb_release -a
No LSB modules are available.
Distributor ID: Raspbian
Description:    Raspbian GNU/Linux 10 (buster)
Release:        10
Codename:       buster
```

图 4.1 查看树莓派系统版本

从图 1.1 中可看出，目前使用的是 Debian 10 版本的系统，别名 buster。其他版本系统与别名如下所示。

- ☑ Debian 7：wheezy
- ☑ Debian 8：jessie
- ☑ Debian 9：stretch

☑　Debian 10：buster

4.1.2　更换系统源

确定树莓派的系统版本后，就可以更换树莓派的系统源，大致可按如下步骤更换。

（1）先备份源文件，命令如下：

```
sudo cp /etc/apt/sources.list /etc/apt/sources.list.bak
sudo cp /etc/apt/sources.list.d/raspi.list /etc/apt/sources.list.d/raspi.list.bak
```

（2）编辑源文件，命令如下：

```
sudo nano /etc/apt/sources.list
```

（3）将初始的源代码使用#符号注释，添加如下两行清华的镜像源：

```
deb http://mirrors.tuna.tsinghua.edu.cn/raspbian/raspbian/ buster main contrib non-free rpi
deb-src http://mirrors.tuna.tsinghua.edu.cn/raspbian/raspbian/ buster main contrib non-free rpi
```

注意

　　其他版本的系统只需将 buster 替换成对应版本的别名即可。读者也可根据物理距离远近替换为其他源，源地址可参考该页面 https://www.raspbian.org/RaspbianMirrors。

添加后的结果如图 4.2 所示。

图 4.2　树莓派换清华源

（4）按快捷键 Ctrl + O 保存，然后按 Enter 键，最后按快捷键 Ctrl + X 离开。

（5）编辑系统源文件，具体如下。

```
sudo nano /etc/apt/sources.list.d/raspi.list
```

（6）用#符号注释源文件内容，用以下内容取代：

```
deb http://mirrors.tuna.tsinghua.edu.cn/raspberrypi/ buster main ui
deb-src http://mirrors.tuna.tsinghua.edu.cn/raspberrypi/ buster main ui
```

结果如图 4.3 所示。

图 4.3　树莓派系统替换清华源

（7）执行如下命令同步更新源，升级安装包。

```
sudo apt-get update
sudo apt-get upgrade
```

注意

如果提示是否继续，输入 y 即可继续执行。

4.1.3　更换 pip 源

使用 Python 时需要安装各种模块，pip 是很强大的模块安装工具。由于默认的 pip 源在国外，访问速度很慢，导致无法正常安装。所以用户最好将自己使用的 pip 源切换回国内，这样就能解决装不上模块的烦恼。

进入账户的 home 目录：

```
cd ~
```

在该目录下，新建一个.pip/pip.conf 隐藏文件：

```
mkdir .pip
cd .pip
nano pip.conf
```

在该文件中写入源地址如下：

```
[global]
index-url = https://pypi.tuna.tsinghua.edu.cn/simple
```

另外，阿里云、中国科技大学、豆瓣等也有 pip 源，根据所处的物理位置选择较近的源仓库即可。

4.2　文件存储

目前，树莓派使用的文件存储设备只有在烧录系统时使用的 TF 卡，IF 卡的空间对于存储一些大文件是远远不够的。新版本的树莓派可以自动挂载硬盘，随插随用，解决了容量不够的问题。有时候由于工作和生活的需要，还希望可以远程访问树莓派的存储系统，需要利用树莓派搭建一个文件存储器，实现手机、平板、台式计算机、笔记本通过网络附加存储系统共享和备份数据的功能。

4.2.1 FTP 服务

第一章我们已经介绍了树莓派如何开启 SSH 服务，这是官方自带的，只需要手动开启即可。但部分系统的树莓派并未默认安装 FTP 服务，需要借助 vsftpd（一个开源的轻量级的常用 FTP 服务器）来开启。

首先安装 vsftpd 服务器（约 400KB），命令如下：

```
sudo apt-get install vsftpd
```

然后启动 FTP 服务，命令如下：

```
sudo service vsftpd start
```

编辑 vsftdp 的配置文件，命令如下：

```
sudo nano /etc/vsftpd.conf
```

找到以下行，进行配置，命令如下：

```
# 不允许匿名访问
anonymous_enable=NO

# 设定本地用户可以访问
local_enable=YES

# 设定可以进行写操作
write_enable=YES

# 设定上传后文件的权限掩码
local_umask=022
```

存盘退出，重启 vsftpd 服务，命令如下：

```
sudo service vsftpd restart
```

通过 Xftp 等 FTP 软件连接树莓派系统，以用户名 pi 登录，默认密码是 raspberry，即当前系统的用户名密码。FTP 的根目录是/home/pi，即 pi 用户的 home 目录。登录成功后就可以上传或下载文件了，如图 4.4 所示。

图 4.4　通过 Xftp 连接树莓派

如果要设置为其他目录，需要在配置文件中添加以下信息，命令如下：

```
local_root=/home/pi/ftp
allow_writeable_chroot=YES
```

这种情况下可能会出现没有文件夹权限，需要给文件夹设置权限，命令如下：

```
sudo chmod -R 777 /home/pi/ftp
```

注意

确保/home/pi/ftp 文件夹已手动创建。

4.2.2　文件共享

很多时候希望能在局域网内共享树莓派中的文件，如下载完成的影片，或辛苦编写的代码，可以通过 Samba 和外接的硬盘来实现这个需求。最新的树莓派系统硬盘可以自动挂载，不必担心硬盘挂载的问题，随插随用即可。

Windows 和 Linux 系统的硬盘文件系统是不一样的，Windows 系统的文件系统多是 NTFS 和 FAT，而 Linux 则很多样化，主流为 ETX4。如果移动硬盘的文件系统是 NTFS，旧的树莓派系统是不能直接识别出来的，需要安装一个文件系统服务，命令如下：

```
sudo apt-get install ntfs-3g
```

安装完成后，硬盘自动挂载到"/media/pi"目录下。

接下来需要安装 Samba，命令如下：

```
sudo apt-get update                           # 更新源
sudo apt-get install samba samba-common-bin    # 安装 Samba
```

在安装过程中，如果提示是否安装 dhcp-client 软件包，选择"是"，再按 Enter 键即可。安装完成后，配置/etc/samba/smb.conf 文件，可以用 nano 进行编辑，命令如下：

```
sudo nano /etc/samba/smb.conf
```

注意

nano 可以通过 Ctrl+y（上一页）和 Ctrl+v（下一页）实现翻页。

在 smb.conf 配置文件中最后一行插入下面的代码来配置相关信息，代码如下：

【实例 4.1】　smb 配置（实例位置：资源包\Code\04\01）

```
[public]
    comment = public storage
    path = /media/pi/Public
    valid users = pi
    read only = no
    create mask = 0777
    directory mask = 0777
    guest ok = no
    browseable = yes
```

各个参数说明如下：

```
comment：共享文件夹说明信息
path：共享文件夹目录，其中/media/pi/Public 是设置的共享文件目录，将其设置为需要共享的目录即可
valid users：有效用户
read only：是否只读
create mask：创建文件的权限
directory mask：创建文件夹的权限
guest ok：是否允许访客访问
browseable：是否可见
```

其中 valid users，即 pi，为有效用户，需要把它添加到 Samba 中（会提示输入密码，出于安全考虑，不建议设置成登录密码），命令如下：

```
sudo smbpasswd -a pi
```

重启 Samba 以生效配置，命令如下：

```
sudo samba restart
```

注意

Samba 默认开机自启，无须为重启担心。

接下来就可以访问文件共享系统了。在 Windows 客户端，如果单次访问，使用 Win + R 快捷键，在其中输入"\\树莓派的 IP 地址\public"，例如，"\\192.168.1.8\public"。过程中需要输入用户名和密码，用户名是 pi，密码是前面设置的 Samba 的密码。然后就可以在局域网内使用 Windows 设备访问硬盘，如图 4.5 所示。

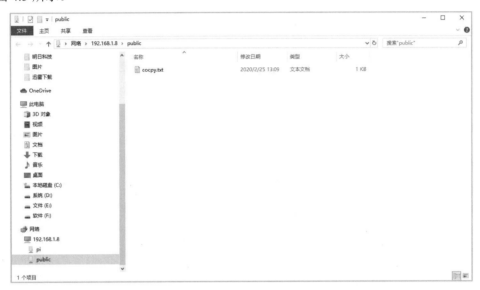

图 4.5　Samba 单次访问

如果在连接的过程中 Windows 系统提示"你不能访问此共享文件夹，因为你组织的安全策略阻止未经身份验证的来宾访问"信息，就需要手动配置来宾登录。使用 Win + R 快捷键，在其中输入 gpedit.msc 启动本地组策略编辑器，依次找到"计算机配置-管理模板-网络-Lanman 工作站"节点，在右侧内容区可以看到"启用不安全的来宾登录"策略设置，状态是"未配置"，如图 4.6 所示。

图 4.6　启用来宾登录

双击"启用不安全的来宾登录"策略设置,将其状态修改为"已启用"并单击确定按钮。设置完成后再次尝试访问,就可以正常访问了。

上面的方法只能一次性访问移动硬盘,以后需要继续打开相关文件时,还需要重新输入 IP 和一串的内容,操作比较烦琐。这里介绍另外一种方法,可以将树莓派上的移动硬盘永久挂载到文件管理器中。

首先,右击"此电脑"图标,或者在文件管理器的"此电脑"右击,然后选择"映射网络驱动器",驱动器符号可以随意选择,文件夹依旧输入\\192.168.1.8\public,同样地,将 192.168.1.8 替换成用户自己的树莓派 IP,如图 4.7 所示。

然后输入密码单击确定就可以了。如果一切顺利,当打开文件资源管理器的时候,就可以看到挂载的树莓派硬盘图标,如图 4.8 所示,以后就可以通过像操作本地磁盘一样使用硬盘。

图 4.7　映射网络驱动

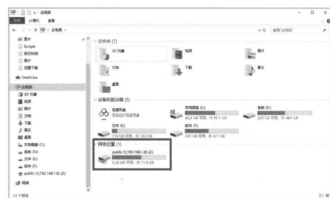

图 4.8　添加网络磁盘

对于 MacOS 系统可以打开 Finder,使用快捷键 cmd+k,服务器地址中填写 smb://192.168.1.8/public 地址即可,iOS 可以使用 nplayer,安卓可以使用 ES 文件浏览器等。

4.3　系 统 备 份

Windows 等主流平台以及云服务器都有系统备份的功能,一旦错误地删除或修改了文件,可以直接恢复到备份的时间节点,避免数据丢失造成重大损失,也省去了重复配置的时间。在树莓派上主要有全卡备份和压缩备份两种方法,本节将详细地介绍这两种备份方法。

4.3.1　全卡备份

全卡备份简单来说就是将树莓派使用的 TF 卡整体备份,操作比较方便,适合新手。但其缺点也明显,不管 TF 卡的空间有没有被占满,所有文件都整体复制,制作出来的镜像文件大小几乎等于 TF 卡的大小,且制作镜像时间长,占用大量的硬盘空间,系统还原时需要更大的 TF 卡才行。

该备份方式最为简单，首先在 Windows 系统的硬盘内创建一个 img 后缀的空文件，例如 AndroidTV_all_20200529.img，再打开 Win32DiskImager 磁盘映像工具，选择刚刚创建的空 img 文件和 TF 卡的盘符，最后单击读取（或 read）按钮即可，如图 4.9 所示。

图 4.9　全卡备份

如果使用的是桌面系统，也可以在附件中找到 SD Card Copier 工具，打开该工具，在 Copy From Device 一项中选择带有系统的 TF 卡，在 Copy to Device 中选择待复制的 TF 卡，最后单击 Start 按钮开始即可。该工具可以直接将系统的原生镜像写入接入树莓派的存储设备中，因此并不适合备份使用。

4.3.2　压缩备份

压缩备份是只备份 TF 卡中有内容的分区，备份出来的镜像大小基本和原来的文件差不多，方法稍显复杂且压缩的时间较长，但备份的镜像体积大大减小，适合通过云盘分享。将树莓派使用的 TF 卡通过读卡器插入电脑中后，打开 DiskGenius 分区工具，选择 TF 卡中占用空间最大的分区，单击右键选择"拆分分区"选项，拆分该分区中未使用的存储空间，如图 4.10 所示。

图 4.10　拆分分区

随后根据使用数据的情况，在弹出的界面中调整"调整后容量"，可比已使用的空间稍大一点，随后单击"开始"按钮即可，等待完成后，关闭 DiskGenius 软件。

再使用 Win32DiskImage 软件选择空 img 镜像文件和带有系统的 TF 卡，并在图 4.9 中勾选"仅读取已分配分区"，即可减小生成镜像文件的大小并缩短所需的时间，如果生成的文件还是大，可以使用压缩软件再进行压缩。

4.4　小　　结

本章首先介绍了使用树莓派时，常见的网络超时问题的解决方法，即切换树莓派的更新源为国内源。同理，也将 Python 的更新源切换回国内。随后介绍了树莓派的 FTP 服务和文件共享，可利用这两节的内容，把树莓派改造为一个小型的 NAS。最后介绍了树莓派系统的备份方法，如果操作失误，可及时恢复原系统。

第 5 章

常 用 服 务

树莓派是微型计算机，所以可作为服务器使用，且功耗极低。本章主要介绍树莓派常用的 Web 服务、MariaDB 数据库和远程监控，以便为后续的建站项目做准备。

5.1　远程监控

在树莓派上，可以借助 motion 来实现远程监控，motion 是 Linux 中的一款开源的摄像头监控软件，用命令行运行，只保存有运动物体的图像。将 USB 摄像头与树莓派连接好后执行以下命令安装 motion：

```
sudo apt-get install motion
```

然后打开 motion daemon 守护进程，使其可以一直在后台运行，命令如下：

```
sudo nano /etc/default/motion
# no 修改成 yes:
start_motion_daemon=yes
```

修改 motion 的配置文件，命令如下：

```
sudo nano /etc/motion/motion.conf
```

修改如下内容，代码如下：

```
# deamon off 改成  on
deamon on
# 图像保存的路径
Target_dir /home/pi/Motion
# 确认视频流的接口是 8081
stream_port 8081
# 设置分辨率
width 800
height 600
# 关闭 localhost 本地的限制
stream_localhost off
```

注意

可使用 nano 自带的 Ctrl + W 搜索功能逐个修改。

然后运行 motion，命令如下：

sudo motion

如果要关闭 motion，可以执行如下命令：

sudo killall -TERM motion

现在摄像头已经变成了一台网络摄像头。使用 ifconfig 命令查看本机的 IP 地址，在 chrome 浏览器中访问"http://ip 地址:8081"，即可看到摄像头当前拍摄的画面，如图 5.1 所示。

图 5.1　树莓派连接摄像头

还可以通过如下方法将 motion 设置为开机自启，命令如下：

sudo nano /etc/rc.local

在 exit 0 前添加 motion，保存后退出，motion 就会开机自动运行了，如图 5.2 所示。

图 5.2　motion 开机自启

5.2 Web 技术

本节将介绍一些在树莓派上使用的 Web 技术，例如 nginx、内网穿透、Aria2、NTP 等，当然它们也并非树莓派独有的，其他 Linux 系统也可以使用，只不过具体的下载命令、安装方式等需要相应改变。

5.2.1 nginx

nginx 是一款轻量级的 Web 服务器/反向代理服务器及电子邮件（IMAP/POP3）代理服务器，并在一个 BSD-like 协议下发行。因其占用内存少，并发能力强等优点被广泛使用。事实上 nginx 的并发能力确实在同类型的网页服务器中表现较好，使用 Nginx 网站用户有百度、京东、新浪、网易、腾讯和淘宝等。

接下来，在树莓派上执行如下命令安装 nginx：

```
sudo apt-get install nginx
```

安装完成后启动 nginx，命令如下：

```
sudo /etc/init.d/nginx start
```

测试安装是否成功（nginx 默认是 80 端口）。在同一台局域网设备的浏览器上访问树莓派地址，如 192.168.1.8。如果出现如图 5.3 所示的界面，则说明 nginx 安装成功。

Welcome to nginx!

If you see this page, the nginx web server is successfully installed and working. Further configuration is required.

For online documentation and support please refer to nginx.org.
Commercial support is available at nginx.com.

Thank you for using nginx.

图 5.3 nginx 安装成功

然后修改 nginx 配置文件（使 nginx 监听指定的端口，如 8888），命令如下：

```
sudo nano /etc/nginx/sites-available/default
```

在 listen 行修改两处的监听端口，将以下内容的 80 端口修改为 8888，代码如下：

```
server {
        listen 80 default_server;
```

```
        listen [::]:80 default_server;
```

最后重新加载 Nginx，命令如下：

```
sudo /etc/init.d/nginx reload
```

用浏览器访问树莓派的 IP 地址加端口号，例如 192.168.1.8:8888 进行测试，显示内容应与图 5.3 一致。

接下来配置 nginx 的反向代理，编辑 nginx 的配置文件，命令如下：

```
sudo nano /etc/nginx/sites-available/default
```

nginx 做反向代理最常用的方法就是只替换域名，即使用要访问的域名替换服务器的 IP 加端口，根据不同的需求可参考如下配置：

```
    upstream tomcat-portal {
        server 192.168.1.8:8080;
    }

    server {
        listen          80;
        server_name     localhost;
        location / {
            proxy_pass      http://tomcat-portal;
            index   index.html;
        }
    }
```

再重新加载 nginx，命令如下：

```
sudo /etc/init.d/nginx reload
```

浏览器上访问 192.168.1.8 即可，浏览器实际上显示的是 192.168.1.8:8080 的内容，因为 nginx 做了反向代理。

5.2.2　内网穿透

在用树莓派搭建自有服务的过程中，如 NAS，经常会遇到"内网穿透"这个术语。通俗而言，内网穿透就是当你不在家时可以让你用网络连接到家里正连着路由器的树莓派。内网穿透技术有很多种，常见的有端口映射、反向代理和 P2P 穿透：

☑　端口映射：即静态地址转换，将内网地址与公网地址进行一对一转换，且每个内部地址的转换都是确定的。路由器的虚拟服务器就是静态 NAT（Network Address Translation，网络地址转换）的应用之一。国内运营商给普通家庭分配的基本都是一个大公网 IP 下的内网 IP，并不是全球唯一的 IP 地址，所以此方法很难实现。

☑　反向代理：也称端口转发，即通过其他服务器代理转发请求给内网地址。端口转发需要一个公网 IP 服务器，如果没有就只能用第三方提供的服务，例如 ngrok、Frp、Oray、Holer 等。

☑ P2P 穿透：利用 UDP 或 TCP 打洞技术，在两台机器上建立直接的网络连接，即端到端连接（Peer 2 Peer）。一旦穿透成功，就可以不限速访问，适合视频摄像等大流量应用。

但是受网络复杂环境影响，P2P 穿透成功率也不是百分百，特别是跨网络运营商时。

综合考虑，本书推荐使用 ngrok 做反向代理的方法。此方法无须 VPS 和独立公网 IP，且完全免费，但速度可能会受到限制，并不适合大流量场景使用。

ngrok 是一个开源的内网穿透软件，诞生至今已经 7 年了，在国外有官网和服务器。不过 Ngrok 只开源了 1.7 及以下的版本，2.0 版本往后已经闭源。在使用 ngrok 前，需要去官网 ngrok.com 注册一个账号，完成账号注册之后，将会得到一个认证令牌，需要使用这个令牌连接树莓派和 ngrok 账号。

接下来，为树莓派下载一个 ARM 版本的 ngrok 客户端，如图 5.4 所示。

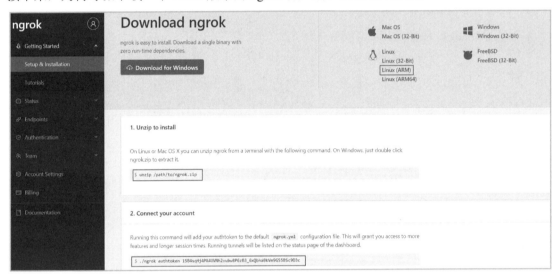

图 5.4 下载 ARM 版本 ngrok

下载完成后，根据官网提示的步骤，如图 5.4 所示，解压 ngrok 并执行验证（直接复制官网代码即可），最后运行 ngrok，命令如下：

```
./ngrok tcp 22

# 或者 http 的方式
./ngrok http 80

# 后台运行的方式
nohup ./ngrok http 80
```

看到如下所示的信息：

```
Web Interface http://127.0.0.1:4040
Forwarding tcp://0.tcp.ngrok.io:16468 -> localhost:22
```

上面的数据表示，任何指向 0.tcp.ngrok.io（端口 16468）的连接都将被重定向到目标设备，即树莓派（端口 22）上。只需要记住 Forwarding 行即可。在外网通过 SSH、终端或浏览器填写"主机名

0.tcp.ngrok.io 端口 16468"的方式即可访问树莓派上的服务。

注意

主机名和端口号是 ngrok 分配的，根据实际情况填写。

5.2.3 Aria2

Aria2 是一个轻量级、多源、跨平台的命令行下载实用工具，支持 HTTP/HTTPS、FTP、SFTP、BitTorrent 和 Metalink 等协议，本节将使用 Aria2 完成下载功能。

在树莓派上安装任何应用前，最好先更新一下安装源，命令如下：

```
sudo apt-get update
```

再安装 Aria2，命令如下：

```
sudo apt-get install aria2
```

在/etc 目录下创建 Aria2 目录用来存放配置文件，命令如下：

```
sudo mkdir /etc/aria2
```

创建空白的 aria2.session 文件，命令如下：

```
sudo touch /etc/aria2/aria2.session
```

创建配置文件，命令如下：

```
sudo nano /etc/aria2/aria2.conf
```

在该文件中输入以下内容：

【实例 5.1】 Aria2 配置（实例位置：资源包\Code\05\01）

```
#=========文件保存目录自行修改
# dir=/data/download
#下载文件保存目录,建议挂载移动硬盘

#因为此处以 pi 用户执行 Aria2c 进程，所以此目录配置读写权限
# sudo chown -R pi:pi /data/download

#打开 rpc 的目的是为了给 Web 管理端用
#configuration file for aria2c
enable-rpc=true
rpc-allow-origin-all=true
rpc-listen-all=true

#rpc-listen-port=6800
```

```
file-allocation=none
disable-ipv6=true
disk-cache=32M
split=3
max-concurrent-downloads=3
max-connection-per-server=3
max-file-not-found=3
max-tries=5
retry-wait=3
continue=true
check-integrity=true
log-level=error
log=/var/log/aria2.log


input-file=/etc/aria2/aria2.session
save-session=/etc/aria2/aria2.session


dir=/data/download
```

启动 Aria2，命令如下：

```
sudo aria2c --conf-path=/etc/aria2/aria2.conf
```

启动 Aria2 后显示如下提示信息：

```
02/27 14:22:13 [WARN] Neither --rpc-secret nor a combination of --rpc-user and --rpc-passwd is set. This is
insecure. It is extremely recommended to specify --rpc-secret with the adequate secrecy or now deprecated --
rpc-user and --rpc-passwd.
02/27 14:22:13 [NOTICE] IPv4 RPC：正在监听 TCP 端口 6800
```

如果没有提示任何错误信息，那就按 Ctrl+C 停止上面的语句，以 Daemon 的形式，转为后台运行，命令如下：

```
sudo aria2c --conf-path=/etc/aria2/aria2.conf -D
```

将 Aria2 配置为系统服务，命令如下：

```
sudo nano /etc/init.d/aria2c
```

添加如下代码内容：

【实例 5.2】 Aria2c 配置（实例位置：资源包\Code\05\02）

```
#!/bin/sh
### BEGIN INIT INFO
# Provides:          aria2
# Required-Start:    $remote_fs $network
# Required-Stop:     $remote_fs $network
# Default-Start:     2 3 4 5
# Default-Stop:      0 1 6
# Short-Description: Aria2 Downloader
```

```
### END INIT INFO

case "$1" in
start)

    echo    "Starting aria2c ..."
    #sudo -u pi aria2c --conf-path=/etc/aria2/aria2.conf -D
    sudo aria2c --enable-rpc --rpc-listen-all=true --rpc-allow-origin-all
;;
stop)

    echo    "Shutting down aria2c ..."
    killall aria2c
;;
restart)
    killall aria2c
    sleep 3
    # sudo -u pi aria2c --conf-path=/etc/aria2/aria2.conf -D
    sudo aria2c --enable-rpc --rpc-listen-all=true --rpc-allow-origin-all
;;
esac
exit
```

然后设置这个文件的权限，命令如下：

```
sudo chmod 755 /etc/init.d/aria2c
```

添加 Aria2c 服务自动运行，命令如下：

```
sudo update-rc.d aria2c defaults
```

测试服务是否可以启动，命令如下：

```
sudo service aria2c start
```

接下来配置 nginx，首先备份 nginx 的配置文件，命令如下：

```
sudo cp /etc/nginx/nginx.conf /etc/nginx/nginx.conf.bak
```

再使用 nano 打开配置文件，命令如下：

```
sudo nano /etc/nginx/nginx.conf
```

按照下面的配置进行修改：

```
worker_processes 1;                  # 只有一个 CPU，单进程即可
worker_connections 256;              # 一般支持 100 在线连接就达到 raspberry pi 的极限了
gzip on;                             # gzip 开启取消前面的注释符号（#），让默认设置生效即可
gzip_disable "msie6";                # 手动添加
gzip_vary on;
gzip_proxied any;
gzip_comp_level 6;
```

```
gzip_buffers 16 8k;
gzip_http_version 1.1;
gzip_types text/plain text/css application/json application/x-javascript text/xml application/xml application/xml+
rss text/javascript;
```

再配置站点属性（建议先备份），命令如下：

```
sudo nano /etc/nginx/sites-availiable/default
```

按照下面的配置进行修改：

```
server {
    listen 80;
    #listen [::]:80 default_server;              # 一定要注释掉，ipv6
    root /var/www/html;                          # 站点存储位置
    server_name pi.com;

    access_log /var/log/nginx/localhost.access.log;
    #error_page 404 /404.html;

    location / {
            index index.html index.html ;
    }
}
```

测试 nginx 是否可用，以下是 nginx 启停常用的一些命令：

```
sudo nginx -t
sudo service nginx start
sudo service nginx restart
sudo service nginx stop
```

添加 nginx 服务自动运行，命令如下：

```
sudo update-rc.d nginx defaults
```

Aria2 支持 JSON-RPC 接口调用，因此网上出现了众多 Aria2 的第三方扩展/客户端，提供了简单易于使用的界面，主要流行的 WebUI 有 yaaw、webui-aria2、AriaNg，个人更喜欢 YAAW 简洁的界面。需要 GUI 的可以尝试跨平台客户端 Motrix。

首先切换到 html 文件夹，命令如下：

```
cd /var/www/html
```

下载 yaaw，命令如下：

```
sudo git clone https://github.com/binux/yaaw
```

确保 nginx 服务启动的情况下，用浏览器打开 YAAW 输入下载地址即可完成自动下载功能。例如，"http://192.168.1.8/yaaw"，如图 5.5 所示。

图 5.5 使用 Aria2 下载

5.2.4 NTP

NTP 是 Network Time Protocol 的缩写，又称为网络时间协议，是用来使计算机时间同步化的一种协议，它可以使计算机对其服务器或时钟源（如石英钟，GPS 等）做同步化，它可以提供高精准度的时间校正（LAN 上与标准间差小于 1ms，WAN 上几十毫秒），且可由加密确认的方式来防止恶毒的协议攻击。

树莓派有小巧、省电和节省空间等优势，可以用极低的成本以 7×24 的方式运行，可以把树莓派当作一个小的服务器，运行简单应用。由于树莓派连接网络之后，时间通过网络自动同步，树莓派的时间就正常了，所以可以在局域网中当作 NTP 服务器。

首先安装 NTP 服务，命令如下：

```
sudo apt-get install ntp
```

修改配置文件 ntp.conf，命令如下：

```
cd /
cd etc/
sudo nano ntp.conf
```

将默认配置更改如下：

【实例 5.3】 NTP 配置（实例位置：资源包\Code\05\03）

```
# /etc/ntp.conf, configuration for ntpd; see ntp.conf(5) for help

driftfile /var/lib/ntp/ntp.drift


# Enable this if you want statistics to be logged.
#statsdir /var/log/ntpstats/

statistics loopstats peerstats clockstats
filegen loopstats file loopstats type day enable
filegen peerstats file peerstats type day enable
filegen clockstats file clockstats type day enable
```

```
# You do need to talk to an NTP server or two (or three).
#server ntp.your-provider.example

# pool.ntp.org maps to about 1000 low-stratum NTP servers.   Your server will
# pick a different set every time it starts up.   Please consider joining the
# pool: <http://www.pool.ntp.org/join.html>
server 0.debian.pool.ntp.org iburst
server 1.debian.pool.ntp.org iburst
server 2.debian.pool.ntp.org iburst
server 3.debian.pool.ntp.org iburst
server time.asia.apple.com prefer
server ntp.sjtu.edu.cn prefer
server 127.127.1.0
fudge 127.127.1.0 stratum 10


# Access control configuration; see /usr/share/doc/ntp-doc/html/accopt.html for
# details.   The web page <http://support.ntp.org/bin/view/Support/AccessRestrictions>
# might also be helpful.
#
# Note that "restrict" applies to both servers and clients, so a configuration
# that might be intended to block requests from certain clients could also end
# up blocking replies from your own upstream servers.

# By default, exchange time with everybody, but don't allow configuration.
restrict -4 default kod notrap nomodify nopeer noquery
restrict -6 default kod notrap nomodify nopeer noquery
#restrictdefault nomodify


# Local users may interrogate the ntp server more closely.
restrict 127.0.0.1
restrict ::1

# Clients from this (example!) subnet have unlimited access, but only if
# cryptographically authenticated.
#restrict 192.168.123.0 mask 255.255.255.0 notrust


# If you want to provide time to your local subnet, change the next line.
# (Again, the address is an example only.)
#broadcast 192.168.123.255

# If you want to listen to time broadcasts on your local subnet, de-comment the
# next lines.   Please do this only if you trust everybody on the network!
#disable auth
#broadcastclient
```

根据网络情况和使用情况，自行修改 NTP 配置后重启 NTP 服务，命令如下：

```
sudo service ntp restart
```

再确认 NTP 是否已启动：

```
ps -ef | grep ntp
ntpq -p
```

结果如下，说明 NTP 服务器进程存在：

```
pi@raspberrypi36:/ $ ntpq -p
     remote          refid       st t when poll reach    delay   offset  jitter
==============================================================================
+cn.ntp.faelix.n 185.134.196.169   2 u     1   64  377   253.107  -7.402  23.282
+d.hnd.pobot.net 255.254.0.27      2 u    15   64  155   249.128  41.977   8.036
 static-5-103-13 .INIT.           16 u     -   64    0     0.000   0.000   0.000
*time5.aliyun.co 10.137.38.86      2 u     9   64  377    30.167   3.322   3.654
```

重启树莓派系统，命令如下：

```
sudo reboot
```

最后在其他 PC 端填入树莓派 IP。例如：在 Windows 中设置时间时选择 Internet 时间，并填入树莓派的 IP 地址即可。

5.3　MariaDB

MySQL 是目前最流行的关系型数据库之一，在 Web 开发中离不开数据库。由于 MySQL 先后被 Sun 和 Oracle 公司收购，其开发团队意识到 Oracle 公司可能会将 MySQL 闭源，因此该团队将 MariaDB 作为 MySQL 的一个分支分离出来。MariaDB 的目的是完全兼容 MySQL，包括 API 和命令行，使之能轻松成为 MySQL 的替代品，因此，无论安装的是 MySQL 还是 MariaDB，其使用方法基本一样。

使用以下命令安装最新版本的 MySQL：

```
sudo apt-get install mysql-server
```

如果为树莓派换了源可能会出现找不到软件包的错误，如下所示：

```
正在读取软件包列表... 完成
正在分析软件包的依赖关系树
正在读取状态信息... 完成
没有可用的软件包 mysql-server，但是它被其他的软件包引用了。
这可能意味着这个缺失的软件包可能已被废弃，
或者只能在其他发布源中找到
然而下列软件包会取代它：
  mariadb-server-10.0
```

E: 软件包 mysql-server 没有可安装候选

直接安装提示的 mariadb-server 软件包即可，命令如下：

```
sudo apt-get install mariadb-server-10.0
```

当服务器安装完成后，运行以下命令为数据库设置安全密码：

```
sudo mysql_secure_installation
```

在设置的过程中一般会依次询问以下几个问题：

（1）提示输入密码 Enter current password for root (enter for none):，当前密码默认为空，直接按 Enter 键即可。

（2）是否设置 root 密码 Set root password? [Y/n]，输入 y 后按 Enter 键，再输入新密码（Linux 下密码都为盲输入，不会显示出已按下的键），第二次重复确认密码时，依旧为盲输入。

（3）会是否移除匿名用户 Remove anonymous users? [Y/n]，输入 y，按 Enter 键即可移除，即不允许匿名访问。

（4）是否禁止 root 用户远程登录 Disallow root login remotely? [Y/n]，此处可以根据需求进行设置，如果将 3306 端口映射到公网中，出于安全考虑，可以输入 y，再单独新建一个专门用于远程访问的用户。

（5）是否删除 test 数据库并访问它 Remove test database and access to it? [Y/n]，默认情况下 MariaDB 带有一个名为 test 的数据库，任何人都可以访问。在生产环境中可以删除，但一般生产环境都部署在性能更好的云服务器上，可以输入 n，为了测试方便不删除。

（6）是否现在重新加载配置表来保存当前的所有更改 Reload privilege tables now? [Y/n]，输入 y，将保存当前的所有配置。

设置完成后，在树莓派的终端切换到 root 用户，并使用 mysql 命令登录到数据库，进入数据库后每行会提示类似 MariaDB [(none)]>的信息，如下所示：

```
pi@raspberrypi:~ $ sudo -i
root@raspberrypi:~# mysql
Welcome to the MariaDB monitor.    Commands end with ; or \g.
Your MariaDB connection id is 62
Server version: 10.0.28-MariaDB-2+b1 Raspbian testing-staging

Copyright (c) 2000, 2016, Oracle, MariaDB Corporation Ab and others.

Type 'help;' or '\h' for help. Type '\c' to clear the current input statement.

MariaDB [(none)]>
```

在数据库中执行以下 SQL 语句创建一个远程访问的 MySQL 账户，由于是 SQL 语句所以每句结尾都有一个分号。

```
CREATE USER '新建的用户名'@'%' IDENTIFIED BY '新建用户的密码';
GRANT USAGE ON *.* TO '新建的用户名'@'%';
GRANT ALL PRIVILEGES ON *.* TO '新建的用户名'@'%' IDENTIFIED BY '新建用户的密码' WITH GRANT OPTION;
```

```
FLUSH PRIVILEGES;
```

此时如果使用 Navicat 等数据库客户端软件连接 MySQL，就会报 10061 错误，如图 5.6 所示。这是因为 MySQL 默认是不允许远程访问的。

图 5.6　MySQL10061 错误

使用 Ctrl + 4 快捷键可以在终端退出数据库，然后执行以下命令编辑数据库的配置文件：

```
sudo nano /etc/mysql/mariadb.conf.d/50-server.cnf
```

将配置文件中的 bind-address = 127.0.0.1 使用#符号注释，修改完成后使用 Ctrl + O 快捷键保存，按 Enter 键确定写入，按 Ctrl + X 快捷键退出，再使用下面命令重启数据库：

```
sudo service mysql restart
```

除了 restart 命令外，还有 stop、start、enable 和 status 等，分别代表着停止、启动、开机自启和状态信息。此时，再使用 Navicat 等数据库客户端软件就可以成功连接到数据库了。

如果在树莓派上使用 pi 用户登录 MySQL 时提示 "ERROR 1698 (28000): Access denied for user 'root'@'localhost'" 错误，可以查看 MySQL 配置的验证方式是否为系统验证 "UNIX auth_socket plugin"，执行如下命令：

```
sudo mysql -u root -p
use mysql
select User,Host,plugin from user;
```

查询出来的结果中，如果 plugin 字段为 "unix_socket" 即为系统验证，此时将其更改为密码验证方式，SQL 语句如下：

```
update user set plugin='mysql_native_password' where user='root';
flush privileges;
exit
```

退出后，在 pi 用户下不加 sudo 命令重新登录，输入正确密码即可。

5.4　小　　结

本章首先简单介绍了使用树莓派搭建一个小型网络监控摄像头，随后详细介绍了 Web 相关的基础知识，例如：nginx、内网穿透和数据库等。数据库在 Web 开发中是重中之重，读者需认真研究。其次通过 nginx，读者可将一些 Web 服务部署在树莓派上运行，再通过内网穿透技术就可以在公网访问部署在树莓派上的服务。最后，也可通过 Aria2 将树莓派变成一个小型的下载服务器，或者使用 NTP 来作为局域网中的时间服务器。

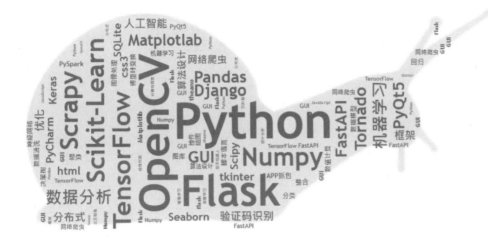

第 2 篇　核心技术

本篇介绍树莓派中 GPIO 相关基础知识，并使用一些简单和高级的硬件，最后介绍了常见控制电机的操作方法和 OpenCV 最新库在树莓派中的安装方法与简单应用。学习完这一部分，即可控制一些常见的硬件，实现一个简单的项目需求。

第 6 章

GPIO 基础

树莓派和大多数计算机的不同之处在于其有一组通用的输入/输出即 GPIO 接口，可以通过它将树莓派连接到电子电路上，实现与外部的交互。借助这些接口，可以把各种电子设备连接到树莓派上，创造属于自己的产品。在本章，我们将学习 GPIO 相关的知识，以及如何使用它们从电子电路接收输入和向电子电路发送输出。

6.1　GPIO 简介

本节介绍树莓派上方的 40 个 GPIO 引脚和连接方法等。同时为了接线方便，可到 https://www.splitbrain.org/下载树莓派 GPIO 引脚的 HAT（Hardware Attached on Top，扩展板），读者可根据需要将其打印并裁剪下来覆盖到树莓派上，每个引脚旁边的文字即表示该引脚信息。

6.1.1　GPIO 定义

GPIO（General Purpose Input/Output，通用型输入/输出）接口常简称为 GPIO，GPIO 是树莓派与外界交互的关键，用于输出高低电平，或者读入引脚的状态是高电平或低电平。

GPIO 是一个比较重要的概念，用户可以通过 GPIO 和硬件进行数据交互（如 UART，通用异步收发传输器）、控制硬件工作（如 LED、蜂鸣器等）、读取硬件的工作状态信号（如中断信号）等。GPIO 的使用非常广泛，掌握了 GPIO，相当于掌握了操作硬件的能力。

摆正树莓派，其最上方的一排金属针就是 GPIO 引脚，如图 6.1 所示。

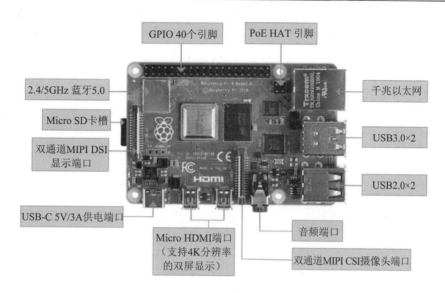

图 6.1　树莓派 4B 型接口（包括 GPIO 引脚）

6.1.2　GPIO 引脚布局

一般情况下，有下面 3 种方法可以对树莓派 4B 开发板上的 GPIO 引脚进行编号。

☑　物理引脚编号，指树莓派针脚接头上的引脚号，按照"从左到右，从上到下，左边奇数，右边偶数"的规律排列 40 个引脚，如图 6.2 所示。

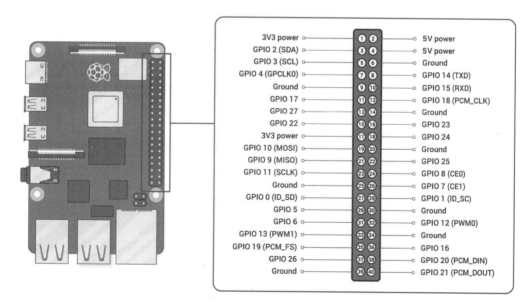

图 6.2　GPIO 引脚编号

☑　wringPi 编号，wringPi 库使用 C 语言开发，通过"gpio readall"命令查看。如图 6.3 所示以 Physical

列对称分布的两个 wPi 列显示的编号即为 wringPi 编号。

```
pi@raspberrypi:~ $ gpio readall
+-----+-----+---------+------+---+---Pi 4B-+---+------+---------+-----+-----+
| BCM | wPi |   Name  | Mode | V | Physical | V | Mode |  Name   | wPi | BCM |
+-----+-----+---------+------+---+----++----+---+------+---------+-----+-----+
|     |     |    3.3v |      |   |  1 || 2  |   |      | 5v      |     |     |
|   2 |   8 |   SDA.1 |  IN  | 1 |  3 || 4  |   |      | 5v      |     |     |
|   3 |   9 |   SCL.1 |  IN  | 1 |  5 || 6  |   |      | 0v      |     |     |
|   4 |   7 |  GPIO. 7|  IN  | 1 |  7 || 8  | 1 |  IN  | TxD     | 15  | 14  |
|     |     |      0v |      |   |  9 || 10 | 1 |  IN  | RxD     | 16  | 15  |
|  17 |   0 |  GPIO. 0|  IN  | 0 | 11 || 12 | 0 |  IN  | GPIO. 1 | 1   | 18  |
|  27 |   2 |  GPIO. 2|  IN  | 0 | 13 || 14 |   |      | 0v      |     |     |
|  22 |   3 |  GPIO. 3|  IN  | 0 | 15 || 16 | 0 |  IN  | GPIO. 4 | 4   | 23  |
|     |     |    3.3v |      |   | 17 || 18 | 0 |  IN  | GPIO. 5 | 5   | 24  |
|  10 |  12 |    MOSI |  IN  | 0 | 19 || 20 |   |      | 0v      |     |     |
|   9 |  13 |    MISO |  IN  | 0 | 21 || 22 | 0 |  IN  | GPIO. 6 | 6   | 25  |
|  11 |  14 |    SCLK |  IN  | 0 | 23 || 24 | 1 |  IN  | CE0     | 10  | 8   |
|     |     |      0v |      |   | 25 || 26 | 1 |  IN  | CE1     | 11  | 7   |
|   0 |  30 |   SDA.0 |  IN  | 1 | 27 || 28 | 1 |  IN  | SCL.0   | 31  | 1   |
|   5 |  21 |  GPIO.21|  IN  | 1 | 29 || 30 |   |      | 0v      |     |     |
|   6 |  22 |  GPIO.22|  IN  | 1 | 31 || 32 | 0 |  IN  | GPIO.26 | 26  | 12  |
|  13 |  23 |  GPIO.23|  IN  | 0 | 33 || 34 |   |      | 0v      |     |     |
|  19 |  24 |  GPIO.24|  IN  | 0 | 35 || 36 | 0 |  IN  | GPIO.27 | 27  | 16  |
|  26 |  25 |  GPIO.25|  IN  | 0 | 37 || 38 | 0 |  IN  | GPIO.28 | 28  | 20  |
|     |     |      0v |      |   | 39 || 40 | 0 |  IN  | GPIO.29 | 29  | 21  |
+-----+-----+---------+------+---+----++----+---+------+---------+-----+-----+
| BCM | wPi |   Name  | Mode | V | Physical | V | Mode |  Name   | wPi | BCM |
+-----+-----+---------+------+---+---Pi 4B-+---+------+---------+-----+-----+
```

图 6.3　所有引脚编号

图 6.3 中，最上一排和最后一排相同，并且两端以 Physical 列成对称分布，其中 BCM、wPi、Name 和 Physical 分别代表 BCM 编号、wPi 编号、功能名称和物理编号。

两个 Name 列显示的 3.3V 和 5V 代表电压，0V 即为接地；GPIO. ×代表 GPIO 编号；TXD/RXD 是一组，在串口通信时使用，和另外一个树莓派（或其他支持串口通信的模块）对接（TXD 接对方的 RXD，RXD 接对方的 TXD）设置一样的波特率，即可以进行串口通信；SDA/SCL 是一组，用于 IIC 协议通信，接另外一个树莓派（或 Arduino，支持 IIC 的模块等）；支持 IIC 协议的，通过 IIC 协议通信 MOSI、MISO、SCLK；CE0/CE1 用于 SPI 通信协议，通过它连接使用 SPI 通信的模块。

由于树莓派 4 自带的 wiringPi 库默认版本是 2.50，无法映射到 GPIO，所以在使用 gpio readall 命令查看所有引脚编号时，可能会出现 Oops - unable to determine board type... model: 17 这种错误情况，需要更新 wiringPi 到 2.52 版本才能与树莓派映射，打开一个终端输入以下命令：

```
cd /tmp
wget https://project-downloads.drogon.net/wiringpi-latest.deb
```

用 wget 命令下载最新版本的 wiringPi，下载过程见如下代码：

```
pi@raspberrypi:/tmp $ wget https://project-downloads.drogon.net/wiringpi-latest.deb
--2020-03-16 14:45:47--  https://project-downloads.drogon.net/wiringpi-latest.deb
正在解析主机 project-downloads.drogon.net (project-downloads.drogon.net)... 188.246.205.22
正在连接 project-downloads.drogon.net (project-downloads.drogon.net)|188.246.205.22|:443... 已连接。
已发出 HTTP 请求，正在等待回应... 200 OK
长度: 52260 (51K) [application/x-debian-package]
正在保存至: "wiringpi-latest.deb"

wiringpi-latest.deb 100%[====================>]  51.04K  13.0KB/s  用时 3.9s
2020-03-16 14:45:57 (13.0 KB/s) - 已保存 "wiringpi-latest.deb" [52260/52260])
```

下载完成后，使用 sudo dpkg -i wiringpi-latest.deb 命令安装，命令如下：

```
pi@raspberrypi:/tmp $ sudo dpkg -i wiringpi-latest.deb
(正在读取数据库 ... 系统当前共安装 155263 个文件和目录。)
准备解压 wiringpi-latest.deb ...
正在解压 wiringpi (2.52) 并覆盖 (2.50) ...
正在设置 wiringpi (2.52) ...
正在处理用于 man-db (2.8.5-2) 的触发器 ...
```

使用 gpio -v 命令查看版本信息是否为升级后的版本，命令如下：

```
pi@raspberrypi:/tmp $ gpio -v
gpio version: 2.52
Copyright (c) 2012-2018 Gordon Henderson
This is free software with ABSOLUTELY NO WARRANTY.
For details type: gpio -warranty

Raspberry Pi Details:
  Type: Pi 4B, Revision: 01, Memory: 2048MB, Maker: Sony
  * Device tree is enabled.
  *--> Raspberry Pi 4 Model B Rev 1.1
  * This Raspberry Pi supports user-level GPIO access.
```

☑　BCM 编号，是指 Broadcom SOC 的通道号码，需使用通道号对应的树莓派板上的引脚。在
　　图 6.3 中以 Physical 列对称分布的第一列和最后一列显示的编号即为 BCM 编号。

除上面介绍的命令外，还可以使用 pinout 命令查看树莓派的配置信息和引脚编号等，如图 6.4 所示。

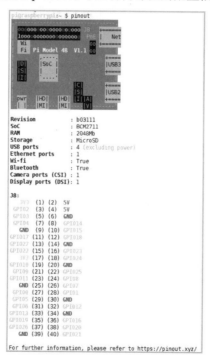

图 6.4　基本配置信息

图 6.4 中引脚旁边标注了简略信息，3V3 代表着 3.3V 电压输出，5V 就是 5V 电压输出 ，GND 表示接地，GPIO 后面即为对应的 GPIO 编号。

6.2　连接 GPIO

熟悉了树莓派 4B 开发板的 GPIO 引脚后，就可以连接树莓派了。本节将介绍树莓派开发板的几种连接方法。

6.2.1　直接连接

使用一个母转公的接头，一端接树莓派开发板的 GPIO 接口，另一端接面包板，如图 6.5 所示，这是连接树莓派开发板 GPIO 引脚最简单的方法。

图 6.5　直接连接树莓派 GPIO

但是如果一次使用大量的引脚就会造成混乱，如果不小心短路，就有可能损坏整个树莓派开发板。对于新手，需要遵守以下规则：

- ☑ 永远不要在任何 GPIO 引脚上施加电压超过 3.3V，这一点非常重要。
- ☑ 每个输出引脚上的电流不能超过 3mA，对于比较陈旧的 26 引脚树莓派，其总输出电流必须低于 50mA；对于 40 引脚的树莓派，其总输出电流必须低于 100mA。
- ☑ 使用 LED 时，3mA 的电流就足以点亮一个串联正确的 470Ω 电阻的红色 LED。
- ☑ 树莓派通电后，不能使用螺丝刀或者其他导电物品接触树莓派的 GPIO 引脚。
- ☑ 不能从 5V 的供电引脚输出总额超过 250mA 的电流。

6.2.2　使用 T 形扩展板

通常情况下，不会直接连接 GPIO 引脚到面包板，而是使用 T 形的扩展版加一根 26/40 引脚的排线连接 GPIO 引脚，再通过它们连接到面包板上，如图 6.6 所示。

该 T 形扩展版的所有引脚都提供了对应树莓派引脚的标签，同时还提供了一个插槽。在把树莓派扩展板的排线连接到 GPIO 引脚上时要非常小心，因为某些型号的排线指向电路的内侧，而某些型号的排线指向树莓派电路板的外侧。通常情况下，把排线的红色边缘面向 TF 储存卡边缘一侧。

图 6.6　使用 T 形扩展版

6.2.3　使用面包板

无论选择哪种连接方式，都需要使用面包板，它提供了一种简单的方式，可以快速地将各个组件的电路连接到一起，如果连接错误，可以轻松的拆除。面包板有各种尺寸，从带 170 个孔的小板到将多个面包板安装到一个面板上的大板。由于没有关于面包板如何组装在一起的标准，因此只有在使用同一制造商产品的情况下，才可放心组装使用。

不同规格面包板的连接方式大体相同，以图 6.7 为例。中央区域由编号为 1～30 的列和编号为 a～l 的行组成。每列均在中心处断开连接。因此，对于第 1 列，位置 a～f 和 g～l 连接。面包板的顶部和底部分为两行，具体功能由面包板厂家设置，或者作为可选的附加行。这些行通常用于主电源连接，蓝色行用作接地，红色行用作正极。

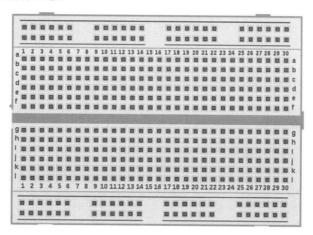

图 6.7　面包板

6.3 使用 RPi.GPIO 模块

RPi.GPIO 是 Python 的一个模块,树莓派系统默认已经安装了该模块。本节将详细介绍如何使用 Python 的 RPi.GPIO 模块控制 GPIO。

6.3.1 基本用法

用下面的代码导引 RPi.GPIO 模块:

```
import RPi.GPIO as GPIO
```

引入之后,就可以使用 GPIO 模块中的函数了。检查模块是否引入成功的代码如下:

```
01  try:
02      import RPi.GPIO as GPIO
03  except RuntimeError:
04      print("引入错误")
```

在 RPi.GPIO 中,同时支持树莓派上的两种 GPIO 引脚编号:

- ☑ BOARD 编号,它和树莓派开发板上的物理引脚编号相对应。使用这种编号的好处是,硬件将是一直可以使用的,不用担心树莓派的版本问题。因此,在开发板升级后,不需要重写连接器或代码。
- ☑ BCM 编号,使用更底层的工作方式,是指 Broadcom SOC 上的通道号。在使用一个引脚时,需要查找信道号和物理引脚编号之间的对应规则。对于不同的树莓派版本,编写的脚本文件可能是无法通用的。

使用下列代码(强制的)指定一种编号规则:

```
01  GPIO.setmode(GPIO.BOARD)
02  # or
03  GPIO.setmode(GPIO.BCM)
```

或者使用下面代码查看设置的编号规则:

```
mode = GPIO.getmode()
```

Raspberry Pi 的 GPIO 上可能有多个脚本/电路,如果 RPi.GPIO 检测到某个引脚已配置为默认值(输入)以外的其他值,则在尝试配置脚本时会收到警告。可以通过下面代码禁用这些警告:

```
GPIO.setwarnings(False)
```

在使用一个引脚前,需要设置引脚作为输入还是输出。配置一个引脚的代码如下所示:

```
01   # 将引脚设置为输入模式
02   # channel 是基于指定的编号系统（BOARD 或 BCM）的通道号
03   GPIO.setup(channel, GPIO.IN)
04
05   # 将引脚设置为输出模式
06   GPIO.setup(channel, GPIO.OUT)
07
08   # 为输出的引脚设置默认值
09   GPIO.setup(channel, GPIO.OUT, initial=GPIO.HIGH)
```

也可以一次设置多个通道（从 0.5.8 开始），例如：

```
01   # 添加需要添加的通道！
02   chan_list   =   [11, 12]
03   # 也可以用元组代替，即：chan_list =(11, 12)
04
05   GPIO.setup(chan_list, GPIO.OUT)
```

需要读取引脚的输入状态时可使用如下代码获得：

```
01   # channel 是基于您指定的编号系统（BOARD 或 BCM）的通道号
02   # 低电平返回 0/GPIO.LOW/False，高电平返回 1/GPIO.HIGH/True
03   GPIO.input(channel)
```

如果想点亮一个 LED，或者驱动某个设备，设置引脚的输出状态即可，代码如下：

```
01   # channel 同上，state 可以设置为 0/GPIO.LOW/False 或 1/GPIO.HIGH/True
02   GPIO.output(channel, state)
```

如果想一次性设置多个引脚，可使用下面的代码：

```
01   # 也可使用元组
02   chan_list = [11,12]
03   # 设置所有的 GPIO.LOW
04   GPIO.output(chan_list, GPIO.LOW)
05   # 组中第一个设置为高第二个设置为底
06   GPIO.output(chan_list, (GPIO.HIGH, GPIO.LOW))
```

一般来说，程序运行到最后都需要释放资源，可以避免损坏树莓派。释放脚本中使用的引脚的代码如下：

```
01   # 释放脚本中使用的 GPIO 引脚，并清除设置的引脚编号规则
02   GPIO.cleanup()
```

最后，如果要查看 RPi 开发板信息和 RPi.GPIO 版本，可以使用如下代码：

```
01   # 查看 RPi 的信息
02   GPIO.RPI_INFO
03
04   # 查看 Raspberry Pi 开发板版本
05   GPIO.RPI_INFO [ 'P1_REVISION']
```

```
06    GPIO.RPI_REVISION              # 已弃用
07
08    # 查看 RPi.GPIO 的版本
09    GPIO.VERSION
```

6.3.2 模块的输入

我们在上一节介绍了可通过下面代码获取引脚的输入状态：

```
01    # channel 是基于您指定的编号系统（BOARD 或 BCM）的通道号
02    # 低电平返回 0/GPIO.LOW/False，高电平返回 1/GPIO.HIGH/True
03    GPIO.input(channel)
```

如果输入引脚处于"悬空状态"（没有连接任何元件），引脚的值将是漂动的，即读取到的值是未知的，因为它并没有被连接到任何信号上，直到按下一个按钮或开关。由于干扰的影响，输入的值可能会反复变化。

为了解决这个问题，可以使用硬件或软件对电阻进行上拉/下拉。使用硬件方式，常将一个 10kΩ 的电阻连接在输入通道与 3.3V（上拉）或 0V（下拉）之间。RPi.GPIO 也可以通过软件的方式配置 Broadcom SOC 来达到目的，代码如下：

```
01    GPIO.setup(channel, GPIO.IN, pull_up_down=GPIO.PUD_UP)
02    # or
03    GPIO.setup(channel, GPIO.IN, pull_up_down=GPIO.PUD_DOWN)
```

需要注意的是，上面的读取代码只是获取当前一瞬间的引脚输入信号。如果需要实时监控引脚的状态变化，通常有两种方法。

最简单的方式是每隔一段时间检查输入的信号值，这种方式被称为轮询。如果程序读取的时机错误，则很可能会丢失输入信号。轮询是在循环中执行的，这种方式比较占用处理器资源。具体代码如下：

```
01    import time
02    while GPIO.input(channel) == GPIO.LOW:
03        time.sleep(0.01)
```

另一种响应 GPIO 输入的方式是使用中断（边缘检测），这里的边缘是指信号状态的改变，从低到高（上升沿）或从高到低（下降沿）。通常情况下，我们更关心输入状态的改变而不是输入信号的值，这种状态的改变被称为"事件"。为了避免程序忙于做其他事情时按下按钮，有两种方法可以解决这个问题：

☑ 使用 wait_for_edge()函数。wait_for_edge()用于阻止程序的继续执行，直到检测到一个边沿。也就是说，上面代码中等待按钮按下的实例可以改写为：

```
01    # 可以检测 GPIO.RISING，GPIO.FALLING 或 GPIO.BOTH 类型的边沿
02    # 它们占用的 CPU 时间可忽略不计
03    channel = GPIO.wait_for_edge(channel, GPIO.RISING, timeout=5000)
04    if channel is None:
```

```
05        print('Timeout occurred')
06    else:
07        print('Edge detected on channel', channel)
```

☑ 使用 add_event_detect() 函数。该函数对一个引脚进行监听，一旦引脚输入状态发生了改变，调用 event_detected()函数返回 true，可参考如下代码：

```
01    GPIO.add_event_detect(channel, GPIO.RISING)
02    # 省略部分业务代码
03    # 下面的代码放在一个线程中循环执行
04    if GPIO.event_detected(channel):
05        print('Button pressed')
```

上面的代码需要新建一个线程循环检测 event_detected()的值，比较麻烦。可采用另一种办法轻松检测状态，其方式是直接传入一个回调函数：

```
01    def my_callback(channel):
02        print('This is a edge event callback function!')
03        print('Edge detected on channel %s'%channel)
04        print('This is run in a different thread to your main program')
05
06    GPIO.add_event_detect(channel, GPIO.RISING, callback=my_callback)
```

如果想设置多个回调函数，可以使用如下代码：

```
01    def my_callback_one(channel):
02        print('Callback one')
03
04    def my_callback_two(channel):
05        print('Callback two')
06
07    GPIO.add_event_detect(channel, GPIO.RISING)
08    GPIO.add_event_callback(channel, my_callback_one)
09    GPIO.add_event_callback(channel, my_callback_two)
```

📢 注意

回调触发时，并不会同时执行回调函数，而是根据设置的顺序调用它们。

不难发现，每次按下按钮时，回调操作不止一次被调用。这种现象称作开关抖动（switch bounce）。通常有两种方法解决开关抖动问题。第一种是将一个 0.1μF 的电容连接到开关上，第二种是使用软件防止抖动，在指定的回调函数中添加 bouncetime = 参数。而大多数情况下，是两种方式一起用。在使用软件去除抖动时，抖动时间需要使用 ms 为单位进行书写，参考如下代码：

```
01    # 在通道上添加上升临界值检测，忽略由于开关抖动引起的小于 200ms 的边缘操作
02    GPIO.add_event_detect(channel, GPIO.RISING, callback=my_callback, bouncetime=200)
03    # 或者
04    GPIO.add_event_callback(channel, my_callback, bouncetime=200)
```

05 remove_event_detect()

如果不希望程序检测边缘事件，可以将它停止：

GPIO.remove_event_detect(channel)

6.3.3 脉冲宽度调制

脉冲宽度调制（Pulse Width Modulation，PWM）是指用微处理器的数字输出来对模拟电路进行控制，通过控制固定电压的直流电源开关频率，改变负载两端的电压，从而达到控制要求的电压调整方法，其应用非常广泛，可以用于控制直流电机的转速、舵机转角角度等。为更好地理解和使用 PWM，我们首先需要了解以下两个概念：

☑ 频率。频率以 Hz 为单位，它是一个脉冲信号时间周期的倒数。如果 PWM 的输出频率比较低，例如只有 5Hz，那么在控制一个 LED 时，LED 就会一闪一闪的，较高的频率可以让运行更为平滑，但 PWM 的输出频率并不能无限提高，而且在高频情况下，测定的 PWM 频率与作为树莓派参数提供的频率略有出入。因此，在使用 PWM 时，应该选择一个合适的频率，对于控制一个 LED 的亮度，一般 100Hz 就足够了。

☑ 占空比。占空比是输出的 PWM 脉冲信号中，高电平保持的时间与该 PWM 的时钟周期之比，如图 6.8 所示，占空比=$t1/T$=$t1/(t1+t2)$。假设 PWM 脉冲的频率为 1000Hz，那么它的时钟周期 T 就是 1ms（即 1000μs），如果高电平持续时间 $t1$ 为 200μs，低电平的时间 $t2$ 为 800μs，那么占空比就是 200∶1000（即 1∶5）。

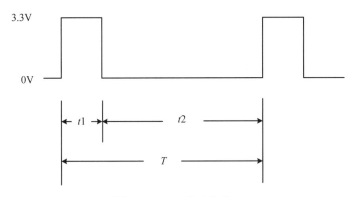

图 6.8　PWM 脉冲信号

从应用的角度，可以简单地将 PWM 理解为通过改变脉冲信号的频率和高电平的持续时间（或占空比）来实现电压控制的一种方法。图 6.9 显示了三个由 GPIO 输出的 PWM 信号(电压为 3.3V)，第一个信号是一个占空比为 20%的 PWM 输出，即在信号周期中，20%的时间为高电平（1），其余 80%的时间为低电平（0），对应的电压为满幅值的 20%（0.66V）。第二、三个信号分别是占空比为 50%和 80%的 PWM 输出，对应的电压分别为 1.65V 和 2.64V。

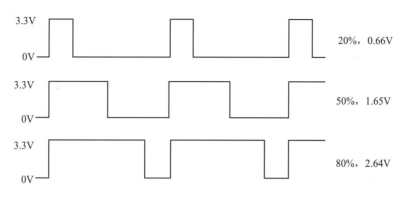

图 6.9　GPIO 输出 PWM 信号

在树莓派上，可以通过对 GPIO 的编程来实现 PWM，RPi.GPIO 库提供了 PWM 功能。下面代码为 PWM 功能的简单应用。

```
01  # 创建一个 PWM 实例
02  p = GPIO.PWM(channel, frequency)
03
04  # 启用 PWM
05  # dc 代表占空比（范围：0.0 <= dc >= 100.0）
06  p.start(dc)
07
08  # 更改频率
09  # freq 为设置的新频率，单位为 Hz
10  p.ChangeFrequency(freq)
11
12  # 更改占空比
13  # 范围: 0.0 <= dc >= 100.0
14  p.ChangeDutyCycle(dc)
15
16  # 停止 PWM
17  p.stop()
```

也可以参考以下代码示例，其可使 LED 每 2s 闪烁一次：

```
01  import RPi.GPIO as GPIO
02
03  # 指定编号规则为 BOARD
04  GPIO.setmode(GPIO.BOARD)
05
06  # 设置 12 号引脚为输出模式
07  GPIO.setup(12, GPIO.OUT)
08
09  # 将 12 号引脚初始化为 PWM 实例，频率为 0.5Hz
10  p = GPIO.PWM(12, 0.5)
11
```

```
12   # 开始脉宽调制
13   p.start(1)
14
15   input('单击 Enter 键停止：')
16
17   # 停止输出 PWM 波
18   p.stop()
19
20   # 释放引脚
21   GPIO.cleanup()
```

注意

如果实例中的变量 p 超出范围，也会导致 PWM 停止。

6.4   控制 GPIO 输出

通过前几节的学习，我们已经知道 GPIO 引脚可以发送一个数字输出信号到外部设备上，本节将介绍如何在 Python 程序中控制输出信号。

6.4.1   硬件连接

LED 是一种常用、廉价和高效的光源，其灯泡长腿为正极，短腿为负极。使用 LED 的方式需要格外注意，如果将其直接连接到高于 1.7V 的电源上，会产生一个非常大的电流，导致 LED（甚至树莓派）损坏。通常情况下，为 LED 配备一个串联电阻，使流经 LED 的电流限制在特定的数值上，从而对 LED 和为其供电的 GPIO 引脚提供保护。

树莓派的 GPIO 引脚只能提供 3mA 或 16mA 左右的电流，对于 LED 来说，只要流经的电流大于 1mA 就足以发光，电流越大，亮度则越高。

在连接硬件设备前，先切断树莓派的电源。用跳线连接树莓派 GPIO 的 1 号与 6 号引脚，1 号引脚输出 3.3 伏电压连接面包板的正极，串联一个 470 Ω 的色环电阻，再将 LED 正极插入。LED 负极插入面包板负极，6 号引脚连接的跳线与其连接形成闭环。如图 6.10 所示。

完成连接后为树莓派通电开机，LED 同时点亮。除了能直接点亮 LED，还能通过 GPIO 控制 LED 开关，先切断树莓派电源，连接树莓派 GPIO 的 1 号引脚的跳线改为连接 11 号引脚，如图 6.11 所示，最后为树莓派通电开机，之前点亮的 LED 此时不会发光，在下一节将会使用 Python 控制该 LED 发光。

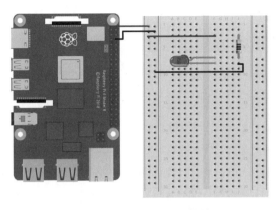
图 6.10　直接连接 LED 接线

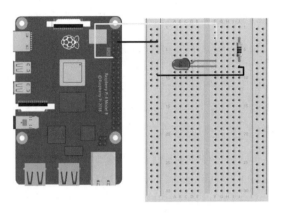
图 6.11　GPIO 控制 LED 接线

6.4.2　测试 GPIO 输出

上一节我们已经完成了硬件连接，如图 6.11 所示，分别将树莓派的 11 号引脚（GPIO17）和 6 号引脚（Gound）连接到面包板上，接下来只需要通过 Python 的 RPi.GPIO 模块控制树莓派的 11 号引脚信号为高电平可以点亮 LED，变为低电平时可以熄灭 LED。

编写 Python 代码有两种方式，第一种是直接在树莓派的终端输入 python3（前提是已经安装过 Python3），然后再输入具体的代码控制 LED 开关，其优点是可以手动控制引脚信号。具体代码如下：

```
import RPi.GPIO as GPIO
GPIO.setmode(GPIO.BOARD)
GPIO.setup(11, GPIO.OUT)
```

在上面的代码中，首先引入 RPi.GPIO 模块，然后设置 GPIO 的编程方式为 BOARD，即使用物理引脚的方式，最后设置 11 号物理引脚负责输出电压。下一步可以通过 output()方法来控制电平的高低以此来点亮或者熄灭 LED。在终端输入下面代码点亮一个 LED：

```
GPIO.output(11, GPIO.HIGH)
```

同理，如果要熄灭该 LED，只需要将 11 号物理引脚输出低电平即可，具体代码如下：

```
GPIO.output(11, GPIO.LOW)
```

通过上面两行代码来回切换运行即可以看到LED的开启和关闭，最后在结束前一定要使用cleanup()方法将 GPIO 端口重置为中性，具体设置如下：

```
GPIO.cleanup()
```

通过 Ctrl + D 快捷键（Ctrl + C 快捷键为强制中止）可以退出 Python 的 shell 编程模式。另一种编写 Python 代码的方式是新建一个 py 文件，在文件中先写好具体的业务代码，然后使用 Python 运行这个文件。可以在桌面上新建一个 blingbling.py 文件，然后使用树莓派自带的 Python IDE 工具 Thonny 打开该文件，添加如下代码：

【实例 6.1】 点亮一个 LED（实例位置：资源包\Code\06\01）

```
01   # 导入 RPi.GPIO 库函数命名为 GPIO
02   import RPi.GPIO as GPIO
03   import time
04
05   # 将 GPIO 编程方式设置为 BOARD 模式
06   GPIO.setmode(GPIO.BOARD)
07
08   # 设置物理引脚 11 负责输出电压
09   GPIO.setup(11, GPIO.OUT)
10
11   print('Start blinking...')
12   for i in range(10):
13       # 11 号引脚输出高电平
14       GPIO.output(11, GPIO.HIGH)
15       # 持续 1s
16       time.sleep(1.0)
17       # 11 号引脚输出低电平
18       GPIO.output(11, GPIO.LOW)
19       time.sleep(1.0)
20
21   # 释放使用的 GPIO 引脚
22   GPIO.cleanup()
23
24   print('Finish blinking...')
```

可以直接在 Thonny 编辑器中运行这个文件，或者在终端中使用下面命令运行该文件：

```
sudo python3 blingbling.py
```

程序运行时，可以看到 LED 点亮或熄灭，20s 后程序自动结束。同样也可以使用模块的 PWM 功能实现该需求，具体代码如下：

【实例 6.2】 使用 PWM 点亮一个 LED（实例位置：资源包\Code\06\02）

```
01   import RPi.GPIO as GPIO
02
03   # 指定编号规则为 BOARD
04   GPIO.setmode(GPIO.BOARD)
05
06   # 将第 11 个引脚设置为输出模式
07   GPIO.setup(11, GPIO.OUT)
08
09   # 在第 11 个引脚上创建一个频率为 1Hz 的 PWM 实例
10   p = GPIO.PWM(11, 1)
11
12   try:
13       # 启用 PWM
```

```
14      p.start(50)
15      while True:
16          pass
17  except KeyboardInterrupt:
18      # 停止 PWM
19      p.stop()
20  finally:
21      # 释放引脚
22      GPIO.cleanup()
```

运行程序后，树莓派在 GPIO 11 上以 1Hz 的频率开始发送 PWM 信号，然后开始一个无限的循环并且不做任何的业务处理，当使用 Ctrl + C 快捷键中止操作时，程序捕捉到 KeyboardInterrupte 错误，从而停止 PWM，最后释放引脚。

使用 PWM 功能时，由于 start() 方法指定了占空比（范围从 1～100），在发送 PWM 信号后，程序就可以释放出来，从而避免资源紧张，GPIO 11 持续的发送 PWM 信号，直到停止。

6.5　检测 GPIO 输入

在上一节的示例中使用 GPIO 引脚点亮或熄灭一个 LED，用到了 GPIO 的输出功能。GPIO 引脚还有检测输入信号的功能，本节我们将一起来学习检测输入的功能。

6.5.1　硬件连接

在上一节电路的基础上，添加一个按键开关用来控制输入信号，同样为了防止电路的电流过大，还需要在电路中接入 470Ω 电阻。按键开关有 2、4 或 6 脚等多种，但使用方式基本一致，即当按下按键后，同一端的引脚由断开状态变为相连的状态，所以要把线接在同一端，而非两侧（2 脚开关除外）。

GPIO 有 input() 方法，如果输入电流到 GPIO，就会返回高电平，如果没有输入电流则返回低电平，从而可以检测按钮的状态变化。

GPIO 输入安全电压应该小于 3.3V，因此需要使用树莓派的 3.3V 供电口而不是 5V，所以让开关的一端直接连在 3.3V 引脚上，另一端直接连接在某个输入状态的 GPIO 引脚上，如图 6.12 所示。开关闭合的时候，电流流入 GPIO，可以读到高电平。开关断开的时候，电路不通，可以读到低电平。

图 6.12　连接开关

然而问题在于，开关断开时，GPIO 引脚是悬空的，在介绍模块的输入时我们知道，如果 GPIO 的引脚悬空，就会受周遭环境干扰可能产生微弱电流，导致 GPIO 输入时高时低。当用程序检测 GPIO 的输入变化，会发现按钮不停地断开与闭合，为了解决这个问题，可以使用上拉/下拉电阻。

6.5.2　下拉电阻

为了解决开关断开情况下的输入浮动问题，可以把图 6.12 电路改成图 6.13 所示。

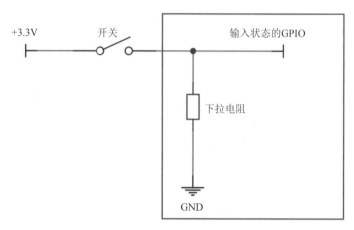

图 6.13　下拉电阻

对比图 6.12，图 6.13 在开关右侧，拉了一根导线接了一个电阻，然后电阻接到 GND 地线。

在开关断开的情况下，GPIO 通过电阻和 GND 相连，GND 相当于一个 0V 的电源，整个电路没有电流输入，所以 GPIO 稳定为低电平。

在开关闭合的情况下，电流经过开关后分流，因为存在下拉电阻，导致电流并没有全部涌入，所以剩余电流得以进入 GPIO，所以是高电平。

矩形框内部的电路，树莓派都封装在 GPIO 针脚内部，可以视作黑盒使用，只需要编程时控制通过以下代码切换到下拉模式即可：

```
GPIO.setup(channel, GPIO.IN, pull_up_down = GPIO.PUD_DOWN)
```

此时，只需用跳线连接 3.3V 引脚和开关，再用跳线连接开关另一端到 GPIO 引脚。并在程序中开启 GPIO 的下拉模式，使其开关断开时是低电平、闭合时是高电平，所以监听输入的 RISING（升高）即可获知按钮按下的事件，具体代码如下：

【实例 6.3】　下拉电阻（实例位置：资源包\Code\06\03）

```
01   import RPi.GPIO as GPIO
02   import time
03
04   # 指定编号规则为 BOARD
05   GPIO.setmode(GPIO.BOARD)
06
07   # 设置物理引脚 11 负责输出电压
08   GPIO.setup(11, GPIO.OUT)
09
```

```
10    # 关闭警告
11    GPIO.setwarnings(False)
12
13    # 设置输入引脚
14    channel = 15
15
16    # 设置 GPIO 输入模式，使用 GPIO 内置的下拉电阻，即开关断开情况下输入为低电平
17    GPIO.setup(channel, GPIO.IN, pull_up_down = GPIO.PUD_DOWN)
18
19    # 检测低电平 → 高电平的变化
20    GPIO.add_event_detect(channel, GPIO.RISING, bouncetime=200)
21
22
23    def on_switch_pressed():
24        """开关闭合的处理方法,点亮 LED 0.1s"""
25        # 11 号引脚输出高电平
26        GPIO.output(11, GPIO.HIGH)
27        # 持续 1s
28        time.sleep(0.1)
29        # 11 号引脚输出低电平
30        GPIO.output(11, GPIO.LOW)
31
32
33    try:
34        while True:
35            # 如果检测到电平 RISING，说明开关闭合
36            if GPIO.event_detected(channel):
37                on_switch_pressed()
38            # 10ms 的检测间隔
39            time.sleep(0.01)
40    except Exception as e:
41        print(e)
42
43    # 清理占用的 GPIO 资源
44    GPIO.cleanup()
```

运行程序，按下按钮后，LED 点亮 0.1 秒。

6.5.3　上拉电阻

还有另一种解决浮动的方式——上拉电阻，如图 6.14 所示，其原理与下拉电阻类似。

同样的，方框内是 GPIO 内部电路，可以通过代码切换到上拉模式。只要从树莓派的 GND 接到开关，开关接到 GPIO 针脚即可。在开关断开时，电流经过上拉电阻，虽然电流小一点但也流向了 GPIO，所以是高电平。

在开关闭合情况下，电流经过上拉电阻后分流，接着电流全部走向 GND，可以理解成一个并联电路的短路分支。

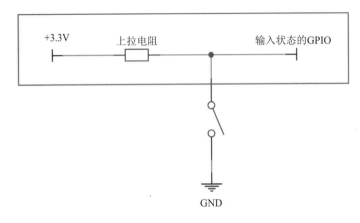

图 6.14　上拉电阻

因为断开时为高电平，闭合时为低电平，要监听的是从高电平变为低电平的事件，所以是检测 FALLING 变化。

无论是上拉电阻还是下拉电阻，一律添加了 bouncetime = 200 参数，其主要作用是防抖，因为如果不加电阻按下 1 次开关会发现事件触发了 *N* 次，可能是因为电路多次连续抖动的原因，所以忽略在 200ms 内的重复变化，改写后的代码如下：

【实例 6.4】　上拉电阻（实例位置：资源包\Code\06\04）

```
01    import RPi.GPIO as GPIO
02    import time
03
04    # 指定编号规则为 BOARD
05    GPIO.setmode(GPIO.BOARD)
06
07    # 设置物理引脚 11 负责输出电压
08    GPIO.setup(11, GPIO.OUT)
09
10    # 关闭警告
11    GPIO.setwarnings(False)
12
13    # 设置输入引脚
14    channel = 15
15
16    # 设置 GPIO 输入模式，使用 GPIO 内置的上拉电阻，即开关断开情况下输入为高电平
17    GPIO.setup(channel, GPIO.IN, pull_up_down=GPIO.PUD_UP)
18
19    # 检测低电平 ➔ 低电平的变化
20    GPIO.add_event_detect(channel, GPIO.FALLING, bouncetime=200)
21
22
23    def on_switch_pressed():
24        """开关闭合的处理方法,点亮 LED 0.1s"""
25        # 11 号引脚输出高电平
```

```
26          GPIO.output(11, GPIO.HIGH)
27          # 持续 1s
28          time.sleep(0.1)
29          # 11 号引脚输出低电平
30          GPIO.output(11, GPIO.LOW)
31
32
33  try:
34      while True:
35          # 如果检测到电平 FALLING，说明开关闭合
36          if GPIO.event_detected(channel):
37              on_switch_pressed()
38          # 10ms 的检测间隔
39          time.sleep(0.01)
40  except Exception as e:
41      print(e)
42
43  # 清理占用的 GPIO 资源
44  GPIO.cleanup()
```

同样，运行程序，在按下按钮后，LED 点亮 0.1s。

6.5.4　反应测试

我们在前几节介绍了上拉/下拉电阻的工作原理，为了便于理解，设计一个简单的反应测试，游戏
规则如下：

LED 在一个随机的时间点亮起，此时玩家需要迅速地按下按键，最后程序给出玩家的反应时间。

按照图 6.15 的方式动手搭建树莓派和面包板之间的电路，再把所需硬件连接在面包板上。

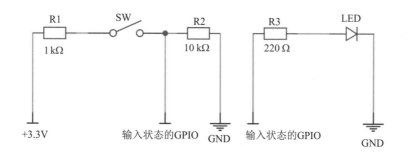

图 6.15　反应测试电路图

在初始状态下开关为断开状态，GPIO、GND 和 R2 电阻相连，可以把 GND 看成一个 0V 的电源，
整个电路没有电流输入，所以输入状态的 GPIO 信号稳定为低电平。

某一时间点输出状态的 GPIO 输出电流信号，在流经 LED 后，点亮 LED，此时手动闭合开关后，
电流经过电阻、开关后分流，因为下拉电阻 R2 的存在，导致电流进入输入状态的 GPIO，所以此时信
号是高电平，具体代码如下：

【实例 6.5】 反应测试（实例位置：资源包\Code\06\05）

```
01   import RPi.GPIO as GPIO
02   import time
03   import random
04   from datetime import datetime
05
06   # 指定编号规则为 BOARD
07   GPIO.setmode(GPIO.BOARD)
08
09   # 设置输出状态的 GPIO
10   GPIO.setup(11, GPIO.OUT)
11   # 设置输入状态的 GPIO
12   GPIO.setup(37, GPIO.IN)
13
14   # 11 号引脚输出低电平
15   GPIO.output(11, GPIO.LOW)
16   random.seed()
17
18
19   try:
20       while True:
21           # 随机休眠指定时间
22           time.sleep(random.random() * 10)
23           # 获取当前时间
24           start = datetime.now()
25           # 11 号引脚输出高电平，LED 点亮
26           GPIO.output(11, True)
27           # 检测 37 号引脚信号是否发生变化
28           while not GPIO.input(37):
29               pass
30           print('你的反应时间是：', (datetime.now() - start).total_seconds())
31           time.sleep(2.0)
32           print('下次测试即将开始!')
33
34           # 11 号引脚输出低电平
35           GPIO.output(11, False)
36   except Exception as e:
37       print(e)
38
39   # 清理占用的 GPIO 资源
40   GPIO.cleanup()
```

运行程序，快来检测你的反应时间吧！

6.6　拓展 GPIO

网络中的每个计算机设备，称其为一个节点，这种节点不一定是电脑，而是指手机、路由器、能联网的智能手表等设备。

这些计算机设备的软硬件都不一样，要想互相传递信息就需要约定一套规则，这个规则就叫作通信协议，本节我们介绍与树莓派相关的三种通信协议——SPI、I2C 和串口通信协议，通过这几种通信协议，可以让树莓派 GPIO 的适用范围更上一层楼。

6.6.1　SPI 通信协议

SPI 全称是串行外设接口（Serial Peripheral Interface），是 Motorola 提出的一种全双工同步串行通信接口，通信波特率高达 5Mbps，具体速度取决于 SPI 硬件。SPI 接口具有全双工操作、操作简单、数据传输速率较高的优点，但也存在没有指定的流控制、没有应答机制确认是否接收到数据的缺点。

SPI 使用 4 根线在两个或多个设备间提供双向通信——一个主设备（树莓派）和一个或多个从设备（芯片），其中这 4 根线分别为：

☑ SCLK：Serial Clock，保持设备同步的时钟线。

☑ MISO：Master In Slave Out，主设备输入，从设备输出线。

☑ MOSI：Master Out Slave In，主设备输出，从设备输入线。

☑ SS：Slave Select，从设备选择线。

SPI 是单主设备（single-master）通信协议，这意味着总线中只有一个中心设备能发起通信。当 SPI 主设备想读/写从设备时，它首先拉低从设备对应的 SS 线（SS 是低电平有效），接着开始发送工作脉冲到时钟线，在相应的脉冲时间上，主设备把信号发到 MOSI 实现写，同时可对 MISO 采样从而实现读。

SPI 模块为了和外设进行数据交换，根据外设工作要求，可以对其输出串行同步时钟极性和相位进行配置，时钟极性（CPOL）对传输协议没有重大影响，SPI 主模块和与之通信的外设时钟相位和极性应该保持一致。

假如 CPOL=0，串行同步时钟的空闲状态为低电平；如果 CPOL=1，串行同步时钟的空闲状态为高电平；时钟相位（CPHA）能够配置，用于从两种不同的传输协议选择一个进行数据传输。如果 CPHA=0，数据在串行同步时钟的第一个跳变沿（上升或下降）被采样；如果 CPHA=1，数据在串行同步时钟的第二个跳变沿（上升或下降）被采样。在一个 SPI 时钟周期内，完成如下操作：主设备通过 MOSI 线发送 1 位数据，从设备通过该线读取该 1 位数据；从设备通过 MISO 线发送 1 位数据，主设备通过该线读取该 1 位数据，这是通过移位寄存器实现的。

对照图 6.2 中的标识和树莓派，找到 SPI 对应的引脚，具体如下：

☑　19 号物理引脚 MOSI（Master Output Slave Input）

☑ 21 号物理引脚 MISO（Master Input Slave Output）

☑ 23 号物理引脚 SCLK（Serial Clock）

☑ 24 号物理引脚 CE0（Chip Enable 0）

☑ 26 号物理引脚 CE1（Chip Enable 1）

默认情况下，树莓派的 SPI 接口是关闭的，需要在设置里打开它，开启方法同 VNC 和 SSH 一致，还是在树莓派的首选项-RaspberryPiConfiguration-Interfaces 中选中保存即可。

树莓派有很多输入和输出口，但这些都是数字接口，也就是说，它们只能读出开或者关，可以实现某些功能，如按键和控制 LED。但有时需要量化地读写具体的数值，例如从传感器（光线传感器或者温度传感器）读入数据，这些数据处于一个范围内（位于某个范围内的值被称为模拟量），而不是开或关的数值。由于树莓派没有 ADC（Analog to Digital Converter），为了读取它们，需要在树莓派上扩展一个模拟数字转换器（ADC），例如：Microchip 公司的 MCP3008，如图 6.16 所示，如果对输出通道数量没有要求，MCP3004 也是可以的。MCP3008 是 10 位 8 通道的 ADC，MCP3004 是 10 位 4 通道 ADC，除了通道数量不一样，其他特性都相同，都是 SPI 接口。

简化后如图 6.17 所示。

图 6.16　MCP3008

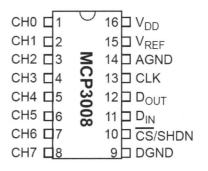

图 6.17　MCP3008 简化图

在图 6.17 中，自上至下（塑料封装的半圆形缺口为芯片上端）左边的 8 个接口 CH0～CH7 分别表示 0～7 的模拟输入，右边 8 个接口用于芯片控制，从下至上即 9～16 号的对应关系如下：

☑ 9 DGND：数字地

☑ 10 CS/SHDN：从设备选择（片选）

☑ 11 D_{IN}：数据输入

☑ 12 D_{OUT}：数据输出

☑ 13 CLK：时钟

☑ 14 AGND：模拟地

☑ 15 V_{REF}：参考电压

☑ 16 V_{DD}：电源输入

MCP3008 可以将模拟信号转换成数字信号，这样树莓派就能够间接处理模拟信号了。在本节中，使用树莓派的 3.3V 和 GND 分别作为 MCP3008 的模拟通道 1 和通道 2 的输入，如图 6.18 所示。MCP3008 将这个模拟输入信号转换成数字信号，树莓派通过 SPI 读取这个数字信号，通过计算将其实际电压值输出。

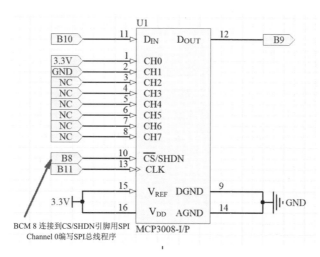

图 6.18　MCP3008 连接电路简图

MCP3008 是 SPI 接口，所以将其与树莓派的硬件 SPI 相应 GPIO 口连接在一起。图 6.18 中的 NC（Not Connected）表示悬空，即什么也不接，实物连接如图 6.19 所示。

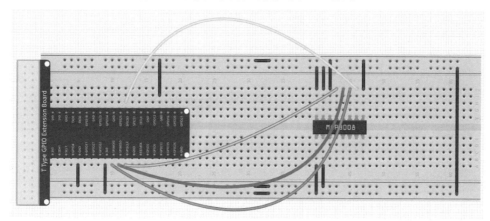

图 6.19　MCP3008 实物连接图

连接好电路后在桌面新建一个 mcp3008test.py 文件（名称随意）用来测试连接，具体代码如下：

【实例 6.6】　MCP3008 使用（实例位置：资源包\Code\06\05）

```
01  import RPi.GPIO as GPIO
02
03
04  # ADC 上的 SPI 端口到 Cobber，按需修改
05  SPICLK = 11
06  SPIMISO = 9
07  SPIMOSI = 10
08  SPICS = 8
09  # DEBUG = 1
10
11
```

```
12    # 定义函数
13    def setup():
14        GPIO.setwarnings(False)
15        # 指定编号规则为 BCM
16        GPIO.setmode(GPIO.BCM)
17        # 设置 SPI 接口
18        GPIO.setup(SPIMOSI, GPIO.OUT)
19        GPIO.setup(SPIMISO, GPIO.IN)
20        GPIO.setup(SPICLK, GPIO.OUT)
21        GPIO.setup(SPICS, GPIO.OUT)
22
23
24    def print_message():
25        print('|*********************************|')
26        print('|      Read MCP3008(3004) ADC value     |')
27        print('|      --------------------------------      |')
28        print('|      | ADC |              | Pi    |      |')
29        print('|      |--------|---------------|--------|      |')
30        print('|      | CS   | connect to| CE0 |      |')
31        print('|      | Din  | connect to| MOSI|      |')
32        print('|      | Dout | connect to| MISO|      |')
33        print('|      | CLK  | connect to| SCLK|      |')
34        print('|      | CH0 | connect to| 3.3V |      |')
35        print('|      | CH1 | connect to| GND  |      |')
36        print('|      --------------------------------      |')
37        print('|                                    OSOYOO|')
38        print('|*********************************|\n')
39        print('Program is running...')
40        print('Please press Ctrl+C to end the program...')
41        print('please input 0 to 7...')
42
43
44    # 从 MCP3008 芯片读取 SPI 数据，共 8 个（0～7）可能的 adc
45    def readadc(adcnum, clockpin, mosipin, misopin, cspin):
46        if ((adcnum > 7) or (adcnum < 0)):
47            return -1
48        GPIO.output(cspin, True)
49
50        GPIO.output(clockpin, False)        # 开始低时钟
51        GPIO.output(cspin, False)           # 降低 CS
52
53        commandout = adcnum
54        commandout |= 0x18                  # 起始位+单端位
55        commandout <<= 3                    # 只需要在这里发送 5 位
56        for i in range(5):
57            if (commandout & 0x80):
58                GPIO.output(mosipin, True)
59            else:
60                GPIO.output(mosipin, False)
```

```
61              commandout <<= 1
62              GPIO.output(clockpin, True)
63              GPIO.output(clockpin, False)
64
65          adcout = 0
66          # 读取一个 empty 位、一个 null 位和 10 个 ADC 位
67          for i in range(12):
68              GPIO.output(clockpin, True)
69              GPIO.output(clockpin, False)
70              adcout <<= 1
71              if (GPIO.input(misopin)):
72                  adcout |= 0x1
73
74          GPIO.output(cspin, True)
75
76          adcout >>= 1                          # 第一位为空，所以删除它
77          return adcout
78
79
80      # 主函数
81      def main():
82          # print info
83          print_message()
84          analogChannel = int(input())
85          if (analogChannel < 0) or (analogChannel > 7):
86              print('input error analogChannel number!')
87              print('please input 0 to 7...')
88          else:
89              adc = readadc(analogChannel, SPICLK, SPIMOSI, SPIMISO, SPICS)
90              print('analogChannel %d = %d' % (analogChannel, adc))
91
92
93      # 定义一个清理函数，用于在脚本完成后释放所有内容
94      def destroy():
95          # 释放资源
96          GPIO.cleanup()
97
98
99      if __name__ == '__main__':
100         setup()
101         try:
102             main()
103         # 当按下 Ctrl+C 快捷键时，将执行子程序 destory()方法
104         except KeyboardInterrupt:
105             destroy()
```

　　运行程序，屏幕打印出 MCP3008 与树莓派的连接信息以及输入参数范围（0～7），如果输入的参数不在正确范围，程序会给出输入错误提示；如果输入的参数在 0～7 范围内，就会打印出对应端口的数据。

6.6.2 I2C 通信协议

内置集成电路 I2C（或 I²C，谐音为"I 方 C"）是比 SPI 还强大的协议。I2C 总线是由 Philips 公司开发的一种简单、双向二线制同步串行总线。它仍然使用 4 根线，但其中一根是电源线，另一根是地线，因此它只需要两根线即可在连接于总线上的器件之间传送信息。

主器件用于启动总线传送数据，并产生时钟以开放传送的器件，此时任何被寻址的器件均被认为是从器件。在总线上主和从、发和收的关系不是恒定的，而取决于此时数据传送方向。如果主机要发送数据给从器件，则主机首先寻址从器件，然后主动发送数据至从器件，最后由主机终止数据传送。如果主机要接收从器件的数据，则主机器件寻址从器件。然后主机接收从器件发送的数据，最后由主机终止接收过程。在这种情况下，主机主要是负责产生定时时钟和终止数据传送。

在树莓派上可以将 3 号和 5 号引脚用于 I2C 总线，如果要访问 I2C 总线还需要在首选项 Raspberry Pi Configuration Interfaces 中启用 I2C，该功能默认情况下是关闭的，如图 6.20 所示。

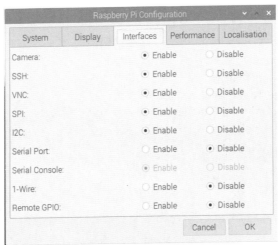

图 6.20 启用 I2C

在启用 I2C 后，通过输入 ls /dev/*i2c* 命令检查用户模式的 I2C 端口：

```
pi@raspberrypi:~ $ ls /dev/*i2c*
/dev/i2c-1
```

树莓派回复 I2C 端口的名字，也可以通过 i2c-tools 工具测试/扫描连接到 Raspberry Pi 板的任何 I2C 设备，在新版的 Raspbian 系统中 i2c-tools 已经默认安装。如果没有该工具，可通过如下命令安装：

```
sudo apt-get install -y i2c-tools
```

先将 I2C 设备连接到树莓派上，然后运行下列命令扫描端口：

```
pi@raspberrypi:~ $ sudo i2cdetect -y 1
```

如果 I2C 处于可用状态，那么就会显示图 6.21 所示结果，这表明使用了两个 I2C 地址，即 0×68

和 0×70，如果没有设备连接到 I2C 端口，它将返回带（－－）的字符。

```
pi@raspberrypi:~ $ sudo i2cdetect -y 1
     0  1  2  3  4  5  6  7  8  9  a  b  c  d  e  f
00:          -- -- -- -- -- -- -- -- -- -- -- -- --
10: -- -- -- -- -- -- -- -- -- -- -- -- -- -- -- --
20: -- -- -- -- -- -- -- -- -- -- -- -- -- -- -- --
30: -- -- -- -- -- -- -- -- -- -- -- -- -- -- -- --
40: -- -- -- -- -- -- -- -- -- -- -- -- -- -- -- --
50: -- -- -- -- -- -- -- -- -- -- -- -- -- -- -- --
60: -- -- -- -- -- -- -- -- 68 -- -- -- -- -- -- --
70: 70 -- -- -- -- -- -- --
```

图 6.21　检测 I2C 地址

使用 SMBus 访问树莓派上的 I2C 总线。SMBus 是 I2C 总线/接口的子集，为基于 I2C 的器件提供支持。在编写程序以访问基于 I2C 的设备前，需要使用 apt 数据包管理器为 Python 添加 SMBus 支持：

```
sudo apt-get install python-smbus
```

SMBus 提供了很多基于 Python 的 I2C 函数，具体如下：

```
01  import smbus
02
03  # I2C 端口号，即 0 或 1
04  I2C_port_no = 1
05
06  # 创建 SMBus 类的对象以访问基于 I2C 的 Python 函数
07  smb_name = smbus.SMBus(I2C_port_no)
08
09  # 使用 Bus 对象访问 SMBus 类
10  Bus = smbus.SMBus(1)
11
12  # 将数据写入所需的寄存器
13  # Bus.write_byte_data(Device Address, Register Address, Value)
14  # Device Address ：7 位或 10 位器件地址
15  # Register Address ：需要编写的寄存器地址
16  # Value ：传递需要写入寄存器的值
17  Bus.write_byte_data(0x68, 0x01, 0x07)
18
19  # 写入 32 字节的区块
20  # Bus.write_i2c_block_data(Device Address, Register Address, [value1, value2,....])
21  # 从 0 地址写入 6 个字节的数据
22  Bus.write_i2c_block_data(0x68, 0x00, [0, 1, 2, 3, 4, 5])
23
24  # 从所需寄存器读取数据字节
25  # Bus.read_byte_data(Device Address, Register Address)
26  Bus.read_byte_data (0x68, 0x01)
27
28  # 读取 32 个字节的区块
29  # Bus.read_i2c_block_data(Device Address, Register Address, block of bytes)
30  Bus.read_i2c_block_data(0x68, 0x00, 8)
```

6.6.3 串口通信协议

前两种协议通常用于在设备间传输二进制数据，串口通信则通常用于传输文本信息。可以使用 pyserial 模块进行串口通信，通过以下命令安装该模块：

```
sudo pip install pyserial
```

pyserial 模块安装完成后，就可以使用以下方法创建串口连接：

```
ser = serial.Serial(DEVICE, BAUD)
```

其中，DEVICE 表示连接到串口（/dev/tty/AMA0）的设备，BAUD 为波特率。一旦建立连接就可以使用 write()和 read()方法来发送和接收数据。例如，下列代码用于向串口发送 UART：

```
01    import serial
02
03
04    pl = serial.Serial("/dev/ttyAMA0", baudrate=9600)
05    pl.open()
06    pl.write(bytes("UART", "utf-8"))
```

如果希望从终端会话中发送和接收串行命令，可以借助 Minicom 来实现，通过以下命令安装 Minicom：

```
sudo apt-get install minicom
```

安装完 Minicom 后，只要输入下面命令就可以连接到 GPIO 接口的 RXD 和 TXD 引脚上的串行设备进行串行通信了：

```
minicom -b 9600 -o -D /dev/ttyAMA0
```

该命令将开启一个 Minicom 会话，如果想要看到输入的命令，还需开启 local echo 功能（依次使用快捷键 Ctrl + A、Z、E 启用），然后输入的所有内容都会发送到串行设备，同时，任何来自该设备的内容都将被显示出来。

6.7 小　　结

本章首先对 GPIO 和树莓派上 GPIO 引脚的布局做了简要说明，随后介绍了三种连接 GPIO 的方法：直接连接、使用 T 形扩展板和使用面包板，但不推荐直接在树莓派的 GPIO 引脚上接线，笔者更推荐使用面包板+T 型扩展板的方式。最后重点介绍了 Python 的 RPi.GPIO 模块，该模块使用 Python 来控制树莓派 GPIO 引脚的关键，是本章的重点内容，读者需反复练习使用该模块控制树莓派的 GPIO 引脚输出信号和读取输入信号。由于 SPI、I2C 和串口等通信协议对于非专业人士太过晦涩难懂，故本章不做要求，读者只需理解即可。

第 7 章

简 单 硬 件

通过上一章的学习我们已经了解树莓派 GPIO 的一些基础知识，树莓派通过这些 GPIO 可以连接各种各样的硬件，实现不同的功能。本章将介绍树莓派如何通过 GPIO 控制一些简单的硬件设备。

7.1　LED

LED（Light Emitting Diode，发光二极管），是一种能够将电能转化为可见光的固态半导体器件，它可以直接把电转化为光。本节将使用树莓派通过 GPIO 来控制各式各样的 LED。

7.1.1　控制亮度

之前我们通过改变树莓派 GPIO 输出高低电平来控制一只发光二极管的亮灭，但亮度并未改变。本节我们来控制发光二极管的亮度，最后做出呼吸灯的效果。

众所周知，通过 LED 的电流越大，LED 越亮，电流越小，则 LED 越暗。控制输出电流大小就可以控制 LED 的明暗。树莓派的各引脚没有直接调整输出电流大小的功能，可以通过 PWM 来改变输出电压。在上一章我们已经知道，RPi.GPIO 库内置了 PWM 的相关方法，通过它任意一个 GPIO 引脚都能进行 PWM 输出。

按照图 7.1 所示连接电路，使用 6 号引脚接地，12 号引脚进行 PWM 输出来控制 LED 的亮度，串联一个 200 Ω 电阻用来保护电路。

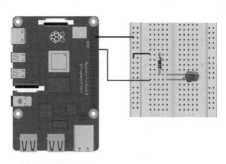

图 7.1　呼吸灯电路简图

连接完电路后，新建一个 breath.py 文件，具体代码如下：

【实例 7.1】 呼吸灯（实例位置：资源包\Code\07\01）

```python
01  import RPi.GPIO as GPIO
02  import time
03
04  # 指定编号规则为 BOARD
05  GPIO.setmode(GPIO.BOARD)
06
07  # 将 12 号引脚设置为输出模式
08  GPIO.setup(12, GPIO.OUT)
09
10  # 创建一个 PWM 实例，需要两个参数：
11  # 第一个是 GPIO 端口号，这里用 12 号
12  # 第二个是频率（Hz），频率越高 LED 看上去越不会闪烁，相应对 CPU 要求就越高，设置合适的值即可
13  pwm = GPIO.PWM(12, 80)
14
15  # 启用 PWM，参数是占空比，范围：0.0 <= 占空比 >= 100.0
16  pwm.start(0)
17
18  try:
19      while True:
20          # 电流从小到大，LED 由暗到亮
21          for i in range(0, 101, 1):
22              # 更改占空比
23              pwm.ChangeDutyCycle(i)
24              time.sleep(0.02)
25
26          # 再让电流从大到小，LED 由亮变暗
27          for i in range(100, -1, -1):
28              pwm.ChangeDutyCycle(i)
29              time.sleep(0.02)
30
31  # 捕捉 Ctrl+C 快捷键 强制中断的动作，以便清理 GPIO 引脚
32  except KeyboardInterrupt:
33      pass
34
35  # 停用 PWM
36  pwm.stop()
37
38  # 清理 GPIO 引脚
39  GPIO.cleanup()
```

运行 breath.py 文件，就能让 LED 像呼吸灯一样运行了

7.1.2 改变颜色

普通的 LED 只能发出一种光，如果要使用一个 LED 发出不同颜色的光，就需要使用 RGB-LED（通

过控制三原色的输出来合成不同的颜色），如图 7.2 所示。

RGB-LED 模块有 4 个接口：R、G、B、GND（负极）。前 3 个分别是红、绿和蓝灯的正极接口。将 R、G、B3 个接口对接树莓派的物理引脚 36、38、40 号，将 GND（负极）对接 GND 引脚（物理引脚 34 号），如图 7.3 所示，接线路时树莓派务必断电操作。

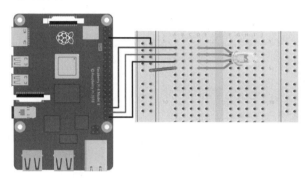

图 7.2　RGB-LED　　　　　　　　　　　图 7.3　RGB-LED 接线简图

通过使用 PWM 来控制 3 个小灯的明暗程度，即可混合出各种不同颜色的光。新建一个 rgbled.py 文件，具体代码如下：

【实例 7.2】　使用 RGB-LED（实例位置：资源包\Code\07\02）

```
01    import RPi.GPIO as GPIO
02    import time
03
04
05    # 指定引脚
06    R, G, B=36, 38, 40
07    # 指定编号规则为 BOARD
08    GPIO.setmode(GPIO.BOARD)
09    # 设置输出模式
10    GPIO.setup(R, GPIO.OUT)
11    GPIO.setup(G, GPIO.OUT)
12    GPIO.setup(B, GPIO.OUT)
13
14    # 创建 PWM 实例
15    pwmR = GPIO.PWM(R, 60)
16    pwmG = GPIO.PWM(G, 60)
17    pwmB = GPIO.PWM(B, 60)
18
19    # 启用 PWM
20    pwmR.start(0)
21    pwmG.start(0)
22    pwmB.start(0)
23
24
25    try:
26        t = 1
27        while True:
```

```
28          # 红灯全亮，蓝灯，绿灯全暗（红色）
29          pwmR.ChangeDutyCycle(100)
30          pwmG.ChangeDutyCycle(0)
31          pwmB.ChangeDutyCycle(0)
32          time.sleep(t)
33
34          # 绿灯全亮，红灯、蓝灯全暗（绿色）
35          pwmR.ChangeDutyCycle(0)
36          pwmG.ChangeDutyCycle(100)
37          pwmB.ChangeDutyCycle(0)
38          time.sleep(t)
39
40          # 蓝灯全亮，红灯、绿灯全暗（蓝色）
41          pwmR.ChangeDutyCycle(0)
42          pwmG.ChangeDutyCycle(0)
43          pwmB.ChangeDutyCycle(100)
44          time.sleep(t)
45
46          # 红灯、绿灯全亮，蓝灯全暗（黄色）
47          pwmR.ChangeDutyCycle(100)
48          pwmG.ChangeDutyCycle(100)
49          pwmB.ChangeDutyCycle(0)
50          time.sleep(t)
51
52          # 红灯、蓝灯全亮，绿灯全暗（洋红色）
53          pwmR.ChangeDutyCycle(100)
54          pwmG.ChangeDutyCycle(0)
55          pwmB.ChangeDutyCycle(100)
56          time.sleep(t)
57
58          # 绿灯、蓝灯全亮，红灯全暗（青色）
59          pwmR.ChangeDutyCycle(0)
60          pwmG.ChangeDutyCycle(100)
61          pwmB.ChangeDutyCycle(100)
62          time.sleep(t)
63
64          # 红灯、绿灯、蓝灯全亮（白色）
65          pwmR.ChangeDutyCycle(100)
66          pwmG.ChangeDutyCycle(100)
67          pwmB.ChangeDutyCycle(100)
68          time.sleep(t)
69
70 # 捕捉 Ctrl+C 快捷键强制中断的动作，以便清理 GPIO 引脚
71 except KeyboardInterrupt:
72      pass
73
74 # 停止 PWM
75 pwmR.stop()
76 pwmG.stop()
```

```
77    pwmB.stop()
78
79    # 释放引脚
80    GPIO.cleanup()
```

运行程序，可以观察到 LED 模块呈现出代码中设置的各种颜色变化。

7.1.3　RGB-LED 灯条

既然树莓派能够控制一个 RGB-LED，那么它自然也可以控制多个类似的 RGB-LED，不必手动连接多个彩灯，而是使用 RGB-LED 灯条。目前可以买到的性价比相对较高的是 WS2812 RGB LED 灯条，如图 7.4 所示。

WS2812 RGB LED 灯条的用法非常简单，可以直接将其连接到树莓派上，并通过树莓派为其供电。但树莓派的 3.3V 电源接口只能提供弱电流，如果直接使用引脚供电，可能会损坏树莓派。因此只能使用 5V 接口为其供电，并且 LED 的数量也有限制。一般情况下灯条中的每个 LED 在满载时（最大亮度）需要 60mA 的电流，所以在确保安全的情况下，最多只能使用 10 个 LED（可从灯条卷中直接剪下）。

通常情况下，连接的 LED 数量都会超过 10 个，此时树莓派的功率不足，就需要使用外部电源。对于初学者而言，推荐使用带有 DC 适配器的 5V 标准输出电源将其与 WS2812 灯条的正负极电源线直接连接。由于灯条只有三根连接线，并且其中两根是正负电源线，所以仅剩一根数据线用于控制，将其接在树莓派上的 GPIO 接口上（如 12 号引脚即 GPIO18），再使用一根跳线连接树莓派的 6 号引脚（GND）到灯条的负极上即可，如图 7.5 所示。

图 7.4　WS2812 RGB-LED 灯条

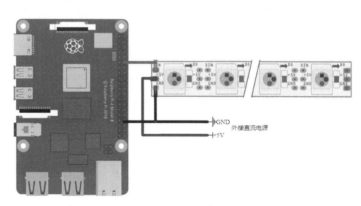

图 7.5　RGB-LED 接线简图

在 GitHub 上也有相关的代码库适用于树莓派的 WS2812 RGB-LED 灯带，地址如下：https://github.com/pimoroni/unicorn-hat，可以通过如下命令下载：

```
git clone https://github.com/pimoroni/unicorn-hat.git
# 进入目录
cd unicorn-hat/python/rpi-ws281x
```

由于该库中包含一些 C 文件，如果通过 make 命令编译失败，就需要安装编译环境，命令如下：

```
suod apt-get install gcc make build-essential scons swig
make
```

最后再安装该包即可，命令如下：

```
sudo python setup.py install
```

安装完成后，可以在 Python 中使用该库，具体代码如下：

【实例 7.3】　使用 RGB-LED 灯条（实例位置：资源包\Code\07\03）

```
01    import time
02    from neopixel import *
03    import argparse
04
05
06    # RGB-LED 灯条配置
07    LED_COUNT = 16   # LED 数量
08    LED_PIN = 18   # GPIO18 号引脚连接到灯条
09    # LED_PIN = 10
10    LED_FREQ_HZ = 800000   # LED 信号频率（以 Hz 为单位，通常为 800kHz）
11    LED_DMA = 10   # 用于生成信号的 DMA 通道
12    LED_BRIGHTNESS = 255   # 设置为 0（最暗）和 255（最亮）
13    LED_INVERT = False   # 用于反转信号（使用 NPN 晶体管电平移位时）
14    LED_CHANNEL = 0   # 对于 GPIO 13、19、41、45 或 53 设置为 1
15
16
17    # 定义以各种方式为 LED 动画的功能
18    def colorWipe(strip, color, wait_ms=50):
19        """一次在一个像素上擦除颜色"""
20        for i in range(strip.numPixels()):
21            strip.setPixelColor(i, color)
22            strip.show()
23            time.sleep(wait_ms / 1000.0)
24
25
26    def theaterChase(strip, color, wait_ms=50, iterations=10):
27        """灯光移动动画"""
28        for j in range(iterations):
29            for q in range(3):
30                for i in range(0, strip.numPixels(), 3):
31                    strip.setPixelColor(i + q, color)
32                strip.show()
33                time.sleep(wait_ms / 1000.0)
34                for i in range(0, strip.numPixels(), 3):
35                    strip.setPixelColor(i + q, 0)
36
37
38    def wheel(pos):
39        """生成彩虹色"""
```

```python
40          if pos < 85:
41              return Color(pos * 3, 255 - pos * 3, 0)
42          elif pos < 170:
43              pos -= 85
44              return Color(255 - pos * 3, 0, pos * 3)
45          else:
46              pos -= 170
47              return Color(0, pos * 3, 255 - pos * 3)
48
49
50      def rainbow(strip, wait_ms=20, iterations=1):
51          """雨过天晴"""
52          for j in range(256 * iterations):
53              for i in range(strip.numPixels()):
54                  strip.setPixelColor(i, wheel((i + j) & 255))
55              strip.show()
56              time.sleep(wait_ms / 1000.0)
57
58
59      def rainbowCycle(strip, wait_ms=20, iterations=5):
60          """绘制彩虹，均匀分布"""
61          for j in range(256 * iterations):
62              for i in range(strip.numPixels()):
63                  strip.setPixelColor(i, wheel((int(i * 256 / strip.numPixels()) + j) & 255))
64              strip.show()
65              time.sleep(wait_ms / 1000.0)
66
67
68      def theaterChaseRainbow(strip, wait_ms=50):
69          """消失动画"""
70          for j in range(256):
71              for q in range(3):
72                  for i in range(0, strip.numPixels(), 3):
73                      strip.setPixelColor(i + q, wheel((i + j) % 255))
74                  strip.show()
75                  time.sleep(wait_ms / 1000.0)
76                  for i in range(0, strip.numPixels(), 3):
77                      strip.setPixelColor(i + q, 0)
78
79
80      # 主程序
81      if __name__ == '__main__':
82          # 参数
83          parser = argparse.ArgumentParser()
84          parser.add_argument('-c', '--clear', action='store_true', help='clear the display on exit')
85          args = parser.parse_args()
86
87          # 创建 NeoPixel 对象
88          strip = Adafruit_NeoPixel(LED_COUNT, LED_PIN, LED_FREQ_HZ, LED_DMA, LED_INVERT,
```

```
LED_BRIGHTNESS, LED_CHANNEL)
89      # 初始化库
90      strip.begin()
91
92      print('Press Ctrl-C to quit.')
93      if not args.clear:
94          print('Use "-c" argument to clear LEDs on exit')
95
96      try:
97
98          while True:
99              print('Color wipe animations.')
100             colorWipe(strip, Color(255, 0, 0))          # 红色
101             colorWipe(strip, Color(0, 255, 0))          # 蓝色
102             colorWipe(strip, Color(0, 0, 255))          # 绿色
103             print('Theater chase animations.')
104             theaterChase(strip, Color(127, 127, 127))   # 白色渐变
105             theaterChase(strip, Color(127, 0, 0))       # 红色渐变
106             theaterChase(strip, Color(0, 0, 127))       # 蓝色渐变
107             print('Rainbow animations.')
108             rainbow(strip)
109             rainbowCycle(strip)
110             theaterChaseRainbow(strip)
111
112     except KeyboardInterrupt:
113         if args.clear:
114             colorWipe(strip, Color(0, 0, 0), 10)
```

根据不同 LED 的配置进行相应参数的修改，灯条上的每个 LED 都可以通过 setPixelColor()方法为其设置单独的颜色，这个方法的第一个参数为 LED 的下标（从 0 开始），第二个参数为需要设置的颜色。

7.1.4　LED 矩阵

除前几节介绍的 LED 外，常见的还有 8×8 的 LED 矩阵，本节以 MAX7219 为例。MAX7219 左右分别有 5 个引脚，如图 7.6 所示。

其中 VCC 和 GND 分别接树莓派的 4 号（5V 电源）和 6 号引脚（GND）。DIN 引脚用于输入数据，接在树莓派的 12 号物理引脚上，CS（LOAD）引脚用于控制数据输入，接在树莓派的 16 号物理引脚上，CLK 引脚用于时钟控制，接在树莓派的 18 号物理引脚上，如图 7.7 所示，本书为使接线更加简洁，故省略了面包板，实际接线最好在面包板上进行。此外，还可以把多个 MAX7219 首尾焊接起来，组成一个大的 LED 矩阵。

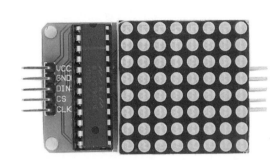

图 7.6　MAX7219

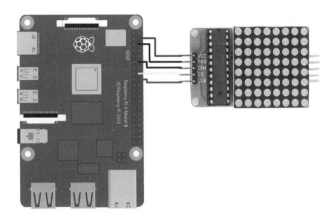

图 7.7　MAX7219 接线简图

在运行之前,需要进行一次初始化,向某几个特定地址写入特定值。至少需要写入两个地址,第一个是 0x0b,写入 0x07 表示扫描显示所有行。第二个是 0x0c,写入 1 表示进入工作模式。而后点阵上每一行都有其地址,如第一行是 0x01 第八行是 0x08,每次向固定行的地址写入一个 8 位二进制数即可在指定行上显示图案。

在 MAX7219 的整个写入流程中,首先将 CS 引脚置 0,表示允许写入。而后从高位顺序写入 16 个 bit,每个 bit 的写入方式为先将 DIN 置为要写入的 bit 值,而后 CLK 产生一个下降沿。最后 CS 引脚置 1 表示写入结束。

新建一个 heart.py 文件,具体代码如下:

【实例 7.4】　使用 LED 矩阵(实例位置:资源包\Code\07\04)

```
01    import RPi.GPIO as GPIO
02    import time
03
04    DIN = 12
05    CS = 16
06    CLK = 18
07
08    # 指定编号规则为 BOARD
09    GPIO.setmode(GPIO.BOARD)
10    # 设置输出模式
11    GPIO.setup(DIN, GPIO.OUT)
12    GPIO.setup(CS, GPIO.OUT)
13    GPIO.setup(CLK, GPIO.OUT)
14
15    buffer = ['00000000', '01100110', '11111111', '11111111', '11111111', '01111110', '00111100', '00011000']
16    # buffer = [0x00,0x66,0xff,0xff,0xff,0x7e,0x3c,0x18]
17
18
19    # 传递数据
20    def send(byteData):
21        for bit in range(0, 8):
```

```
22          if (byteData & 0x80):
23              GPIO.output(DIN, True)
24          else:
25              GPIO.output(DIN, False)
26          byteData = byteData << 1
27          GPIO.output(CLK, True)
28          GPIO.output(CLK, False)
29
30
31  # 写入数据
32  def writeWord(addr, num):
33      GPIO.output(CS, True)
34      GPIO.output(CS, False)
35      GPIO.output(CLK, False)
36      send(addr)
37      send(num)
38      GPIO.output(CS, True)
39
40
41  def draw():
42      for i in range(0, 8):
43          print("%d %d" % (i, int(buffer[i], 2)))
44          writeWord(i + 1, int(buffer[i], 2))
45
46
47  # 初始化数据
48  def initData():
49      writeWord(0x09, 0x00)
50      writeWord(0x0a, 0x03)
51      writeWord(0x0b, 0x07)
52      writeWord(0x0c, 0x01)
53      writeWord(0xff, 0x00)
54
55
56  try:
57      initData()
58      draw()
59  except KeyboardInterrupt:
60      pass
61
62  # 释放资源
63  GPIO.cleanup()
```

运行程序，在显示器上显示一个"♥"形图案。除此之外，对代码稍加修改就可以将其变成一个倒计时程序，具体代码如下：

【实例 7.5】 使用 LED 矩阵倒计时（实例位置：资源包\Code\07\05）

```
01  import RPi.GPIO as GPIO
```

```
02   import time
03
04   DIN = 12
05   CS = 16
06   CLK = 18
07
08   GPIO.setmode(GPIO.BOARD)
09   GPIO.setup(DIN, GPIO.OUT)
10   GPIO.setup(CS, GPIO.OUT)
11   GPIO.setup(CLK, GPIO.OUT)
12
13   buffer0 = ['00011100', '00100010', '00100010', '00100010', '00100010', '00100010', '00100010', '00011100']    # 0
14   buffer1 = ['00011000', '00001000', '00001000', '00001000', '00001000', '00001000', '00001000', '00011100']    # 1
15   buffer2 = ['00011100', '00100010', '00100010', '00000100', '00001000', '00010000', '00100000', '00111110']    # 2
16   buffer3 = ['00011100', '00100010', '00000010', '00001100', '00000010', '00000010', '00100010', '00011100']    # 3
17   buffer4 = ['00000100', '00001100', '00010100', '00100100', '01000100', '01111110', '00000100', '00000100']    # 4
18   buffer5 = ['00111110', '00100000', '00100000', '00111100', '00000010', '00000010', '00100010', '00011100']    # 5
19   buffer6 = ['00011100', '00100010', '00100000', '00111100', '00100010', '00100010', '00100010', '00011100']    # 6
20   buffer7 = ['00111110', '00100100', '00000100', '00001000', '00001000', '00001000', '00001000', '00001000']    # 7
21   buffer8 = ['00011100', '00100010', '00100010', '00011100', '00100010', '00100010', '00100010', '00011100']    # 8
22   buffer9 = ['00011100', '00100010', '00100010', '00100010', '00011110', '00000010', '00100010', '00011100']    # 9
23   buffer = [buffer0, buffer1, buffer2, buffer3, buffer4, buffer5, buffer6, buffer7, buffer8, buffer9]
24
25
26   def send(byteData):
27       for bit in range(0, 8):
28           if (byteData & 0x80):
29               GPIO.output(DIN, True)
30           else:
31               GPIO.output(DIN, False)
32           byteData = byteData << 1
33           GPIO.output(CLK, True)
34           GPIO.output(CLK, False)
35
36
37   def writeWord(addr, num):
38       GPIO.output(CS, True)
39       GPIO.output(CS, False)
40       GPIO.output(CLK, False)
41       send(addr)
42       send(num)
43       GPIO.output(CS, True)
44
45
46   def draw(index):
47       for i in range(0, 8):
48           writeWord(i + 1, int(buffer[index][i], 2))
49
50
```

```
51   def initData():
52       writeWord(0x09, 0x00)
53       writeWord(0x0a, 0x03)
54       writeWord(0x0b, 0x07)
55       writeWord(0x0c, 0x01)
56       writeWord(0xff, 0x00)
57
58
59   try:
60       initData()
61       for i in range(0, 10):
62           draw(i)
63           time.sleep(1)
64   except KeyboardInterrupt:
65       pass
66
67   GPIO.cleanup()
```

7.1.5   使用 OLED

树莓派在许多使用场景下并不需要接专用显示器，如需要查看树莓派上的信息可以通过手机、电脑登录到树莓派上操作，但在接入一个新的网络时，不能直接获得树莓派的 IP 地址，就无法远程操控，造成诸多不便。

此时可以使用一款 OLED 小屏，如图 7.8 所示，将其直接连接到树莓派的 GPIO 上，再配合 Python 的 Adafruit-SSD1306 库来显示 IP 地址、CPU、内存和磁盘等信息。

图 7.8   OLED

Adafruit-SSD1306 是基于 Python 的 OLED 库，可以用于 128×64、128×32 像素 SSD1306 芯片控制的屏幕，使用下面的命令安装：

```
sudo python -m pip install --upgrade pip setuptools wheel
sudo apt-get install python-pil python3-pil
sudo pip install Adafruit-SSD1306
```

再下载一份包含代码示例的库，命令如下：

```
cd ~
git clone https://github.com/adafruit/Adafruit_Python_SSD1306.git
```

进入示例目录，可以看到一些示例代码，命令如下：

cd ~/Adafruit_Python_SSD1306/examples/

切断树莓派的电源后，将 OLED 屏幕直接安装到树莓派的 GPIO1-6 号引脚上，如图 7.9 所示。

图 7.9　OLED 连接图

再通过下面命令检测是否能够识别到 I2C 设备（提前确保 I2C 已启用）：

sudo i2cdetect -y 1

执行命令后会显示连接设备的 I2C 地址，请牢记此地址，随后就可以运行之前下载示例中的 stats.py 文件用来显示树莓派的 IP 地址、CPU、内存和磁盘信息。stats.py 文件中默认 I2C 地址为"0×3C"，如果不同，需要取消 stats.py 文件中第 53 行的注释（将原先默认的同作用代码注释）并更改为显示的 I2C 地址即可。

为了让 stats.py 能够开机自动运行，可以做下面的配置，这样就不用通过端口扫描工具或路由器去查找树莓派的 IP 地址等信息了。

修改/etc/rc.local 文件，命令如下：

sudo nano /etc/rc.local

在 exit 0 前面增加一行（注意修改 stats.py 文件路径），命令如下：

sudo nohup python /home/pi/stats.py &

编辑好之后按 Ctrl+O 快捷键保存，再按 Ctrl+X 快捷键退出，重启树莓派就会显示出对应信息。

7.2　蜂　鸣　器

蜂鸣器是一种一体化结构的电子发声器件，采用直流电压供电，被广泛应用于计算机、打印机、复印机、报警器、电子玩具、汽车电子设备、电话、语音设备定时器及其他电子产品。蜂鸣器可分为压电式蜂鸣器和电磁式蜂鸣器两种。压电式蜂鸣器主要由多谐振荡器、压电蜂鸣片、阻抗匹配器、谐振腔、壳等组成。电磁式蜂鸣器则主要由振荡器、电磁线圈、磁铁、振动膜片、壳体等组成。

蜂鸣器又可以按驱动方式的原理分为有源蜂鸣器（内含驱动线路，也叫自激式蜂鸣器，如图 7.10 所示）和无源蜂鸣器（外部驱动，也叫他激式蜂鸣器，如图 7.11 所示）。将两个蜂鸣器的引脚朝上放置时，能看到绿色电路板的是无源蜂鸣器，而另外一个没有看到电路板的是有源蜂鸣器，为了接线方便，在购买时可以选择带有 PCB 电路板的蜂鸣器模块（见图 7.12～图 7.13）。

图 7.10　有源蜂鸣器

图 7.11　无源蜂鸣器

图 7.12　有源蜂鸣器模块

图 7.13　无源蜂鸣器模块

7.2.1　有源蜂鸣器

有源蜂鸣器有内置振荡源，只要通电就可以发出声音，使用方式跟 LED 类似。在连接前将树莓派断电，然后再把蜂鸣器模块的 VCC（正极）端连接树莓派 3.3V 引脚（物理引脚 1），I/O（SIG）端连接树莓派 GPIO14（物理引脚 8），将 GND（负极）连接 GND 引脚（物理引脚 9），如图 7.14 所示。

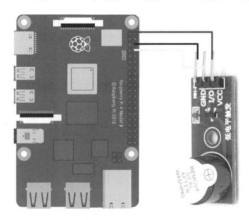

图 7.14　蜂鸣器接线简图

连接成功后就可以控制蜂鸣器发出声音，新建一个 activebee.py 文件，具体代码如下：

【实例 7.6】　使用有源蜂鸣器（实例位置：资源包\Code\07\06）

```
01  import RPi.GPIO as GPIO
02  import time
03
04
05  # 指定编号规则为 BOARD
06  GPIO.setmode(GPIO.BOARD)
07  # 将第 8 个引脚设置为输出模式
08  GPIO.setup(8, GPIO.OUT)
09
10
11  def beep(seconds):
12
13      # 根据模块高低电平触发条件调整输出信号
14      GPIO.output(8, GPIO.LOW)
15      time.sleep(seconds)
16      GPIO.output(8, GPIO.HIGH)
17
18
19  def beepAction(secs, sleepsecs, times):
20
21      for i in range(times):
22          beep(secs)
23          time.sleep(sleepsecs)
24
25  # （鸣叫时间，停顿间隔时间，总时长）
26  beepAction(0.02,0.2,15)
27
28  #结束进程，释放 GPIO 引脚
29  GPIO.cleanup()
```

可以修改程序中调用函数 beepAction 的参数控制鸣叫方式，运行程序，有源蜂鸣器会有节奏地鸣叫。

7.2.2　无源蜂鸣器

相对于有源蜂鸣器，无源蜂鸣器没有振荡源，在使用直流信号时，它不会鸣叫，所以想要驱动它，只能利用频率在 2～5kHz 的方波信号。由于有源蜂鸣器有多个内置振荡电路，所以无源蜂鸣器价格通常比有源蜂鸣器价格更低廉。

无源蜂鸣器模块的接线方式与有源蜂鸣器基本一致，切断树莓派电源，将有源蜂鸣器拆下，换上无源蜂鸣器即可。

安装完成后，新建一个 passivetest.py 文件使蜂鸣器根据输入发出 do、re、mi 等音符，具体代码如下：

【实例 7.7】　使用无源蜂鸣器（实例位置：资源包\Code\07\07）

```
01  import RPi.GPIO as GPIO
02  import time
03
04
05  # 指定编号规则为 BOARD
06  GPIO.setmode(GPIO.BOARD)
07  # 将第 8 个引脚设置为输出模式
08  GPIO.setup(8, GPIO.OUT)
09
10
11  def buzz(pitch, duration):
12      """发出声音"""
13      period = 1.0/pitch
14      delay = period / 2
15      cycles=int(duration*pitch)
16      for i in range(cycles):
17          # 输出低电平
18          GPIO.output(8, GPIO.LOW)
19          time.sleep(delay)
20          # 输出高电平
21          GPIO.output(8, GPIO.HIGH)
22          time.sleep(delay)
23
24
25  while(True):
26      # 输入频率
27      pitch_s = input("Enter Pitch (200 to 2000,do262,rui294,mi330)")
28      pitch= float(pitch_s)
29      # 持续时间
30      duration_s= input("Enter Duration (Seconds)")
31      duration=float(duration_s)
32      # 发出声音
33      buzz(pitch, duration)
```

运行程序，在命令行窗口输入"频率值"（200～2000），然后输入"鸣叫时长"，输入后分别按
Enter 键确认就可以根据输入的数值控制蜂鸣器发出声音了。另外，可以使用蜂鸣器演奏歌曲，新建一
个 passivebee.py 文件，具体代码如下：

【实例 7.8】　使用无源蜂鸣器演奏歌曲（实例位置：资源包\Code\07\08）

```
01  import RPi.GPIO as GPIO
02  import time
03
04  Buzzer = 8
05
06  # 定义频率
```

```
07    CM = [0, 330, 350, 393, 441, 495, 556, 624]
08
09    song_3 = [ CM[1],CM[1],CM[5],CM[5],CM[6],CM[6],CM[5],CM[4],CM[4],CM[3],
10    CM[3],CM[2],CM[2],CM[1],CM[5],CM[5],CM[4],CM[4],CM[3],CM[3],
11    CM[2],CM[5],CM[5],CM[4],CM[4],CM[3],CM[3],CM[2],CM[1],CM[1],
12    CM[5],CM[5],CM[6],CM[6],CM[5],CM[4],CM[4],CM[3],CM[3],CM[2],
13    CM[2],CM[1],]
14
15
16    beat_3 = [ 0.5,0.5,0.5,0.5,0.5,0.5,1,0.5,0.5,0.5,0.5,0.5,0.5,1,0.5,0.5,0.5,0.5,0.5,0.5,1,
17    0.5,0.5,0.5,0.5,0.5,0.5,1,0.5,0.5,0.5,0.5,0.5,0.5,1,0.5,0.5,0.5,0.5,0.5,0.5,1,]
18
19
20    def setup():
21        """初始化"""
22        # 指定编号规则为 BOARD
23        GPIO.setmode(GPIO.BOARD)
24        # 将第 8 个引脚设置为输出模式
25        GPIO.setup(Buzzer, GPIO.OUT)
26        global Buzz
27        # 在第 8 个引脚上创建一个频率为 440Hz 的 PWM 实例
28        Buzz = GPIO.PWM(Buzzer, 440)
29        # 按 50%工作定额启动蜂鸣器引脚
30        Buzz.start(50)
31
32
33    def loop():
34        """循环"""
35        while True:
36            print('\n Playing song 3...')
37            for i in range(1, len(song_3)):
38                Buzz.ChangeFrequency(song_3[i])
39                # 延迟一个节拍* 0.2s 的音符
40                time.sleep(beat_3[i])
41
42
43    def destory():
44        """释放资源"""
45        Buzz.stop()
46        GPIO.output(Buzzer, 1)
47        GPIO.cleanup()
48
49
50    if __name__ == '__main__':
51        setup()
52    try:
53        loop()
54    except KeyboardInterrupt:
55        destory()
```

运行程序，无源蜂鸣器就会演奏歌曲"小星星"，也可以用其他歌曲的曲谱，更改程序的参数来演奏。

7.3 实 时 时 钟

树莓派为了节约成本和减小体积，没有板载的实时时钟（Real-Time Clock，RTC），或者叫硬件时钟。因此，如果没有配置过树莓派自动从网络同步时间，或者配置了自动从网络同步时间、但没有网络可用，设置好的系统时间在重启树莓派之后就会丢失。而家用电脑之所以在开机之后时间仍然正确，正是因为电脑主板上有实时时钟。

因此，在某些场合下，如果树莓派无法联网，但是它上面运行的程序又和时间紧密相关，要求系统时间准确，在这种情况下，可以为树莓派添加一个外部的 RTC，使之重启之后也能保持时间准确。

RTC 在工作时先将树莓派的系统时间通过网络对时，使系统时间正确。在首次使用 RTC 时，将系统时间写入 RTC，树莓派断网重启时，通过一个开机自动启动的程序，从 RTC 中读取出里面存储的时间，再写回到树莓派的系统中。

本节使用的 RTC 是性价比较高且无须编译的 DS1302 模块，如图 7.15 所示。最重要的一个原因是 WiringPi 自带了 DS1302 的驱动程序，稍微修改一下就可以使用。且 DS1302 模块自带一块 CR2032 纽扣电池，电池使用时间至少 1 年以上。

DS1302 模块一共有 5 个外部接口：

☑ VCC：接树莓派的 3.3V 输出，即 1 号或 17 号物理引脚，不要轻易尝试 5V 输出。

☑ GND：接树莓派的 Ground 接口。

☑ CLK：接树莓派的 SCLK，即 23 号物理引脚，14 号 wPi 引脚。

☑ DAT：接树莓派的 SDA.0，即 27 号物理引脚，30 号 wPi 引脚。

☑ RST：接树莓派的 CE0，即 24 号物理引脚，10 号 wPi 引脚。

接线完成后，如图 7.16 所示。

图 7.15　实时时钟模块

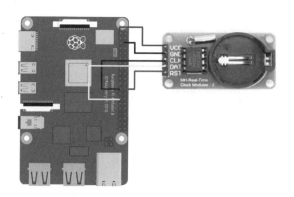

图 7.16　实时时钟模块接线简图

按照以上的方式连接 RTC 和树莓派，然后在 RTC 的 VCC 和 DAT 两个引脚之间还要接入一个 10kΩ 的上拉电阻，如果没有这个上拉电阻，会发现用程序从 RTC 读出的时间非常不稳定，出现各种错乱。

树莓派最新的系统默认安装了 WiringPi 的 2.50 版本，出现直接使用即可。在 WiringPi 的安装目录下找到 wiringPi/examples/ds1302.c 文件，其中包含了 wiring/devLib/下的 ds1302.h，暂时隐藏具体的实现细节，直接看 setDSclock 和 main 函数：

```
01    static int setDSclock (void)
02    {
03      # struct tm t ;
04      struct tm* t = NULL;
05      time_t now ;
06      int clock [8] ;
07
08      printf ("Setting the clock in the DS1302 from Linux time... ") ;
09
10      now = time (NULL) ; #  获取系统时间
11      # gmtime_r (&now, &t) ;转换成本地时间
12      t = localtime(&now)
13
14      clock [ 0] = dToBcd (t.tm_sec) ;              // seconds
15      clock [ 1] = dToBcd (t.tm_min) ;              // mins
16      clock [ 2] = dToBcd (t.tm_hour) ;             // hours
17      clock [ 3] = dToBcd (t.tm_mday) ;             // date
18      clock [ 4] = dToBcd (t.tm_mon + 1) ;          // months 0-11 --> 1-12
19      clock [ 5] = dToBcd (t.tm_wday + 1) ;         // weekdays (sun 0)
20      clock [ 6] = dToBcd (t.tm_year - 100) ;       // years
21      clock [ 7] = 0 ;                              // W-Protect off
22
23      ds1302clockWrite (clock) ;
24
25      printf ("OK\n") ;
26
27      return 0 ;
28    }
29
30    int main(int argc, char * argv[])
31    {
32        int i;
33        int clock[8];
34
35        wiringPiSetup();
36        # ds1302setup(int clockPin, int dataPin, int csPin)
37        #  设置树莓派 GPIO 引脚
38        ds1302setup(14, 30, 10);
39
40        if (argc == 2)
41        {
42          / ** / if (strcmp(argv[1], "-slc") == 0)
```

```
43          # 设置系统的时间
44          return setLinuxClock();
45      else if (strcmp(argv[1], "-sdsc") == 0)
46          # 根据系统时间设置 DS 模块的时间
47          return setDSclock();
48      else if (strcmp (argv[1], "-rtest") == 0)
49          # 对 DS 模块的 RAM 进行测试
50          return ramTest();
51      else
52      {
53          printf("Usage: ds1302 [-slc | -sdsc | -rtest]\n");
54          return EXIT_FAILURE;
55      }
56   }
57
58   for (i = 0;; ++i)
59   {
60      printf("%5d:    ", i) ;
61      # 从 DS 模块读出时间
62      ds1302clockRead (clock);
63      printf (" %2d:%02d:%02d",
64          bcdToD(clock[2], masks[2]), bcdToD(clock[1], masks[1]), bcdToD(clock[0], masks[0]));
65
66      printf(" %2d/%02d/%04d",
67          bcdToD(clock[3], masks[3]), bcdToD(clock[4], masks[4]), bcdToD(clock[6], masks[6]) + 2000);
68
69      printf("\n");
70
71      delay(200);
72   }
73
74   return 0;
75   }
```

修改完对应的参数后，再重新执行 make ds1302 命令，成功后即可使用该模块，执行以下命令测试 RAM：

./ds1302 -rtest

如果引脚连接错误或 GPIO 设置错误则会报错，成功则会显示 OK。还可以将 DS 模块设置成系统的时间，命令如下：

./ds1302 -sdsc

该命令会调用 setDSclock()方法，但在这之前需要把自己的时区设置成本地时区，命令如下：

cp /usr/share/zoneinfo/Asia/Shanghai /etc/localtime

并且同步网络时间，命令如下：

```
ntpdate cn.pool.ntp.org
```

随后就可以从 DS 模块读取时间了，命令如下：

```
./ds1302
```

在上面的测试一切正常的情况下，在 etc/rc.local 中最后一行（即 exit0 行）前一行添加./ds1302.sh slc
命令（注意修改文件所在的路径）或在 etc/init.d 中编写一个脚本，再设置执行权限来添加开机启动。
随后重启树莓派，如果时间正确，则代表模块安装成功。

7.4　小　　结

由于 LED 的成本极低，且实验效果比较明显，故本章选其作为新手入门使用的硬件，读者可通过
代码来控制电路中的 LED 的亮度、改变颜色和闪烁频率等。除此之外，本章还介绍了多个 LED 组成
的灯条和 LED 矩阵等，可用其 DIY 一些基础装饰用品。本章还介绍了有源蜂鸣器和无源蜂鸣器，若有
相关曲谱，亦可控制蜂鸣器演奏音乐。最后则通过实时时钟模块证明 Python 语言并不是唯一一种可以
控制树莓派 GPIO 引脚的语言，C 语言也可以。

第 8 章

高 级 硬 件

树莓派除了可以控制一些常用的简单硬件外，还可以搭配一些高级硬件实现特定的需求，例如使用 GPS 获取位置、使用移动电源为树莓派供电、使用指纹模块录入和识别指纹、使用数字键盘输入数据和使用麦克风阵列收录声音等。本章将介绍这些硬件的基础使用。

8.1　GPS

基于树莓派开发的某些项目通常是在户外或没有网络的情况下工作的，如果此时需要确定树莓派的位置、时间和速度等，可以使用开发板连接 NEO-6M GPS（全球定位系统）模块。

8.1.1　连接 GPS 模块

NEO-6M GPS 模块有四个引脚：VCC、RX、TX 和 GND。该模块使用 TX 和 RX 引脚通过串行通信与树莓派开发板进行通信，所以接线特别简单：

☑　VCC 接树莓派的 3.3V 或 5V 电源（由于 GPS 型号较多，建议先尝试 3.3V）。

☑　GND 接树莓派的 GND 引脚。

☑　RX 接树莓派的 TXD 引脚，即 8 号物理引脚。

☑　TX 接树莓派的 RXD 引脚，即 10 号物理引脚。

接线完成后如图 8.1 所示。

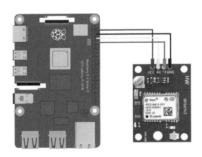

图 8.1　连接 GPS 模块

连接完 GPS 模块后，需要在 Raspberry Pi 配置中手动开启串行端口，然后执行以下命令借助程序读取树莓派 GPS 模块：

```
sudo apt-get install gpsd gpsd-clients minicom
```

gpsd 是串行 GPS 接收器的接口守护程序，支持多种通信标准。可以借助它来测试硬件是否正常工作，可以通过以下命令查看关于 gpsd 的更多信息：

```
man gpsd
```

安装完成后，为确认是否可以从 GPS 模块接收数据，可以通过以下命令查看它通过串行端口发送的数据：

```
cat /dev/serial0
```

只要显示有信息，就证明 GPS 模块连接正确。由于安装 gpsd 时自动启动 gpsd 服务，但这些服务的默认配置在树莓派上不可用，需要通过如下命令关闭：

```
sudo systemctl stop gpsd.socket
```

如果不想每次启动系统后都手动关闭 gpsd，可以禁止它自启动，命令如下：

```
sudo systemctl disable gpsd.socket
```

关闭 gpsd 后可以启动一个适用于树莓派的新 gpsd 实例，该实例将发送树莓派需要的串行端口数据到 socket，命令如下：

```
sudo gpsd /dev/serial0 -F /var/run/gpsd.sock
```

然后运行以下命令来显示 GPS 数据：

```
sudo gpsmon
sudo cgps -s
```

首次启动该模块时，可能需要 30min 左右才能确定模块的位置（具体情况视 GPS 信号强弱而定，通常室外或窗口 GPS 信号更好），如果运行 gpsmon 时发生错误，或者运行 cgps 时没有输出，可以使用以下命令：

```
sudo systemctl stop serial-getty@serial0.service
```

然后再尝试使用 gpsmon 命令启动。

8.1.2 使用 Python 读取数据

现在可以成功地把 GPS 模块连接到树莓派上，并且通过命令行读取 GPS 数据，但是在许多项目中这样非常不方便，因此本节将介绍如何使用 Python 从 GPS 模块中获取定位数据并将其应用于项目之中。

大多数 GPS 模块都是通过串行连接与树莓派进行通信，它们发送包含 GPS 数据和其他状态消息的字符串，可以通过以下命令查看这些数据：

```
sudo cat /dev/serial0
```

如果要在 Python 中使用 GPS 数据，直接读取模块发送到树莓派串行端口的字符串，然后进行解析和错误处理，再将位置输出到控制台，新建一个 serial_gps.py 文件，具体代码如下：

【实例 8.1】　读取 GPS 数据（实例位置：资源包\Code\08\01）

```
01   import serial
02
03   SERIAL_PORT = "/dev/serial0"
04   running = True
05
06
07   # 在 NMEA 消息中，将按以下方式发送位置：
08   # DDMM.MMMMM，表示纬度（度分）格式
09   def formatDegreesMinutes(coordinates, digits):
10       """将传输的字符串转换为所需的格式"""
11
12       parts = coordinates.split(".")
13
14       if (len(parts) != 2):
15           return coordinates
16
17       if (digits > 3 or digits < 2):
18           return coordinates
19
20       left = parts[0]
21       right = parts[1]
22       degrees = str(left[:digits])
23       minutes = str(right[:3])
24
25       return degrees + "." + minutes
26
27
28   def getPositionData(gps):
29       """从串行端口读取数据,然后解析其传输的 NMEA 消息"""
30       data = gps.readline()
31       message = data[0:6]
32       if (message == "$GPRMC"):
33           # GPRMC = 建议的最小特定 GPS / 传送的数据
34           parts = data.split(",")
35           if parts[2] == 'V':
36               # 接收警告
37               print("GPS receiver warning")
38           else:
39               # 获取随 GPRMC 消息一起发送的位置数据
40               # 在此示例中，仅使用经度和纬度
```

```
41              longitude = formatDegreesMinutes(parts[5], 3)
42              latitude = formatDegreesMinutes(parts[3], 2)
43              print("Your position: lon = " + str(longitude) + ", lat = " + str(latitude))
44          else:
45              # 处理其他 NAME 消息不支持的字符串
46              pass
47
48 print ("Application started!")
49 gps = serial.Serial(SERIAL_PORT, baudrate = 9600, timeout = 0.5)
50
51 while running:
52      try:
53          getPositionData(gps)
54      except KeyboardInterrupt:
55          running = False
56          gps.close()
57          print("Application closed!")
58      except:
59          # 做一些错误处理
60          print("Application error!")
```

运行程序，控制台就会打印出树莓派的位置信息。此外，由于上一节安装了 gpsd 和 gpsd-clients 模块，可以与 GPS 的守护程序进行通信，然后与 GPS 接收器进行通信。并且 gpsd 使用 JSON 对象与其客户端进行通信，因此可以在 Python 代码中直接接收 JSON 对象。新建一个 library_gps.py 文件，具体代码如下：

【实例 8.2】 使用 GPS 模块读取数据（实例位置：资源包\Code\08\02）

```
01 from gps import *
02 import time
03
04 running = True
05
06
07 def getPositionData(gps):
08      """获取位置数据"""
09      nx = gpsd.next()
10      if nx['class'] == 'TPV':
11          latitude = getattr(nx,'lat', "Unknown")
12          longitude = getattr(nx,'lon', "Unknown")
13          print("Your position: lon = " + str(longitude) + ", lat = " + str(latitude))
14
15
16 gpsd = gps(mode=WATCH_ENABLE|WATCH_NEWSTYLE)
17
18
19 try:
20      print ("Application started!")
21      while running:
```

```
22          getPositionData(gpsd)
23          time.sleep(1.0)
24
25   except (KeyboardInterrupt):
26       running = False
27       print ("Applications closed!")
```

在确保 gpsd 服务运行的情况下，运行该文件，控制台就会打印出树莓派的位置信息。

8.2 供 电 设 备

树莓派对供电的要求非常高，虽然不同版本的树莓派标准电流要求略有不同，但必须使用 5V 电压为其供电。可以使用官方推荐的电源为其供电，但在某些项目中，为了增加灵活性，需要为其添加便携式的供电设备，本节将介绍这些供电方式。

由于树莓派 4 开发板本身的电路设计错误，电源电路的设计人员没有遵循标准，而是省略了一个电阻器，这导致一些电源被树莓派认作音频设备，但在新的树莓派版本中已解决了此问题，因此为了避免不必要的麻烦，在购买树莓派时，尽量问清是否为新版本。

8.2.1 锂电池

锂电池可用于各种便携式消费电子设备和玩具中。在锂电池中，使用锂金属作阳极，由于电荷密度高，所以相对其他电池使用寿命更长。

除此之外，锂电池轻巧紧凑，使其成为为树莓派供电的最佳选择。且锂电池没有其他种类电池所具有的记忆效应，因此如果在完全充满电之前反复对电池进行部分放电，则电池将仅传递最后一次放电时使用的能量。优质锂离子电池具有更多的充电周期，通常为 1000 个完整充电周期；由于其自放电率较低，因此保质期更长。锂离子电池比其他铅酸电池毒性小，这也在一定程度上避免环境污染。

但是锂电池有一个非常严重的问题，即对负载的保护不够。当锂电池短路时，会迅速放电并提供高电流，这可能会损坏树莓派开发板。为解决这一问题，我们可以使用稳压二极管提供一个保护电路或者直接使用专门用于树莓派供电的便携设备，例：PiJuice HAT，如图 8.2 所示。

PiJuice 是一个不间断的电源，并与树莓派 HAT 布局完全兼容，并带有板载 EEPROM（可禁用）。它具有实时时钟（RTC），可在树莓派离线时（以及树莓派的远程打开/关闭）进行时间跟踪和计划任务。它还具有集成的微控制器（MCU）芯片，该芯片将管理软关闭功能，真正的低功耗深度睡眠状态和智能启动。它还可以通过标准 Raspberry Pi PSU 通过板载电池、外部电池、太阳能电池板、风力涡轮机或其他可再生资源直接供电。

PiJuice 实际上可以直接使用，无须软件即可为树莓派和其他一些组件供电。但是，要充分利用PiJuice，需要安装软件包，命令如下：

```
sudo apt-get install pijuice-gui
```

重新启动后，就可以在菜单的首选项中找到 PiJuice 设置的图标，如图 8.3 所示。

图 8.2　PiJuice HAT

图 8.3　PiJuice 图标

8.2.2　不间断电源

通过上一节的介绍，我们知道 PiJuice 可以作为不间断电源（UPS），连接电源时进行充电，断开电源时向设备供电。但如果仅仅做一些应急处理，使用 PiJuice 就是大材小用了，所以本节将介绍如何自制一个 UPS 电路。

假设使用 8 个可充电的电池制作一个 9.6V 电池组，但是树莓派要求的输入电压必须为 5V，所以就需要使用 DC-DC 降压转换器提供 5V、3A 的输出。此外还需要使用两个 1N504 二极管构建 UPS 电路，如图 8.4 所示。

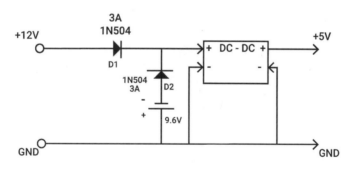

图 8.4　电池组 UPS

充电电路围绕两个 1N504 二极管构建，其中 D1 是为了防止电池在 12V 电源中放电，D2 是为了防止电池过度充电。

如果使用的是 5V 或 6V 的电源，并且不想在电路中使用电池组，那么就可以使用一个超级电容器来代替。顾名思义，超级电容器的电容远高于其他电容器，它们具有比电池更高的功率密度，并且可以比电池充电放电更多循环，这使得超级电容器通常被用于存储和释放大量功率的场合。同时，在树莓派中也很适合作为一个 UPS 使用，电路原理图如图 8.5 所示。

借助 1N504 二极管为电容器充电，其中一个二极管用于防止超级电容器过度充电，另一个用于防止超级电容器在电源上放电。现在，输入电压大于 6V，则使用 7805 稳压器 IC 以获得稳定的 5V 电压输出。

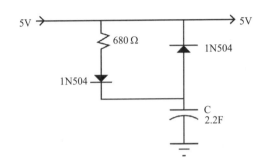

图 8.5　超级电容器 UPS

8.2.3　太阳能电池板

前几节介绍了在树莓派上使用锂电池以及 UPS，但是在使用锂电池的过程中需要定时更换电池，非常不方便，如果可以把自然界中无处不在的光能转换成电能，最后再储存到电池中供树莓派使用，如此可以达到长期运行的效果。

要收集太阳能需要使用一个 9V 太阳能电池板，但是树莓派要求的输入电压为 5V，因此还需要一个 DC-DC 降压转换器 LM2596。LM2596 可以高效驱动 3A 负载，并且还配备了一个 LED 显示器，用于显示当前的输入和输出电压，如图 8.6 所示。

图 8.6　LM2596 降压转换器

我们将太阳能电池板的输出端接在 LM2596 降压转换器的左侧输入接口上（可通过+、-判断正、负极，IN、OUT 判断输入、输出），如图 8.7 所示，如果太阳能电池板只有一根公的 DC 连接线，通常情况下，接头的套筒处为负极，尖端为正极。

图 8.7　LM2596 接线

最后将右侧的输出端连接到电池，或者通过焊接一个 USB 插头，再通过 USB-C 数据线连接树莓派和 LM2596 降压转换器就可以为树莓派供电了。如果条件允许，还可以控制太阳能电池板转动，以获得更高的能量用于转换。

8.3　数 字 键 盘

向树莓派输入数据有多种方式，其中最直接的是 16 按钮键盘，通常它包含从 0～9 的数字以及其他按钮，如图 8.8 所示。这种键盘的应用范围较广，如自助取款机、门禁设备等。

键盘分为 4 行和 4 列，要检测按下了哪个按钮，树莓派必须向键盘的 4 行中的每一行发送一个脉冲。当用户按下连接到当前被拉高的线路的按钮时，相应的列也被拉高。通过解码行和列的组合，就可以确定按下了哪个按钮。

例如，如果用户按下第 4 列第 2 行中的 B 按钮，则树莓派在向第 2 行发送脉冲时会检测到此按钮按下，然后检查 4 列中的哪一列被拉高。

由于这种键盘不要任何电源即可工作，所以不必为其连接电源，直接将键盘的 8 条数据线连接到树莓派的 8 个任何 GPIO 引脚上即可，如图 8.9 所示。

图 8.8　16 按钮数字键盘

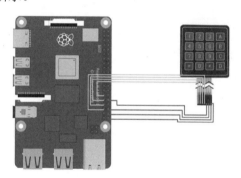
图 8.9　16 按钮数字键盘连接简图

连接完成后，运行一个简单的测试程序，具体代码如下：

【实例 8.3】 检测数字键盘输入（实例位置：资源包\Code\08\03）

```
01   import RPi.GPIO as GPIO
02   import time
03
04   L1 = 5
05   L2 = 6
06   L3 = 13
07   L4 = 19
08
09   C1 = 12
10   C2 = 16
11   C3 = 20
```

```
12   C4 = 21
13
14   GPIO.setwarnings(False)
15   GPIO.setmode(GPIO.BCM)
16
17   GPIO.setup(L1, GPIO.OUT)
18   GPIO.setup(L2, GPIO.OUT)
19   GPIO.setup(L3, GPIO.OUT)
20   GPIO.setup(L4, GPIO.OUT)
21
22   GPIO.setup(C1, GPIO.IN, pull_up_down=GPIO.PUD_DOWN)
23   GPIO.setup(C2, GPIO.IN, pull_up_down=GPIO.PUD_DOWN)
24   GPIO.setup(C3, GPIO.IN, pull_up_down=GPIO.PUD_DOWN)
25   GPIO.setup(C4, GPIO.IN, pull_up_down=GPIO.PUD_DOWN)
26
27
28   def readLine(line, characters):
29       GPIO.output(line, GPIO.HIGH)
30       if(GPIO.input(C1) == 1):
31           print(characters[0])
32       if(GPIO.input(C2) == 1):
33           print(characters[1])
34       if(GPIO.input(C3) == 1):
35           print(characters[2])
36       if(GPIO.input(C4) == 1):
37           print(characters[3])
38       GPIO.output(line, GPIO.LOW)
39
40
41   try:
42       while True:
43           readLine(L1, ["1","2","3","A"])
44           readLine(L2, ["4","5","6","B"])
45           readLine(L3, ["7","8","9","C"])
46           readLine(L4, ["*","0","#","D"])
47           time.sleep(0.1)
48   except KeyboardInterrupt:
49       print("\nApplication stopped!")
```

上面的代码包含一个 readLine()方法，它将脉冲发送到单行，然后检查在将行拉高时按下了哪些按钮。同时，可以根据用户的按键做出判断，例如，按下 C 按钮后，清空用户的所有输入，按下 A 按钮后，选中用户的输入，具体代码如下：

【实例 8.4】　使用数字键盘（实例位置：资源包\Code\08\04）

```
01   import RPi.GPIO as GPIO
02   import time
03
04   # 连接键盘矩阵行的 GPIO 引脚号
```

```
05    L1 = 5
06    L2 = 6
07    L3 = 13
08    L4 = 19
09
10    # 列 GPIO 引脚号
11    C1 = 12
12    C2 = 16
13    C3 = 20
14    C4 = 21
15
16    # 当前被按下的按钮列的 GPIO 引脚；如果没有按下，则为-1
17    keypadPressed = -1
18
19    secretCode = "4789"
20    input = ""
21
22    # GPIO 设置
23    GPIO.setwarnings(False)
24    GPIO.setmode(GPIO.BCM)
25
26    GPIO.setup(L1, GPIO.OUT)
27    GPIO.setup(L2, GPIO.OUT)
28    GPIO.setup(L3, GPIO.OUT)
29    GPIO.setup(L4, GPIO.OUT)
30
31    # 使用内部下拉电阻
32    GPIO.setup(C1, GPIO.IN, pull_up_down=GPIO.PUD_DOWN)
33    GPIO.setup(C2, GPIO.IN, pull_up_down=GPIO.PUD_DOWN)
34    GPIO.setup(C3, GPIO.IN, pull_up_down=GPIO.PUD_DOWN)
35    GPIO.setup(C4, GPIO.IN, pull_up_down=GPIO.PUD_DOWN)
36
37
38    # 注册已按下的按钮
39    def keypadCallback(channel):
40        global keypadPressed
41        if keypadPressed == -1:
42            keypadPressed = channel
43
44
45    # 检测键盘的列线上的上升沿，检测用户按钮是否按下
46    GPIO.add_event_detect(C1, GPIO.RISING, callback=keypadCallback)
47    GPIO.add_event_detect(C2, GPIO.RISING, callback=keypadCallback)
48    GPIO.add_event_detect(C3, GPIO.RISING, callback=keypadCallback)
49    GPIO.add_event_detect(C4, GPIO.RISING, callback=keypadCallback)
50
51
52    # 将所有行设置为特定状态，用于检测用户何时释放按钮
53    def setAllLines(state):
```

```
54        GPIO.output(L1, state)
55        GPIO.output(L2, state)
56        GPIO.output(L3, state)
57        GPIO.output(L4, state)
58
59
60    def checkSpecialKeys():
61        global input
62        pressed = False
63
64        GPIO.output(L3, GPIO.HIGH)
65
66        if (GPIO.input(C4) == 1):
67            print("Input reset!");
68            pressed = True
69
70        GPIO.output(L3, GPIO.LOW)
71        GPIO.output(L1, GPIO.HIGH)
72
73        if (not pressed and GPIO.input(C4) == 1):
74            if input == secretCode:
75                print("Code correct!")
76                # 可以添加业务处理
77            else:
78                print("Incorrect code!")
79                # 可以添加业务处理
80            pressed = True
81
82        GPIO.output(L3, GPIO.LOW)
83
84        if pressed:
85            input = ""
86
87        return pressed
88
89
90    # 读取列，并将对应的值附加到按钮上
91    def readLine(line, characters):
92        global input
93        # 在每行上发送一个脉冲，以检测按钮按下
94        GPIO.output(line, GPIO.HIGH)
95        if(GPIO.input(C1) == 1):
96            input = input + characters[0]
97        if(GPIO.input(C2) == 1):
98            input = input + characters[1]
99        if(GPIO.input(C3) == 1):
100            input = input + characters[2]
101        if(GPIO.input(C4) == 1):
102            input = input + characters[3]
```

```
103         GPIO.output(line, GPIO.LOW)
104
105
106  try:
107      while True:
108          # 如果先前已按下某个按钮，则检查用户是否已释放它
109          if keypadPressed != -1:
110              setAllLines(GPIO.HIGH)
111              if GPIO.input(keypadPressed) == 0:
112                  keypadPressed = -1
113              else:
114                  time.sleep(0.1)
115          # 只需获取输入
116          else:
117              if not checkSpecialKeys():
118                  readLine(L1, ["1","2","3","A"])
119                  readLine(L2, ["4","5","6","B"])
120                  readLine(L3, ["7","8","9","C"])
121                  readLine(L4, ["*","0","#","D"])
122                  time.sleep(0.1)
123              else:
124                  time.sleep(0.1)
125  except KeyboardInterrupt:
126      print("\nApplication stopped!")
```

8.4 指纹识别

世界上每个人的指纹就像树的叶子一样，是独一无二的，这一特性被广泛地应用于各种解锁场景，方便着我们的生活。如果要在树莓派上识别指纹，就需要借助一个 TTL 串行接口的指纹扫描仪工具，如图 8.10 所示，它能够扫描指纹并将其转换为二进制代码。

我们在正面录入指纹，并通过背面的引脚将它与树莓派连接，各引脚如图 8.11 所示。

图 8.10 JM-101 指纹扫描仪

图 8.11 JM-101 指纹扫描仪引脚

其中 VCC 代表模块主电源，一般接 3.3V 供电；TX 代表模块的串口发送端，接对应的 RX 端；RX 代表模块的串口接收端，接对应的 TX 端；GND 接地；TCH 代表模块触摸感应信号输出，高电平时为检测到触摸；VA 代表模块的触摸感应电路电源（3.3V）可与 1 脚并接；D+、D-为 USB 信号线，使用串口控制模块时可悬空不用。

同时为了减少指纹扫描仪到树莓派 GPIO 接口跳线的连接，通常使用 USB 到串行 CP2102 TTL UART 转换器，如图 8.12 所示，通过转换器可以将串行设备直接插入 USB 端口。

图 8.12　CP2102 TTL UART 转换器

连接 USB 到串行 CP2102 TTL UART 转换器，只使用 4 个引脚：RXD、TXD、VCC、GND，分别表示接收信号、发送信号、供电正、负极。将转换器的 RXD 和 TXD 引脚分别连接指纹扫描仪的 TX 和 RX 引脚，其余的两个引脚同名连接，最后再将 USB 插口接入树莓派即可。

为了使用 Python 查找和管理指纹，需要通过以下命令安装 Adafruit 的 CircuitPython Fingerprint 指纹库：

```
sudo pip3 install adafruit-circuitpython-fingerprint
```

再通过以下命令从 GitHub 克隆 Adafruit CircuitPython 脚本：

```
git clone https://github.com/adafruit/Adafruit_CircuitPython_Fingerprint.git
```

克隆存储库后，可以通过以下命令进入到项目的示例目录：

```
cd Adafruit_CircuitPython_Fingerprint/examples/
```

这个文件夹内包含需要运行的 Python 脚本文件，执行以下命令：

```
sudo python3 fingerprint_simpletest.py
```

现在，就可以通过 Python 脚本操控指纹扫描仪录入、查找和删除指纹了。

8.5　麦克风阵列

树莓派上没有用于声音收录的麦克风，因此想要让树莓派收录声音，就需要外接一个麦克风。市面上的麦克风有很多种，本节介绍的是一款专门为树莓派设计的麦克风扩展板 ReSpeaker 2-Mics Pi

HAT, 如图 8.13 所示。

ReSpeaker 2-Mics Pi HAT 是专为 AI 和语音应用设计的 Raspberry Pi 双麦克风扩展板。通过该扩展板可以构建一个集成 Amazon 等语音服务的、功能更强大、更灵活的语音产品。该板是基于 WM8960 开发的低功耗立体声编解码器,电路板两侧有 2 个麦克风采集声音,还提供 3 个 APA102 RGB LED,1 个用户按钮和 2 个板载 Grove 接口,用于扩展应用程序。此外,3.5mm 音频插孔或 JST 2.0 扬声器输出均可用于音频输出,如图 8.14 所示,且该产品目前支持全系列的树莓派。

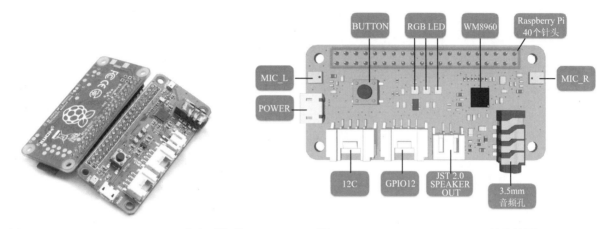

图 8.13　ReSpeaker 2-Mics Pi HAT 麦克风阵列　　　　图 8.14　ReSpeaker 2-Mics Pi HAT 结构简图

连接方法如下:

BUTTON: 连接到 GPIO17 的用户自定义按钮;

MIC_L & MIC_R: 左、右边各有一个麦克风;

RGB LED: 3 个 APA102 RGB LED,连接到树莓派的 SPI 接口;

WM8960: 低功耗立体声编解码器;

Raspberry Pi 40 个针头: 连接树莓派的 40 个 GPIO 引脚;

POWER: 用于为 ReSpeaker 2-Mics Pi HAT 供电的 Micro USB 端口,在使用扬声器时需要为电路板供电,以提供足够的电流;

I2C: Grove I2C 端口,连接到 I2C-1;

GPIO12: Grove 数字端口,连接到 GPIO12 和 GPIO13;

JST 2.0 SPEAKER OUT: 用于连接扬声器,JST 2.0 连接器;

3.5mm 音频孔: 用于连接带 3.5mm 音频插头的耳机或扬声器。

在安装该扩展板前,需要先切断树莓派的电源,将扩展板插在树莓派的 40 个 GPIO 引脚上。然后启动树莓派,执行以下命令安装驱动:

```
sudo apt-get update
sudo apt-get upgrade
sudo apt-get install python-pyaudio python3-pyaudio sox pulseaudio libsox-fmt-all ffmpeg
git clone https://github.com/respeaker/seeed-voicecard.git        #下载声卡驱动
cd seeed-voicecard
sudo ./install.sh                                                 # 安装声卡驱动
sudo reboot                                                       # 重启
```

重启完成后，进入驱动的安装目录，检查声卡名称是否与源代码 seeed-voicecard 相匹配，命令如下：

```
cd ~/seeed-voicecard
aplay -l
```

结果如图 8.15 所示。

```
pi@raspberrypi:~ $ aplay -l
**** List of PLAYBACK Hardware Devices ****
xcb_connection_has_error() 返回真
card 0: ALSA [bcm2835 ALSA], device 0: bcm2835 ALSA [bcm2835 ALSA]
  Subdevices: 7/7
  Subdevice #0: subdevice #0
  Subdevice #1: subdevice #1
  Subdevice #2: subdevice #2
  Subdevice #3: subdevice #3
  Subdevice #4: subdevice #4
  Subdevice #5: subdevice #5
  Subdevice #6: subdevice #6
card 0: ALSA [bcm2835 ALSA], device 1: bcm2835 IEC958/HDMI [bcm2835 IEC958/HDMI]
  Subdevices: 0/1
  Subdevice #0: subdevice #0
card 0: ALSA [bcm2835 ALSA], device 2: bcm2835 IEC958/HDMI1 [bcm2835 IEC958/HDMI1]
  Subdevices: 1/1
  Subdevice #0: subdevice #0
card 1: seeed2micvoicec [seeed-2mic-voicecard], device 0: bcm2835-i2s-wm8960-hifi wm8960-hifi-0 [bcm2835-i2s-wm8960-hifi wm8960-hifi-0]
  Subdevices: 1/1
  Subdevice #0: subdevice #0
```

图 8.15　查看声卡名称

然后右键单击桌面右上角的声音按钮，在 Audio Inputs 输入设备中选择 seeed-2mic-voicecard，也可以通过 Input Device Settings 选项对其进行设置。先重点设置 Headphone、Speaker 和 Playback 的音量，3D 也可以打开，Capture 栏也可以适当调高。再使用 arecord 命令录制一段声音：

```
arecord -d 3 temp.wav  # 测试录音 3s
```

用同样的方法，右键单击桌面右上角的声音按钮，在 Audio Outputs 输出设备中根据音响或耳机的接线方式，选择对应的输出通道。例如，如果使用 ReSpeaker 2-Mics Pi HAT 上的 3.5mm 音频孔就选择 seeed-2mic-voicecard；如果使用树莓派板载的 3.5mm 音频孔就选择 Analog 模拟信号通道；如果想要使用连接的 HDMI 显示器播放声音就选择 HDMI 通道。同样也可以通过 Output Device Settings 进行相关的配置。这里要特别注意，Headphone 有时默认为 0，导致不能正常播放声音，将其音量向上调节一点即可。

对于 ReSpeaker 2-Mics Pi HAT 上的 3.5mm 音频孔，部分用户设置了 Headphone 后，还是可能会出现没有声音的情况，此时需要把系统的声卡禁用，命令如下：

```
sudo -i
cd /etc/modprobe.d
sudo echo "blacklist snd_bcm2835" >> alsa-blacklist.conf
sudo reboot
```

注意

如果需要重新启用系统的声卡，删除 alsa-blacklist.conf 配置文件中的 blacklist snd_bcm2835 内容重启即可。

重启树莓派完成后,使用 aplay 命令再次检查声卡:

```
aplay -l
```

结果如图 8.16 所示。

```
pi@raspberrypi:~ $ aplay -l
**** List of PLAYBACK Hardware Devices ****
xcb_connection_has_error() 返回真
card 0: seeed2micvoicec [seeed-2mic-voicecard], device 0: bcm2835-i2s-wm8960-hifi wm8960-hifi-0 [bcm2835-i2s-wm8960-hifi wm8960-hifi-0]
  Subdevices: 1/1
  Subdevice #0: subdevice #0
```

图 8.16 禁用系统声卡

此时设备只剩 seeed-2mic-voicecard,然后重新配置.asoundrc 文件即可,命令如下:

```
cd ~
cp .asoundrc .asoundrc.bak
nano .asoundrc
```

如果使用 aplay -l 命令查看设备结果如图 8.15 所示,表明此时只剩 seeed-2mic-voicecard,将原配置信息全部删除,添加下面配置信息即可:

```
pcm.!default {
        type asym
        playback.pcm {
            type plug
            slave.pcm "hw:0,0"
        }
        capture.pcm {
            type plug
            slave.pcm "hw:0,0"
        }
}

ctl.!default {
        type hw
        card 0
}
```

现在,再次配置 Audio Outputs 输出设备和 Output Device Settings 和 Headphone,然后尝试播放音频文件。

树莓派可以正常播放声音后,使用 aplay 命令播放刚刚录制的声音,命令如下:

```
aplay temp.wav # 播放录音
```

如果效果不理想,需要重新通过 Input Device Settings 选项进行相关的设置直至效果满意为止,然后将当前配置保存,命令如下:

```
sudo alsactl --file=asound.state store
```

为了避免开机音量被重置,可以将 asound.state 文件复制到/var/lib/alsa 目录下,命令如下:

```
sudo cp asound.state /var/lib/alsa/
```

配置完成后，可以简单地驱动板载的 LED，但需要提前打开 SPI 协议。打开完成后，执行以下命令：

```
cd ~/
git clone https://github.com/respeaker/mic_hat.git
sudo pip install spidev #  安装 spi 的驱动
cd mic_hat
python pixels.py
```

扩展板上还有一个连接在 GPIO 引脚上的按钮，可用于用户自定义功能，使用如下代码来监听其状态：

【实例 8.5】　监听按钮状态（实例位置：资源包\Code\08\05）

```
01    import RPi.GPIO as GPIO
02    import time
03
04    BUTTON = 17
05
06    GPIO.setmode(GPIO.BCM)
07    GPIO.setup(BUTTON, GPIO.IN)
08
09    while True:
10        state = GPIO.input(BUTTON)
11        if state:
12            print("off")
13        else:
14            print("on")
15        time.sleep(1)
```

然后保存代码，使用 Python 命令运行即可，通过按下该按钮就能在控制台输出监控信息。

8.6　小　　结

本章首先简单地介绍了 GPS 模块，并通过 Python 读取 GPS 模块返回的数据，然后介绍了三种树莓派的移动电源：锂电池、不间断电源模块 UPS 扩展板和太阳能电池板，保障了树莓派在室外的基本工作条件。随后又介绍了数字键盘模块和指纹识别模块，读者可通过这些模块自制一个密码锁。最后介绍了一款麦克风阵列扩展板，该扩展板带有两个麦克风，读者可使用该模块为树莓派增添两只"耳朵"。

第 9 章

控 制 电 机

众所周知，电机是传动以及控制系统中的重要组成部分，随着现代科学技术的发展，电机在实际应用中的重点已经开始从过去简单的传动向复杂的控制转移;尤其是对电机的速度、位置、转矩的精确控制，所以本章将介绍如何使用树莓派驱动并控制 3 种最为常见的控制电机：直流电机、伺服电机和步进电机。

9.1 直 流 电 机

直流电机因其调速性能好且范围广、受电磁的干扰影响小、维修方便等优点，被广泛地应用于日常生活中。本节将介绍如何通过树莓派驱动直流电机、控制方向和转速等常见的直流电机使用。

9.1.1 直流电机简介

通常情况下，输出或输入为直流电的旋转电机，称为直流电机，如图 9.1 所示。它是一种可以实现直流电能和机械能互相转换的电机，当它作为电动机运行时是直流电动机，可将电能转换为机械能；当它作为发电机运行时是直流发电机，可将机械能转换为电能。

小型直流电机的电压范围通常是 1.5～30V，被广泛地应用于各类便携电子设备上。可以使用两根导线将直流电源的正负极与直流电机连接起来，这样就可使直流电机转动，其两端电压越高转动得就越快。每个直流电机都有一个额定电压，超出额定电压太多容易导致电机被烧毁，而供电电压太低则转不起来。通过交换两根连接在电机上的导线顺序（即改变电源的正负极），就可以实现改变电机的转向。

图 9.1 直流电机

由于直流电机属于高功耗元件，所以不推荐直接使用树莓派进行供电，而是使用一个外部直流电源输出额定电压。小型直流电机通常输出很高的转速和较低的扭矩，在作为驱动装置时，一般需要连接一个变速器，将其转换为低转速、高扭矩，使之有足够的力量驱动硬件。

9.1.2 驱动直流电机

由于树莓派自身没有电机驱动模块,因此驱动电机时要配合 L298N 或 L293D 等电机驱动板模块一起使用,如图 9.2 所示。

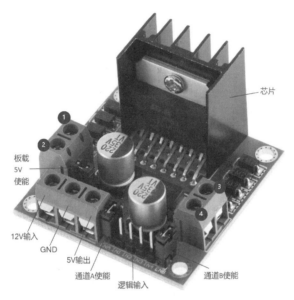

图 9.2 L298N

L298N 电机驱动模块采用双桥直流电机驱动芯片,峰值输出电流可达 2A,每个通道都有一个电能输入端,可以驱动两个直流电机或者一个四线步进电机。

图 9.2 中各引脚说明如下:

- ☑ 输出引脚:红色圆圈标记部分,1、2 由通道 A 输出,3、4 由通道 B 输出,可以用于连接直流电机等设备。
- ☑ 逻辑输入:单片机 IO 控制输入,IN1、IN2 为 A 通道的控制输入,IN3、IN4 为 B 通道的控制输入。
- ☑ 通道 A/B 使能:A/B 通道的使能端,高电平有效,可以用 PWM 来实现调速。使用时,可以接到树莓派的 GPIO 上,实现程序控制。
- ☑ 12V 输入:电源正极,模块上标称 12V,实际可以接受的输入范围是 7~12V。
- ☑ 板载 5V 使能:用于板载 5V 供电。
- ☑ 当驱动电压为 7~12V 时,可以使用板载的 5V 使能供电,此时为常规电压驱动,接口中的+5V供电不要输入电压,但是可以引出 5V 电压供外部使用。
- ☑ 当驱动电压大于 12V,小于等于 24V(芯片手册中提出可以支持到 35V,但是按照经验,保守应用最大电压支持到 24V 已经很高)时,此时为高压驱动,例如,要驱动额定电压为 18V 的电机,首先必须拔除板载 5V 输出使能的跳线帽,然后在 5V 输出端口外部接入 5V 使能(即

一个电平为 5V 的控制信号），当此信号输入有效时，且电机驱动模块中电源供电正常，电机
驱动模块输出电流，否则即使电源供电正常，电机也无电流。

☑ GND：电源地，使用的时候应该把树莓派的 GND 接到这里，即两者需要共地。

☑ 5V 输出：输出 5V 电压，可以给外部设备供电，使用的时候需要用跳线把 5V 输出使能端短接
　　起来。

使用树莓派的 GPIO13、GPIO19、GPIO26 和 GND4 个引脚，分别连接到 L298N 双 H 桥直流电机
驱动模块的 ENA、IN1、IN2 和 GND 引脚上，最后再接入一个直流电源和直流电机，如图 9.3 所示。

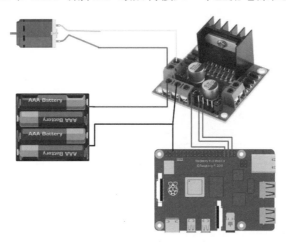

图 9.3　驱动直流电机接线图

连接完电路后，启动树莓派，新建一个 drive_dc_motor.py 文件，在 A 通道和 IN2 输入一个高电平、
在 IN1 输入一个低电平，电机正向转动，具体代码如下：

【实例 9.1】　驱动直流电机（实例位置：资源包\Code\09\01）

```
01   # 引入 RPi.GPIO 库函数命名为 GPIO
02   import RPi.GPIO as GPIO
03
04   # BOARD 编号方式，基于插座引脚编号
05   GPIO.setmode(GPIO.BOARD)
06
07   # 定义接口
08   ENA = 33
09   IN1 = 35
10   IN2 = 37
11
12   # 设置输出模式
13   GPIO.setup(ENA, GPIO.OUT)
14   GPIO.setup(IN1,GPIO.OUT)
15   GPIO.setup(IN2,GPIO.OUT)
16
17   # 将 IN1 设置为 0
```

```
18    GPIO.output(IN1, False)
19    # 将 IN2 设置为 1
20    GPIO.output(IN2, True)
21    # 将 ENA 设置为 1，启动 A 通道电机
22    GPIO.output(ENA, True)
23
24    # 结束进程，释放 GPIO 引脚
25    PIO.cleanup()
```

运行程序，电机将正向转动，如果将 IN1 和 IN2 输入信号反转，电机就会反向转动。

9.1.3 控制方向

可以通过给各个输入引脚不同的信号值，实现控制直流电机的方向，具体如表 9.1 所示。

表 9.1 控制直流电机方向表

ENA 通道输入信号	IN1 引脚输入信号	IN2 引脚输入信号	电 机 状 态
0	x	x	停止
1/PWM	0	0	停止（制动）
1/PWM	0	1	正转
1/PWM	1	0	反转
1/PWM	1	1	停止（制动）

从表 9.1 中可以看到，只要想启动直流电机就必须给 ENA 通道一个高电平的信号。如果 IN1 引脚和 IN2 引脚的输入信号相同，电动机也会停止转动。

无须改变电路，新建一个 control_dc_motor_direction.py 文件，先让其正向转动，随后再反向转动，具体代码如下：

【实例 9.2】 控制直流电机方向（实例位置：资源包\Code\09\02）

```
01    # 引入 RPi.GPIO 库函数命名为 GPIO
02    import RPi.GPIO as GPIO
03    import time
04
05
06    # BOARD 编号方式
07    GPIO.setmode(GPIO.BOARD)
08
09    # 定义接口
10    ENA = 33
11    IN1 = 35
12    IN2 = 37
13
14    # 设置输出模式
15    GPIO.setup(ENA, GPIO.OUT)
```

```
16      GPIO.setup(IN1, GPIO.OUT)
17      GPIO.setup(IN2, GPIO.OUT)
18
19   try:
20       while True:
21           # 驱动电机正向转动 5s
22           GPIO.output(IN1, False)
23           GPIO.output(IN2, True)
24           GPIO.output(ENA, True)
25
26           # 转动 5s
27           time.sleep(5)
28
29           # 电机停止 2s
30           GPIO.output(ENA, False)
31           time.sleep(2)
32
33           # 驱动电机反向转动 5s
34           GPIO.output(IN1, True)
35           GPIO.output(IN2, False)
36           GPIO.output(ENA, True)
37
38           # 转动 5s
39           time.sleep(5)
40
41           # 电机停止 2s
42           GPIO.output(ENA, False)
43           time.sleep(2)
44
45   except Exception as e:
46       print('An exception has happened', e)
47
48   finally:
49
50       # 结束进程，释放 GPIO 引脚
51       GPIO.cleanup()
```

在电路连接正确的情况下，运行程序，将看到直流电机正向转动 5s，接着停止 2s，再反向转动 5s，然后停止 2s，如此循环往复转动。

9.1.4 控制转速

直流电机的转速控制与方向控制最大的区别就在于 ENA 输入信号的不同。控制电机方向时，只是通过将 ENA 设置为 1 或 0 来启动或停止电机。

如果要控制电机的转速，就需要在 ENA 处输入一个 PWM 脉冲信号，通过改变 PWM 脉冲信号的占空比来改变电机的转速，占空比越大，速度就越快。当占空比为 100%（即 1）时相当于输入高电平，

占空比为 0（即 0）时相当于输入低电平。

电路无须改变，新建一个 control_dc_motor_speed.py 文件，通过改变占空比来控制电机的转速，具体代码如下：

【实例 9.3】 控制直流电机转速（实例位置：资源包\Code\09\03）

```
01   # 引入 RPi.GPIO 库函数命名为 GPIO
02   import RPi.GPIO as GPIO
03   import time
04
05
06   # BOARD 编号方式
07   GPIO.setmode(GPIO.BOARD)
08
09   # 定义接口
10   ENA = 33
11   IN1 = 35
12   IN2 = 37
13
14   # 设置输出模式
15   GPIO.setup(ENA, GPIO.OUT)
16   GPIO.setup(IN1, GPIO.OUT)
17   GPIO.setup(IN2, GPIO.OUT)
18
19   # 频率
20   frequency = 500
21
22   # 初始占空比
23   duty = 0
24
25   # 创建一个频率为 500 的 PWM 对象，并向 ENA 输入 PWM 脉冲信号
26   pwm = GPIO.PWM(ENA, frequency)
27
28   try:
29       # 以 duty 的初始占空比开始向 ENA 输入 PWM 脉冲信号
30       pwm.start(duty)
31
32       while True:
33           # 将电机设置为正向转动
34           GPIO.output(IN1, False)
35           GPIO.output(IN2, True)
36
37           # 通过改变 PWM 占空比，让电机转速不断加快
38           for duty in range(0, 100, 5):
39               # 改变 PWM 占空比
40               pwm.ChangeDutyCycle(duty)
41               time.sleep(1)
42
```

```
43              # 将电机设置为反向转动
44              GPIO.output(IN1, True)
45              GPIO.output(IN2, False)
46
47              # 通过改变 PWM 占空比，让电机转速不断加快
48              for duty in range(0, 100, 5):
49                  pwm.ChangeDutyCycle(duty)
50                  time.sleep(1)
51      except Exception as e:
52          print('An exception has happened', e)
53
54      finally:
55          # 停止 PWM
56          pwm.stop()
57          # 结束进程，释放 GPIO 引脚
58          GPIO.cleanup()
```

在电路正确的情况下，运行程序，直流电机首先会正向转动，并且转速会不断增加，在达到最大转速后，直流电机将短暂停止转动，然后反向转动，转动速度不断增加，如此反复运动。

9.2　伺　服　电　机

伺服电机主要适用于角度需要不断变化且可以保持的控制系统，常见的机械手、多足机器人、遥控船、摄像头云台等都可以使用伺服电机来实现。本节将介绍伺服电机相关的基础知识以及如何使用树莓派控制一台或多台伺服电机。

9.2.1　伺服电机简介

伺服电动机又被称为执行电动机、舵机，如图 9.4 所示，是由直流电机、减速齿轮组、电位器和控制电路组成的，封装在一个便于安装的外壳里，其主要作用是根据输入信号准确地转动到设定的角度。在自动控制系统中，通常用作执行元件，把接收到的电信号转换成电动机轴上的角位移或角速度输出。当给伺服电机地信号零电压时会出现无自转现象，转速随着转矩的增加而匀速下降。

通常情况下，伺服电机有 3 个输入引脚，GND（棕色、黑色）、VCC（红色）和 Signal（控制线、信号线，一般为橘色），中间的一条通常为电源线。

图 9.4　伺服电机

可以通过树莓派连接控制线，并发送一个 PWM 信号控制伺服电机转动到一个固定角度。这个 PWM 信号必须周期性发送，否则伺服电机就会转到一个任意的角度。通常控制伺服电机的 PWM 信号周期为 20ms（50Hz），宽度在 0.5～2.5ms（对应最小角度 0°和最大角度 180°），以周期为 20ms、最大角度为 180°的伺服电机为例，对应的控制关系如表 9.2 所示。

表 9.2　伺服电机角度控制表

周期 T/ms	脉冲宽度 t/ms	占空比 duty = t /T/%	伺服电机角度(direction)/（°）
20	0.5	2.5	0
20	1.0	5	45
20	1.5	7.5	90
20	2.0	10	135
20	2.5	12.5	180

由于 RPi.GPIO 库只提供了控制 PWM 信号占空比的功能，所以要将伺服电机旋转到指定的角度，就需要计算出对应的占空比，通过表 9.2 所列数据，可以得出一个公式用于计算占空比（duty）：

$$duty = \frac{\frac{1}{18} \times direction + 2.5}{100}$$

例如：如果转动的角度 direction 为 36°，代入公式中可得占空比为 4.5%。

9.2.2　控制伺服电机

如果使用的是一个微型伺服电机，如 SG90，那么可以使用树莓派的 5V 供电接口。出于安全考虑，还是推荐使用外接电源，如果条件不具备，请一定要在电路中串联一个保护电阻。

切断树莓派电源后，将伺服电机的信号线连接到树莓派的第 32 号物理引脚上，并保证树莓派和伺服电机共地，最后将伺服电机的电源线连接到外接电源正极，如图 9.5 所示。

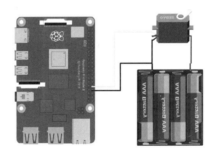

图 9.5　伺服电机接线图

连接完电路后，启动树莓派，新建一个 control_servo_motor.py 文件，具体代码如下：

【实例 9.4】　控制伺服电机（实例位置：资源包\Code\09\04）

```
01    # 引入 RPi.GPIO 库
02    import RPi.GPIO as GPIO
03
04
05    # 指定编号方式为 BOARD
06    GPIO.setmode(GPIO.BOARD)
```

```
07
08    # 定义接口
09    signal = 32
10
11    # 设置输出模式
12    GPIO.setup(signal, GPIO.OUT)
13
14    # PWM 信号频率（1000/周期 T）
15    frequency = 50
16
17    # 创建 PWM 对象，并设置频率为 50
18    pwm = GPIO.PWM(signal, frequency)
19
20
21    def get_duty(direction):
22        """计算占空比"""
23        # 如果转化为百分数，使用 ChangeDutyCycle()方法时还需再转化回来
24        duty = (1 / 18) * direction + 2.5
25        return duty
26
27
28    if __name__ == '__main__':
29        try:
30            # 启动 PWM，并设置初始占空比 0
31            pwm.start(0)
32            while True:
33                # 输入一个角度
34                direction = float(input("Pleas input a direction between 0 an 180:"))
35                # 应该先判断用户输入是否合法
36                # 计算占空比
37                duty = get_duty(direction)
38                # 改变 PWM 占空比
39                pwm.ChangeDutyCycle(duty)
40
41        except Exception as e:
42            print('An exception has happened', e)
43
44        finally:
45            # 停止 PWM
46            pwm.stop()
47
48            # 结束进程，释放 GPIO 引脚
49            GPIO.cleanup()
```

运行程序，输入要转动的角度，伺服电机就会旋转到指定的位置。

9.2.3 控制多台伺服电机

当需要驱动多台伺服电机时，可以使用多个 GPIO 端口输出 PWM 脉冲信号，但是树莓派，生成多

个稳定的 PWM 脉冲信号来控制多个舵机就很难实现，如果系统上再运行其他进程，可能随时会中断 PWM 信号的生成。

此时，可以借助一个 16 路 PWM 舵机驱动板 PCA9685（见图 9.6）来实现，在购买时可以选择已经焊接好的驱动板。由于该驱动板采用 I2C 接口，所以需要启用 I2C 功能，具体方法可参考 6.6.2 节。

PCA9685 驱动板中的 SDA 引脚和 SCL 引脚为 I2C 通信接口，分别接在树莓派上的 3 号和 5 号物理引脚上；VCC 则为整个 PCA9685 芯片供电，通常为 3～5V，接在树莓派的 1 号物理引脚上即可。OE 为反使能脚，这个引脚低电平使能，如果不接模块内部默认已经接地使能，所以正常使用可以不接。中央部分的绿色 V+ 和 GND 引脚可接外部电源，用于给伺服电机供电，通常为 5～7V 或稍高一点，注意树莓派不要从该驱动板内取电。16 组黄红黑引脚连接伺服电机即可。PCA9685 连接如图 9.7 所示。

图 9.6　PCA9685 驱动板

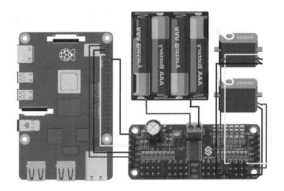

图 9.7　PCA9685 接线图

为了方便控制伺服电机，可以借助 adafruit_pca9685 库，执行以下命令安装该库：

```
sudo pip3 install adafruit-blinka
sudo pip3 install adafruit-circuitpython-pca9685
sudo pip3 install adafruit-circuitpython-servokit
```

安装完成后，新建一个 control_servo_motors.py 文件，在该文件中先初始化一个 PWM 对象，并通过该对象控制各个通道的舵机对象，使其转动一定的角度，具体代码如下：

【实例 9.5】　控制多台伺服电机（实例位置：资源包\Code\09\05）

```
01  import time
02
03  # sudo pip3 install adafruit-blinka
04  # sudo pip3 install adafruit-circuitpython-pca9685
05  # sudo pip3 install adafruit-circuitpython-servokit
06  from adafruit_pca9685 import PCA9685
07  from board import SCL, SDA
08  import busio
09  from adafruit_motor import servo
10
11
12  i2c_bus = busio.I2C(SCL, SDA)
13  pwm = PCA9685(i2c_bus)                              # 使用默认地址初始化 PWM 设备
```

```
14
15    pwm.frequency = 50                                       # 将频率设置为50Hz
16
17    servo_12 = servo.Servo(pwm.channels[12])                # 指定第12通道的舵机（从0开始）
18    servo_15 = servo.Servo(pwm.channels[15])                # 指定第15通道的舵机
19
20
21    print('Moving servo on channel 0, press Ctrl-C to quit...')
22    servo_12.angle = 90
23    servo_15.angle = 90
24    while True:
25        # 伺服电机转动最小角度和最大角度
26        servo_12.angle = 0
27        servo_15.angle = 0
28        time.sleep(1)
29        servo_12.angle = 0
30        servo_15.angle = 180
31        time.sleep(1)
```

运行程序，使用第12和15通道的舵机将会从左至右，再从右至左摆动，如此反复旋转。

9.3　步 进 电 机

步进电机也可以以一定的角度逐步转动电机，但不同于伺服电机，其电机轴完全旋转分为几步并且可以通过给电机线圈通电来精确定位步进电机。即使没有像伺服电机那样的反馈机制，步进电机的步进角也会更小并提供非常精确的角度定位。

9.3.1　步进电机简介

步进电机是直流无刷电机的一种，具有如齿轮状突起（小齿）相契合的定子和转子，可借由切换流向定子线圈中的电流，以一定角度逐步转动电机。

步进电机是将电脉冲信号转变为角位移或线位移的开环控制元件，是现代数字程序控制系统中的主要执行元件，应用极为广泛。在非超载的情况下，电机的转速、停止的位置只取决于脉冲信号的频率和脉冲数，而不受负载变化的影响，当步进驱动器接收到一个脉冲信号，它就驱动步进电机按设定的方向转动一个固定的角度，称为步距角，它的旋转是以固定的角度一步一步运行的。可以通过控制脉冲个数来控制角位移量，从而达到准确定位的目的。同时，可以通过控制脉冲频率来控制电机转动的速度和加速度，从而达到调速的目的。

步进电机是一种感应电机，它的工作原理是利用电子电路，将直流电变成分时供电、多相时序的控制电流，用这种电流为步进电机供电。驱动器就是为步进电机分时供电的多相时序控制器。

步进电机的特征是采用开回路控制处理，不需要运转量检知器或编码器，且切换电流触发器的是脉冲信号，不需要位置检出和速度检出的回授装置，所以步进电机可正确地依比例追随脉冲信号而转动，因此能达成精确的位置和速度控制，且稳定性好。

步进电机根据绕组形式的不同，可分为双极和单极两种：

☑ 双极电机每相上只有一个绕组线圈，电机连续旋转时电流要在同一线圈内依次变向励磁，驱动电路的设计需要 8 个电子开关进行顺序切换。

☑ 单极电机每相上有 2 个极性相反的绕组线圈，电机连续旋转时只要交替对同一相上的 2 个绕组线圈进行通电励磁，驱动电路的设计只需要 4 个电子开关。

在双极驱动模式下，因为每相的绕组线圈为 100%励磁，所以双极驱动模式下电机的输出力矩比单极性驱动模式下提高了约 40%。

9.3.2 单极步进电机

单极步进电机因为只含有 2 个绕组线圈，且 2 个绕组线圈的极性相反，每个绕组中电流仅沿一个方向流动，所以也被称为两线步进电机。又因为它有 4 个激励绕组，所以还被称为四相步进电机。单极步进电机的引线通常有 5 或 6 根，本节以一个 5V 电压 5 引脚的单极步进电机为例，如图 9.8 所示。

可以使用 ULN2803（见图 9.9）芯片驱动步进电机，ULN2803 共有 18 个引脚，分别位于芯片两侧，图 9.9 中左下角为 1 号引脚，呈蛇形排列依次顺延（即右下角为 9 号引脚，右上角为 10 号引脚，左上角为 18 号引脚）。其中 1～8 号引脚为输入端，11～18 号为输出端，9 号引脚为 GND，10 号引脚为电源正极。ULN2803 可以把来自树莓派 GPIO 的输出信号放大转换成更大的电流，但 ULN2803 只能输出一个方向的电流，所以这里要用步进电机的红色引脚作为公用正极，并且每次只会用到线圈的一半，如粉色和橙色的部分，每次只有红色和粉色部分的线圈才会通电。

图 9.8　单极步进电机　　　　　　图 9.9　ULN2803 驱动芯片

由于步进电机所需的电流很少并且能承受的最大电流小于直流电机和伺服电机，可在负载极少且电流小于 1A 的情况下，直接使用树莓派的 5V 输出驱动步进电机，即接在 ULN2803 上的 10 号引脚处再连接步进电机的红线，具体接线方式如图 9.10 所示（在绘图时由于放大 ULN2803 芯片导致与面包板不匹配，芯片上 9 号和 10 号引脚所在的行应与蓝线和红线所在行一致）。

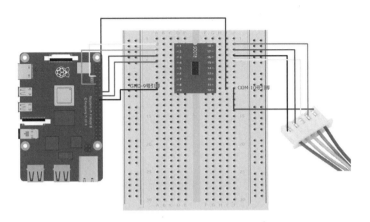

图 9.10　ULN2803 驱动单极步进电机接线图

接线完成后，新建一个 unipolar_stepping_motor.py 文件，具体代码如下：

【实例 9.6】　控制单极步进电机（实例位置：资源包\Code\09\06）

```
01  import RPi.GPIO as GPIO
02  import time
03
04
05  # BOARD 编号方式
06  GPIO.setmode(GPIO.BOARD)
07
08  # 定义接口
09  coil_A_1_pin = 7
10  coil_A_2_pin = 11
11  coil_B_1_pin = 16
12  coil_B_2_pin = 18
13
14  # 设置输出模式
15  GPIO.setup(coil_A_1_pin, GPIO.OUT)
16  GPIO.setup(coil_A_2_pin, GPIO.OUT)
17  GPIO.setup(coil_B_1_pin, GPIO.OUT)
18  GPIO.setup(coil_B_2_pin, GPIO.OUT)
19
20
21  def forward(delay, steps):
22      """向前转动"""
23      for i in range(0, steps):
24          set_step(1, 0, 1, 0)
25          time.sleep(delay)
26          set_step(0, 1, 1, 0)
27          time.sleep(delay)
28          set_step(0, 1, 0, 1)
29          time.sleep(delay)
30          set_step(1, 0, 0, 1)
```

```
31          time.sleep(delay)
32
33
34  def backwards(delay, steps):
35      """向后转动"""
36      for i in range(0, steps):
37          set_step(1, 0, 0, 1)
38          time.sleep(delay)
39          set_step(0, 1, 0, 1)
40          time.sleep(delay)
41          set_step(0, 1, 1, 0)
42          time.sleep(delay)
43          set_step(1, 0, 1, 0)
44          time.sleep(delay)
45
46
47  def set_step(w1, w2, w3, w4):
48      """启动电机"""
49      GPIO.output(coil_A_1_pin, w1)
50      GPIO.output(coil_A_2_pin, w2)
51      GPIO.output(coil_B_1_pin, w3)
52      GPIO.output(coil_B_2_pin, w4)
53
54
55  try:
56      while True:
57          # 输入每步之间的间隔（单位为 ms）
58          delay = input("Delay between steps (milliseconds)?")
59          # 输入向前转动步数，512 为一圈
60          steps = input("How many steps forward?")
61          forward(int(delay) / 1000.0, int(steps))
62          # 输入向后转动步数
63          steps = input("How many steps backwards? ")
64          backwards(int(delay) / 1000.0, int(steps))
65
66  except Exception as e:
67      print('An exception has happened', e)
68
69  finally:
70      # 结束进程，释放 GPIO 引脚
71      GPIO.cleanup()
```

运行程序，输入每步之间的间隔和步数，电机即可完成转动。

9.3.3 双极步进电机

对于双极步进电机，它们具有更大的扭矩，效率更高。与单极步进电机不同，双极步进电机每相

有两条引线，这两种引线都不通用。并且由于每相只有一个绕组，驱动电路需要使磁极反向，使得绕组中的电流反向，所以驱动方式比较复杂，但是可以购买多个驱动器芯片使其变得简单，或者使用 L298N 驱动模块，如图 9.2 所示。

关于 L298N 的各引脚说明在 9.1.2 节已经介绍过了，本节将以 L298N 芯片驱动最常见的两相四线 12V 步进电机，该电机如图 9.11 所示。

将 L298N 驱动器模块的输入引脚（即 IN1，IN2，IN3 和 IN4）连接到 Raspberry Pi 的物理引脚 11、12、13 和 15（即 GPIO17，GPIO18，GPIO27 和 GPIO22）上。再将一组步进电机的线圈连接到 L298N 驱动模块的 OUT1 和 OUT2 上，另一组连接到 OUT3 和 OUT4 上。该模块还需要使用 12V 外接直流电源，并保证 L298N 驱动模块和树莓派共地。具体接线如图 9.12 所示。

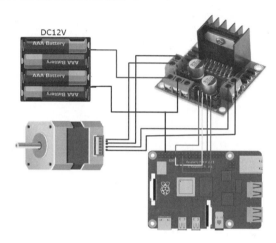

图 9.11 双极步进电机   图 9.12 L298N 驱动步进电机

接线完成后，新建一个 bipolar_stepping_motor.py 文件，具体代码如下：

【实例 9.7】 控制双极步进电机（实例位置：资源包\Code\09\07）

```
01   # 引入 RPi.GPIO 库
02   import RPi.GPIO as GPIO
03   import time
04
05
06   # BOARD 编号方式
07   GPIO.setmode(GPIO.BOARD)
08
09   # 定义接口
10   out1 = 13
11   out2 = 11
12   out3 = 15
13   out4 = 12
14
15   # 控制标志
16   i = 0
```

```
17  positive = 0
18  negative = 0
19  y = 0
20
21  # 设置输出模式
22  GPIO.setup(out1, GPIO.OUT)
23  GPIO.setup(out2, GPIO.OUT)
24  GPIO.setup(out3, GPIO.OUT)
25  GPIO.setup(out4, GPIO.OUT)
26
27  try:
28      while True:
29          GPIO.output(out1, GPIO.LOW)
30          GPIO.output(out2, GPIO.LOW)
31          GPIO.output(out3, GPIO.LOW)
32          GPIO.output(out4, GPIO.LOW)
33          x = int(input('输入一个整数（位于-400～400）来控制步进电机旋转：'))
34
35          if 0 < x <= 400:
36              # 顺时针方向旋转
37              for y in range(x, 0, -1):
38                  if negative == 1:
39                      if i == 7:
40                          i = 0
41                      else:
42                          i = i + 1
43                      y = y + 2
44                      negative = 0
45                  positive = 1
46                  # print((x+1)-y)
47                  if i == 0:
48                      GPIO.output(out1, GPIO.HIGH)
49                      GPIO.output(out2, GPIO.LOW)
50                      GPIO.output(out3, GPIO.LOW)
51                      GPIO.output(out4, GPIO.LOW)
52                      time.sleep(0.03)
53                      # time.sleep(1)
54                  elif i == 1:
55                      GPIO.output(out1, GPIO.HIGH)
56                      GPIO.output(out2, GPIO.HIGH)
57                      GPIO.output(out3, GPIO.LOW)
58                      GPIO.output(out4, GPIO.LOW)
59                      time.sleep(0.03)
60                      # time.sleep(1)
61                  elif i == 2:
62                      GPIO.output(out1, GPIO.LOW)
63                      GPIO.output(out2, GPIO.HIGH)
64                      GPIO.output(out3, GPIO.LOW)
65                      GPIO.output(out4, GPIO.LOW)
```

```
66                 time.sleep(0.03)
67                 # time.sleep(1)
68             elif i == 3:
69                 GPIO.output(out1, GPIO.LOW)
70                 GPIO.output(out2, GPIO.HIGH)
71                 GPIO.output(out3, GPIO.HIGH)
72                 GPIO.output(out4, GPIO.LOW)
73                 time.sleep(0.03)
74                 # time.sleep(1)
75             elif i == 4:
76                 GPIO.output(out1, GPIO.LOW)
77                 GPIO.output(out2, GPIO.LOW)
78                 GPIO.output(out3, GPIO.HIGH)
79                 GPIO.output(out4, GPIO.LOW)
80                 time.sleep(0.03)
81                 # time.sleep(1)
82             elif i == 5:
83                 GPIO.output(out1, GPIO.LOW)
84                 GPIO.output(out2, GPIO.LOW)
85                 GPIO.output(out3, GPIO.HIGH)
86                 GPIO.output(out4, GPIO.HIGH)
87                 time.sleep(0.03)
88                 # time.sleep(1)
89             elif i == 6:
90                 GPIO.output(out1, GPIO.LOW)
91                 GPIO.output(out2, GPIO.LOW)
92                 GPIO.output(out3, GPIO.LOW)
93                 GPIO.output(out4, GPIO.HIGH)
94                 time.sleep(0.03)
95                 # time.sleep(1)
96             elif i == 7:
97                 GPIO.output(out1, GPIO.HIGH)
98                 GPIO.output(out2, GPIO.LOW)
99                 GPIO.output(out3, GPIO.LOW)
100                GPIO.output(out4, GPIO.HIGH)
101                time.sleep(0.03)
102                # time.sleep(1)
103            if i == 7:
104                i = 0
105                continue
106            i = i + 1
107
108        elif -400 <= x < 0 :
109            # 逆时针方向旋转
110            x = x * -1
111            for y in range(x, 0, -1):
112                if positive == 1:
113                    if i == 0:
114                        i = 7
```

```
115                    else:
116                        i = i - 1
117                    y = y + 3
118                    positive = 0
119                negative = 1
120                # print((x+1)-y)
121                if i == 0:
122                    GPIO.output(out1, GPIO.HIGH)
123                    GPIO.output(out2, GPIO.LOW)
124                    GPIO.output(out3, GPIO.LOW)
125                    GPIO.output(out4, GPIO.LOW)
126                    time.sleep(0.03)
127                    # time.sleep(1)
128                elif i == 1:
129                    GPIO.output(out1, GPIO.HIGH)
130                    GPIO.output(out2, GPIO.HIGH)
131                    GPIO.output(out3, GPIO.LOW)
132                    GPIO.output(out4, GPIO.LOW)
133                    time.sleep(0.03)
134                    # time.sleep(1)
135                elif i == 2:
136                    GPIO.output(out1, GPIO.LOW)
137                    GPIO.output(out2, GPIO.HIGH)
138                    GPIO.output(out3, GPIO.LOW)
139                    GPIO.output(out4, GPIO.LOW)
140                    time.sleep(0.03)
141                    # time.sleep(1)
142                elif i == 3:
143                    GPIO.output(out1, GPIO.LOW)
144                    GPIO.output(out2, GPIO.HIGH)
145                    GPIO.output(out3, GPIO.HIGH)
146                    GPIO.output(out4, GPIO.LOW)
147                    time.sleep(0.03)
148                    # time.sleep(1)
149                elif i == 4:
150                    GPIO.output(out1, GPIO.LOW)
151                    GPIO.output(out2, GPIO.LOW)
152                    GPIO.output(out3, GPIO.HIGH)
153                    GPIO.output(out4, GPIO.LOW)
154                    time.sleep(0.03)
155                    # time.sleep(1)
156                elif i == 5:
157                    GPIO.output(out1, GPIO.LOW)
158                    GPIO.output(out2, GPIO.LOW)
159                    GPIO.output(out3, GPIO.HIGH)
160                    GPIO.output(out4, GPIO.HIGH)
161                    time.sleep(0.03)
162                    # time.sleep(1)
163                elif i == 6:
```

```
164                    GPIO.output(out1, GPIO.LOW)
165                    GPIO.output(out2, GPIO.LOW)
166                    GPIO.output(out3, GPIO.LOW)
167                    GPIO.output(out4, GPIO.HIGH)
168                    time.sleep(0.03)
169                    # time.sleep(1)
170                elif i == 7:
171                    GPIO.output(out1, GPIO.HIGH)
172                    GPIO.output(out2, GPIO.LOW)
173                    GPIO.output(out3, GPIO.LOW)
174                    GPIO.output(out4, GPIO.HIGH)
175                    time.sleep(0.03)
176                    # time.sleep(1)
177                if i == 0:
178                    i = 7
179                    continue
180                i = i - 1
181
182    except KeyboardInterrupt:
183        # 结束进程，释放 GPIO 引脚
184        GPIO.cleanup()
```

运行程序，开始校准步进电机，随后输入一个位于-400～400 的值，步进电机就会根据输入的值进行旋转。例如，输入 200，步进电机将沿顺时针方向旋转 180°，若输入-100，则步进电机将会沿逆时针方向旋转 90°。

9.4　小　结

本章详细地介绍了 3 种最常用的控制电机：直流电机、伺服电机和步进电机。并介绍了这些电机的控制方法，例如控制直流电机方向、控制直流电机转速、控制伺服电机、控制多台伺服电机协同工作和控制步进电机等。如果要组装一个类似小车的硬件，那么可以选用直流电机提供动力。如果要控制某一物体转动一定角度，毫无疑问，伺服电机最为合适。如果要一个大扭矩的电机，可以试试步进电机。

第 10 章

OpenCV 应用

树莓派区别于 Arduino 最明显的一点是，树莓派是全功能的卡片计算机，而 Arduino 是剪裁后用于特定用途的微控器。正是因为如此，我们可以在树莓派上安装操作系统、使用网络通信或进行大计算量的图形计算，例如通过 Python 调用 OpenCV 库等。

10.1　OpenCV 基础

OpenCV 的主要算法涉及图像处理、计算机视觉和机器学习的相关方法，在人工智能领域应用的范围越来越广。如果我们在树莓派上合理地使用 OpenCV 库，就相当于为树莓派添加了一双眼睛。本节将详细介绍在树莓派上应用 OpenCV 的一些基础知识。

10.1.1　OpenCV 简介

OpenCV（Open Source Computer Vision Library）是一个基于 BSD 许可发行的开放源代码、跨平台的计算机视觉库，可以运行在 Mac OS、Linux、Android 和 Windows 操作系统上。OpenCV 其实就是一套 C 和 C++语言的源代码文件，这些源代码文件实现了许多常用的计算机视觉算法，当前 OpenCV 本身新开发的算法和模块接口都是基于 C++编写的，同时提供了 C、Java、Python、Ruby、MATLAB 等语言的接口。

计算机视觉包括底层的图像处理、中层的图像分析以及高层的视觉技术，由于由很多计算机视觉开发者维护，OpenCV 已经延伸到计算机视觉的每个领域，其功能几乎涵盖每个研究方向。而且，其实现的算法紧跟视觉前沿，将最新的技术算法也纳入其中。

OpenCV 的应用领域非常广泛，主要有：

- ☑　人机互动。
- ☑　物体识别。
- ☑　图像分割。
- ☑　人脸识别。
- ☑　动作识别。

☑　运动追踪。

☑　运动分析。

☑　机器视觉。

☑　机器人。

☑　无人驾驶。

10.1.2　树莓派安装 OpenCV

由于 OpenCV 的包比较大，需要选择至少 16GB 的 TF 卡，为了防止空间不够用和充分利用 TF 卡的存储空间，需要将 TF 卡空间扩展到整个 TF 卡。

在命令行输入以下命令，进入树莓派配置界面：

sudo raspi-config

通过上下左右切换光标位置，选中 7 Advanced Options 按 Enter 键，如图 10.1 所示。

随后选择 A1 Expand Filesystem Ensures that all of the SD card storage is available 按 Enter 键，如图 10.2 所示，最后再重启树莓派即可。

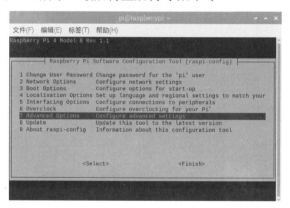

图 10.1　设置树莓派

图 10.2　扩展到整个 TF 卡

如果提示 Your partition layout is not currently supported by this tool. You are probably using NOOBS, in which case your root filesystem is already expanded anyway. 表示在使用 NOOBS 安装系统时，文件系统已经被扩展，直接进入下一步准备安装环境即可。

在安装 OpenCV 的依赖前，最好先更新一下系统。如果更新速度太慢，可以使用国内镜像源，命令如下：

sudo apt-get update && sudo apt-get upgrade

然后，安装开发工具，包括 CMake，命令如下：

sudo apt-get install build-essential cmake unzip pkg-config

再安装图像和视频库，命令如下：

```
sudo apt-get install libjpeg-dev libpng-dev libtiff-dev
sudo apt-get install libavcodec-dev libavformat-dev libswscale-dev libv4l-dev
sudo apt-get install libxvidcore-dev libx264-dev
sudo apt-get install libatlas-base-dev
```

安装 GTK，GUI 后端，命令如下：

```
sudo apt-get install libgtk-3-dev
```

安装减少 GTK 警告的包，星号*将根据 ARM 获取特定的 GTK，命令如下：

```
sudo apt-get install libcanberra-gtk*
```

然后安装两个包含对 OpenCV 进行数值优化的软件包，命令如下：

```
sudo apt-get install libatlas-base-dev gfortra
```

由于 PyPi 不包含可以通过 pip 安装的预编译 OpenCV 4 二进制文件，所以就需要手动下载 opencv 和 opencv_contrib（请确保两个包的代码版本一致），命令如下：

```
cd ~
wget -O opencv.zip https://github.com/opencv/opencv/archive/4.2.0.zip
wget -O opencv_contrib.zip https://github.com/opencv/opencv_contrib/archive/4.2.0.zip
```

解压压缩包，命令如下：

```
unzip opencv-4.2.0.zip
unzip opencv-4.2.0_contrip.zip
```

为解压后的文件重命名（可跳过，但在使用 CMake 配置时需要同步更新路径），命令如下：

```
mv opencv-4.2.0 opencv
mv opencv_contrib-4.2.0 opencv_contrib
```

为 OpenCV 配置 Python 3 虚拟环境，命令如下：

```
sudo pip install virtualenv virtualenvwrapper
sudo rm -rf ~/get-pip.py ~/.cache/pip
```

要完成这些工具的安装，需要更新~/.profile 文件（类似于.bashrc 或.bash_profile），命令如下：

```
echo -e "\n# virtualenv and virtualenvwrapper" >> ~/.profile
echo "export WORKON_HOME=$HOME/.virtualenvs" >> ~/.profile
echo "export VIRTUALENVWRAPPER_PYTHON=/usr/bin/python3" >> ~/.profile
echo "source /usr/local/bin/virtualenvwrapper.sh" >> ~/.profile
# 树莓派 4 要多加下面这一行
echo "export VIRTUALENVWRAPPER_ENV_BIN_DIR=bin" >> ~/.profile
```

执行完之后，可以先打开~/.profile，检查是否加了上面的代码，如图 10.3 所示。

```
if [ -n "$BASH_VERSION" ]; then
    # include .bashrc if it exists
    if [ -f "$HOME/.bashrc" ]; then
      . "$HOME/.bashrc"
    fi
fi

# set PATH so it includes user's private bin if it exists
if [ -d "$HOME/bin" ] ; then
    PATH="$HOME/bin:$PATH"
fi

# set PATH so it includes user's private bin if it exists
if [ -d "$HOME/.local/bin" ] ; then
    PATH="$HOME/.local/bin:$PATH"
fi

# virtualenv and virtualenvwrapper
export WORKON_HOME=/home/pi/.virtualenvs
export VIRTUALENVWRAPPER_PYTHON=/usr/bin/python3
source /usr/local/bin/virtualenvwrapper.sh
export VIRTUALENVWRAPPER_ENV_BIN_DIR=bin
```

图 10.3　编辑.profile 文件

确定加上了之后，运行如下命令：

```
source ~/.profile
```

然后创建一个名为 cv 的 Python 3 虚拟环境来保存 OpenCV 和其他软件包，命令如下：

```
mkvirtualenv cv -p python3
```

cv 名可以随意更改，运行完这一行会自动启用 cv 环境，也可以验证一下这个环境，使用如下命令：

```
workon cv
```

如果出现 cv 开头，如(cv) pi@raspberrypi:~ $，说明虚拟环境创建成功。再安装 numpy，命令如下：

```
pip install numpy
```

CMake 是一款跨平台的编译工具，经过配置，可输出适配于树莓派平台的 Makefile，命令如下：

```
cd ~/opencv
mkdir build
cd build
```

运行 CMake 配置 OpenCV 4，命令如下：

【实例 10.1】　CMake 命令（实例位置：资源包\Code\10\01）

```
cmake -D CMAKE_BUILD_TYPE=RELEASE \
    -D CMAKE_INSTALL_PREFIX=/usr/local \
    -D OPENCV_EXTRA_MODULES_PATH=~/opencv_contrib/modules \
    -D ENABLE_NEON=ON \
    -D ENABLE_VFPV3=ON \
    -D BUILD_TESTS=OFF \
    -D OPENCV_ENABLE_NONFREE=ON \
    -D INSTALL_PYTHON_EXAMPLES=OFF \
    -D CMAKE_SHARED_LINKER_FLAGS=-latomic \
    -D PYTHON3_EXECUTABLE=/usr/bin/python3.7 \
    -D PYTHON_INCLUDE_DIR=/usr/include/python3.7 \
```

```
-D PYTHON_LIBRARY=/usr/lib/arm-linux-gnueabihf/libpython3.7m.so \
-D BUILD_EXAMPLES=OFF ..
```

也可以使用如下命令开启 CMake 的 GUI 页面（树莓派暂无）：

```
cmake-gui
```

再根据上述命令勾选需要的参数，其中各参数的作用可参考如下代码：

```
CMAKE_BUILD_TYPE=RELEASE \                                   代表编译类型为发行版本
CMAKE_INSTALL_PREFIX=/usr/local \                            安装路径
OPENCV_EXTRA_MODULES_PATH=~/opencv_contrib/modules \    OpenCV Contrib 路径（确保该路径正确）
ENABLE_NEON=ON \                                             启用 neon，树莓派 Zero W 硬件不支持
ENABLE_VFPV3=ON \                                            启用，树莓派 Zero W 硬件不支持
BUILD_TESTS=OFF \                                            关闭编译测试
OPENCV_ENABLE_NONFREE=ON \                                   启用 OpenCV 中的非免费模块，例如：SIFT、SURF 算法等
INSTALL_C_EXAMPLES=ON \                                      安装 C 示例
INSTALL_PYTHON_EXAMPLES=OFF \                                不安装 Python 示例
BUILD_EXAMPLES=OFF \                                         不编译示例，速度快
WITH_LIBV4L=ON \                                             开启 Video for Linux
CMAKE_SHARED_LINKER_FLAGS=-latomic \                         链接器标志
PYTHON3_EXECUTABLE=/usr/bin/python3.7 \                      Python 3 路径
PYTHON_INCLUDE_DIR=/usr/include/python3.7 \                  Python 3 include 文件夹
PYTHON_LIBRARY=/usr/lib/arm-linux-gnueabihf/libpython3.7m.so \    Python 3 库
PYTHON3_NUMPY_INCLUDE_DIRS=/usr/lib/python3/dist-packages/numpy/core/include \    Numpy 安装路径
```

CMake 大约会在 3min 后完成并生成 Makefile，编译完成后重点检查 Python 3 部分的输出内容和 OpenCV modules 部分的输出内容，如图 10.4 所示。

```
--   OpenCV modules:
--     To be built:                aruco bgsegm bioinspired calib3d ccalib core datasets dnn dnn_objdetect dnn_superres dpm face
features2d flann freetype fuzzy gapi hfs highgui img_hash imgcodecs imgproc line_descriptor ml objdetect optflow phase_unwrapping
photo plot python3 quality reg rgbd saliency shape stereo stitching structured_light superres surface_matching text tracking ts
video videoio videostab xfeatures2d ximgproc xobjdetect xphoto
--     Disabled:                   world
--     Disabled by dependency:     -
--     Unavailable:                cnn_3dobj cudaarithm cudabgsegm cudacodec cudafeatures2d cudafilters cudaimgproc cudalegacy
cudaobjdetect cudaoptflow cudastereo cudawarping cudev cvv hdf java js matlab ovis python2 sfm viz xfeatures2d
--     Applications:               perf_tests apps
--     Documentation:              NO
--     Non-free algorithms:        YES

# 省略部分结果

--   OpenCL:                       YES (no extra features)
--     Include path:               /home/pi/opencv/3rdparty/include/opencl/1.2
--     Link libraries:             Dynamic load
--
--   Python 3:
--     Interpreter:                /usr/bin/python3.7 (ver 3.7.3)
--     Libraries:                  /usr/lib/arm-linux-gnueabihf/libpython3.7m.so (ver 3.7.3)
--     numpy:                      /usr/lib/python3/dist-packages/numpy/core/include (ver 1.16.2)
--     install path:               lib/python3.7/site-packages/cv2/python-3.7
--
--   Python (for build):          /usr/bin/python2.7
--
--   Java:
--     ant:                        /usr/bin/ant (ver 1.10.5)
--     JNI:                        NO
--     Java wrappers:              NO
--     Java tests:                 NO
--
--   Install to:                   /usr/local
-- -----------------------------------------------------------------
--
-- Configuring done
-- Generating done
-- Build files have been written to: /home/pi/opencv/build
```

图 10.4　生成 Makefile

此时，可以使用 make 命令开始进行编译，一般编译时间会在 5h 左右。为防止树莓派因内存耗尽而导致编译挂起，需要先增加 SWAP 空间。

打开/etc/dphys-swapfile 文件，命令如下：

```
sudo nano /etc/dphys-swapfile
```

然后编辑 CONF_SWAPSIZE 的值，从 100MB 大小增加到 2048MB（将其改成 2048）。这个值最后还需要改回 100，所以最好先暂时注释，具体如下：

```
# set size to absolute value, leaving empty (default) then uses computed value
# you most likely don't want this, unless you have an special disk situation
# CONF_SWAPSIZE=100
CONF_SWAPSIZE=2048
```

然后重新启动交换服务，命令如下：

```
sudo /etc/init.d/dphys-swapfile stop
sudo /etc/init.d/dphys-swapfile start
```

现在就可以编译 OpenCV 4 了，命令如下：

```
make
```

如果电脑配置较高，也可以使用 4/8/16 线程的方式去编译，命令如下：

```
# 使用 4 线程编译
make -j4
```

在编译的过程中，由于网络原因通常会导致某些文件下载失败，导致编译不成功。例如提示：

```
/home/pi/opencv_contrib/modules/xfeatures2d/src/boostdesc.cpp:654:20: fatal error: boostdesc_bgm.i: 没有那
个文件或目录
        #include "boostdesc_bgm.i"
                 ^~~~~~~~~~~~~~~~~
compilation terminated.
make[2]: ***
[modules/xfeatures2d/CMakeFiles/opencv_xfeatures2d.dir/build.make:81                                    :
modules/xfeatures2d/CMakeFiles/opencv_xfeatures2d.dir/src/boostdesc.cpp.o] 错误 1
make[1]: *** [CMakeFiles/Makefile2:5453：modules/xfeatures2d/CMakeFiles/opencv_xfeatures2d.dir/all] 错误 2
make: ***
[Makefile:163：all] 错误 2
```

此时，可以去 build 目录下的日志文件 CMakeDownloadLog.txt 中搜索下载失败的文件，在其后面就有下载地址，或者通过本书附带的源码找到作者提供给大家的常见缺失文件的压缩包。

【实例 10.2】　OpenCV 编译常见缺失文件（实例位置：资源包\Code\10\02）

在资源包中找到对应的文件，手动下载后放在 opencv_contrib/modules/xfeatures2d/src/目录下即可。

如果编译失败，要清除当前编译的内容再重新编译的话，可执行以下命令：

```
make clean
make
```

编译成功后，结果如图 10.5 所示。

```
Scanning dependencies of target gen_opencv_python_source
[ 99%] Generate files for Python bindings and documentation
Note: Class Feature2D has more than 1 base class (not supported by Python C extensions)
      Bases:  cv::Algorithm, cv::class, cv::Feature2D, cv::Algorithm
      Only the first base class will be used
Note: Class detail_GraphCutSeamFinder has more than 1 base class (not supported by Python C extensions)
      Bases:  cv::detail::GraphCutSeamFinderBase, cv::detail::SeamFinder
      Only the first base class will be used
[ 99%] Built target gen_opencv_python_source
Scanning dependencies of target opencv_python3
[ 99%] Building CXX object modules/python3/CMakeFiles/opencv_python3.dir/__/src2/cv2.cpp.o
[ 99%] Linking CXX shared module ../../lib/python3/cv2.cpython-37m-arm-linux-gnueabihf.so
[ 99%] Built target opencv_python3
Scanning dependencies of target opencv_annotation
[ 99%] Building CXX object apps/annotation/CMakeFiles/opencv_annotation.dir/opencv_annotation.cpp.o
[ 99%] Linking CXX executable ../../bin/opencv_annotation
[ 99%] Built target opencv_annotation
Scanning dependencies of target opencv_visualisation
[ 99%] Building CXX object apps/visualisation/CMakeFiles/opencv_visualisation.dir/opencv_visualisation.cpp.o
[ 99%] Linking CXX executable ../../bin/opencv_visualisation
[ 99%] Built target opencv_visualisation
Scanning dependencies of target opencv_interactive-calibration
[ 99%] Building CXX object apps/interactive-calibration/CMakeFiles/opencv_interactive-calibration.dir/calibController.cpp.o
[ 99%] Building CXX object apps/interactive-calibration/CMakeFiles/opencv_interactive-calibration.dir/calibPipeline.cpp.o
[ 99%] Building CXX object apps/interactive-calibration/CMakeFiles/opencv_interactive-calibration.dir/frameProcessor.cpp.o
[ 99%] Building CXX object apps/interactive-calibration/CMakeFiles/opencv_interactive-calibration.dir/main.cpp.o
[ 99%] Building CXX object apps/interactive-calibration/CMakeFiles/opencv_interactive-calibration.dir/parametersController.cpp.o
[ 99%] Building CXX object apps/interactive-calibration/CMakeFiles/opencv_interactive-calibration.dir/rotationConverters.cpp.o
[ 99%] Linking CXX executable ../../bin/opencv_interactive-calibration
[ 99%] Built target opencv_interactive-calibration
Scanning dependencies of target opencv_version
[ 99%] Building CXX object apps/version/CMakeFiles/opencv_version.dir/opencv_version.cpp.o
[100%] Linking CXX executable ../../bin/opencv_version
[100%] Built target opencv_version
(cv) pi@raspberrypi:~/opencv/build $
```

图 10.5　OpenCV 编译成功

再使用下面两个命令将相关文件拷贝到系统中去，就可以调用了：

```
sudo make install
sudo ldconfig
```

编译结束后，源文件不建议删除，因为如果以后需要卸载的话，直接在 build 目录下打开终端输入 make uninstall 即可，否则的话只能手动删除目录文件了。除此之外，还需要重复刚才修改 SWAP 值的步骤，将 CONF_SWAPSIZE 的值从 2048 改回到 100，并重启交换服务。

从系统目录中的 OpenCV 创建一个软连接到我们的虚拟环境（注意修改对应的 Python 版本，和具体的路径），命令如下：

```
cd ~/.virtualenvs/cv/lib/python3.7/site-packages/
ln -s /usr/local/lib/python3.7/site-packages/cv2/python-3.7/cv2.cpython-37m-arm-linux-gnueabihf.so cv2.so
cd ~
```

📢 **注意**

最好再另开一个窗口，确认 cv2.cpython-37m-arm-linux-gnueabihf.so（文件名可能会有版本差异）文件具体的路径后，再切回窗口创建软连接，否则在引用时会导致找不到模块错误。

如果不创建软连接，就无法在脚本中导入 OpenCV。另外，还要确保命令中的路径和文件名正确。

最后在树莓派上测试安装的 OpenCV 4，打开终端输入下面命令：

```
workon cv
python
>>> import cv2
>>> cv2.__version__
```

如果输出版本信息，如图 10.6 所示，则表示已成功安装。

```
(cv) pi@raspberrypi:~ $ python
Python 3.7.3 (default, Dec 20 2019, 18:57:59)
[GCC 8.3.0] on linux
Type "help", "copyright", "credits" or "license" for more information.
>>> import cv2
>>> cv2.__version__
'4.2.0'
>>>
```

图 10.6　安装 OpenCV 成功

注意

OpenCV 1 采用 C 语言编写，OpenCV 2、OpenCV 3、OpenCV 4 均采用 C++语言编写。在 Python 中，cv1 指代底层算法为 C 语言的 OpenCV 版本，cv2 指代底层算法为 C++语言的版本。所以，在 Python 中 import cv 2 可能是 OpenCV 2、OpenCV 3、OpenCV 4 等版本，具体取决于安装的版本。

再使用如下命令退出 shell：

```
>>> exit()
```

也可以使用如下代码测试 OpenCV 是否安装成功：

【实例 10.3】　OpenCV 安装测试（实例位置：资源包\Code\10\03）

```
01   import cv2 as cv
02
03
04   def main():
05       """显示图像"""
06       while True:
07           # 读取图像(frame 就是读取的视频帧)
08           ret, frame = cap.read()
09           # 将图像灰度化处理
10           img = cv.cvtColor(frame, cv.COLOR_BGR2GRAY)
11           cv.imshow("img", img)
12           # 图像不处理的情况
13           cv.imshow("frame", frame)
14           input = cv.waitKey(20)
15           # 如果输入的是 q，就结束图像显示，鼠标点击视频画面输入字符
16           if input == ord('q'):
17               break
18
19
20   if __name__ == '__main__':
```

```
21        # 调用摄像头
22        # 参数 '0' 是打开电脑自带摄像头
23        # 参数 '1' 是打开外部摄像头
24        cap = cv.VideoCapture(0)
25        width, height = 1280, 960
26        cap.set(cv.CAP_PROP_FRAME_WIDTH, width)          # 设置图像宽度
27        cap.set(cv.CAP_PROP_FRAME_HEIGHT, height)        # 设置图像高度
28
29        main()
30
31        # 释放摄像头
32        cap.release()
33        # 销毁窗口
34        cv.destroyAllWindows()
```

检查树莓派设置中是否启用了摄像头，在虚拟环境中运行程序，结果如图 10.7 所示，在窗口中按下键盘的 q 键即可成功退出。

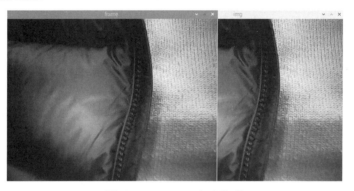

图 10.7　OpenCV 灰度处理

10.1.3　图像处理过程

图像处理是指对图像进行分析、加工和处理，使其满足视觉、心理或其他要求的技术。图像处理是信号处理在图像领域上的一个应用。当前大多数的图像均是以数字形式存储，因而图像处理大多情况下指数字图像处理。

常见的图像处理过程如下：

（1）导入图像；

（2）去噪处理；

（3）图像增强；

（4）图像复原；

（5）彩色图像转变成灰度图；

（6）灰度图转化成二值图；

（7）边缘检测/分割；

（8）直方图匹配/轮廓匹配。

OpenCV 提供的图像处理算法非常丰富，并且它的部分算法以 C 语言编写，再加上其开源的特性，如果处理得当，不需要添加其他的外部支持也可以完整地编译生成执行程序，所以很多人用它来做算法的移植。

10.2　使用各类摄像头

本节将介绍计算机视觉中最核心的传感器-摄像头的使用，主要讲解最常见的两种摄像头 CSI 摄像头和 USB 摄像头的基本使用。

10.2.1　CSI 摄像头

CSI（Camera Serial Interface）即相机串行接口，中文又称 Cmos 传感摄像头接口，与 DSI 接口同属一类，都是 MIPI（移动产业处理器接口联盟）制定的一种接口规范。

可以在树莓派 4B 开发板上位于 USB2.0 接口的后面找到 CSI 接口，如图 10.8 所示，其他版本的树莓派 CSI 接口位置大致与其一致。

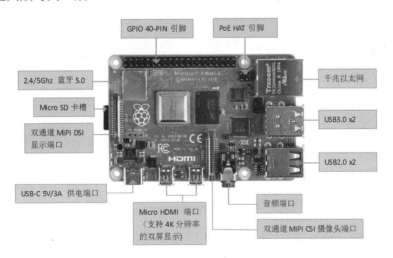

图 10.8　CSI 接口

在安装适用于树莓派的 CSI 摄像头（见图 10.9）前应先切断树莓派电源，拉起 CSI 接口处的挡板，再拿起摄像头模块，撕掉贴在镜头上的塑料保护膜，将有蓝色胶带一面的排线朝向 USB2.0 接口方向，并将排线插入 CSI 接口，确认排线安装好后，再将挡板拉回即可。

注意

千万不要在树莓派接通电源后插拔摄像头，安装前可触摸一下金属物品释放静电。

图 10.9　CSI 摄像头

默认情况下，树莓派的摄像头是处于禁用状态的，可以在树莓派的首选项-Raspberry Pi Configuration-Interfaces 中设为 Enable 状态，保存，退出即可启用。

启用摄像头后，使用以下命令采集一张图片：

```
raspistill -o image.jpg
```

在树莓派平台中，发行版的树莓派默认安装了 picamera 包。如果是在虚拟环境中可以执行以下命令安装 picamera：

```
pip install picamera
```

安装完成后，在 Thonny IDE 中执行该脚本录制一段 10s 的视频到本地，具体代码如下：

【实例 10.4】　录制视频（实例位置：资源包\Code\10\04）

```
01  import picamera
02
03  camera = picamera.PiCamera()
04  camera.resolution = (640, 480)
05  camera.start_recording('my_video.h264')
06  camera.wait_recording(10)
07  camera.stop_recording()
```

但是 picamera 输出的数据是 RGB 格式的，还需要通过 Numpy 转换为 BGR 格式，具体代码如下：

【实例 10.5】　BGR 格式视频（实例位置：资源包\Code\10\05）

```
01  import time
02  import picamera
03  import numpy as np
04  import cv2
05
06
```

```
07    with picamera.PiCamera() as camera:
08        # 设置分辨率
09        camera.resolution = (320, 240)
10        # 设置帧数
11        camera.framerate = 24
12        time.sleep(2)
13        image = np.empty((240 * 320 * 3,), dtype=np.uint8)
14        # 保存为 OpenCV 的 BGR 格式
15        camera.capture(image, 'bgr')
16        image = image.reshape((240, 320, 3))
17        cv2.imshow("img", image)
18        if cv2.waitKey(0) == ord('q'):
19            exit(0)
```

picamera 也提供了 PIRGBArray 对象，用于保存 RGB 图像数据，下面代码在 capture_continuous() 函数中将 RGB 转换成 BGR 图像，供 OpenCV 显示形成视频流：

【实例 10.6】　RGBArray 视频（实例位置：资源包\Code\10\06）

```
01    from picamera.array import PiRGBArray
02    from picamera import PiCamera
03    import time
04    import cv2
05
06
07    # 初始化相机
08    camera = PiCamera()
09    camera.resolution = (640, 480)
10    camera.framerate = 32
11    rawCapture = PiRGBArray(camera)
12
13    # 预热 1s
14    time.sleep(1)
15
16    # 从相机捕获数据
17    for frame in camera.capture_continuous(rawCapture, format="bgr", use_video_port=True):
18        image = frame.array
19        cv2.imshow("Frame", image)
20        # 准备数据流
21        rawCapture.truncate(0)
22        if cv2.waitKey(1) == ord('q'):
23            cv2.destroyAllWindows()
24            break
```

现在，可以通过 picamera 等库对 CSI 摄像头进行简单的调用，但在树莓派系统中，camera module 是放在/boot/目录中以固件形式加载的，不是一个标准的 V4L2（Video for Linux 2）的摄像头驱动，所以加载后会找不到/dev/video0 的设备节点，若想将 CSI 摄像头作为一个视频设备文件使用，则要开启 V4L2 模块，命令如下：

```
sudo vim /etc/modules
```

在末尾处添加一行 bcm2835-v4l2（4 和 2 之间是小写的 L）：

```
bcm2835-v4l2
```

此时，CSI 摄像头便成了一个视频设备，在终端执行，命令如下：

```
ls -ltrh /dev/video*
```

查看视频设备，其中 video0 便是 CSI 摄像头。

10.2.2　USB 摄像头

树莓派除了支持 CSI 摄像头，同样也支持 USB 摄像头。相对于 CSI 摄像头，USB 摄像头接口适用性更强，保护性也更好，但是 CPU 占用率比较高。若采用 USB 摄像头，且摄像头本身免驱，插入树莓派的 USB 接口后（已断电拔掉 CSI 摄像头），能直接识别出视频设备，运行以下命令：

```
ls -ltrh /dev/video*
```

运行结果如图 10.10 所示。

当 USB 摄像头成功挂载到树莓派上之后，下一步可拍一些照片来验证它的功能。可以直接通过 Raspberry Pi OS 的仓库来安装 fswebcam 程序来控制拍照，命令如下：

```
sudo apt-get install fswebcam
```

fswebcam 安装完成后，在终端中运行下面的命令抓取一张来自摄像头的照片：

```
fswebcam --no-banner -r 640x480 test.jpg
```

运行命令后，结果如图 10.11 所示。

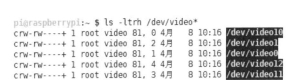

图 10.10　识别 USB 摄像头

图 10.11　USB 摄像头抓拍的照片

也可以通过 OpenCV 操作摄像头读取图像，具体代码如下：

【实例 10.7】　读取 USB 摄像头图像（实例位置：资源包\Code\10\07）

```
01   import cv2
02
03
04   # USB 摄像头初始化
05   cap = cv2.VideoCapture(1)
06
07   while cap.isOpened() :
08       # USB 摄像头工作时,读取一帧图像
09       ret, frame = cap.read()
10       # 显示图像窗口在树莓派的屏幕上
11       cv2.imshow('Capture', frame)
12       # 按下 q 键退出
13       key = cv2.waitKey(1)
14       # print( '%08X' % (key&0xFFFFFFFF) )
15       if key & 0x00FF == ord('q'):
16           break
17
18   # 释放资源和关闭窗口
19   cap.release()
20   cv2.destroyAllWindows()
```

运行程序，结果如图 10.12 所示。

图 10.12　使用 USB 摄像头

10.3　图像基础操作

在使用 OpenCV 过程中，常常需要执行载入图像、显示图像、转化为灰度图、输出图像和绘图等操作。本节将详细介绍这些操作。

10.3.1 载入和显示图像

在 Python 中引入 cv2 包后，可以借助 imread()函数（即 image read 的缩写）来读取图像，其第一个参数需要输入待读取图像的路径+文件名，可以使用相对路径或者绝对路径；第二个参数指定图像加载的格式，常见的有 3 种格式：

- ☑ IMREAD_UNCHANGED（或<0）加载原始图像（若图像有 α 通道也会加载）；
- ☑ IMREAD_GRAYSCALE（或=0）以灰度格式加载；
- ☑ IMREAD_COLOR（或>0）以 RGB 格式加载。

一般使用默认值 IMREAD_COLOR 即可。还可以使用 imshow()函数显示读取的图像，第一个参数是窗口名称，可以根据需要创建任意多个窗口，但是必须使用不同的窗口名称；第二个参数是显示的图像。

在 Thonny 编辑器中新建一个 im_read_show.py 文件，具体代码如下：

【实例 10.8】　载入和显示图像（实例位置：资源包\Code\10\08）

```
01   import cv2 as cv
02
03   # 读取一张名为 buster.tiff 的图片（需要先确认图片路径正确）
04   image = cv.imread('buster.tiff')
05
06   # 显示读取的图像，窗口名称为 buster
07   cv.imshow('buster', image)
08
09   # 使程序停留，等待任意键按下，参数表示停留的时间（ms），0 表示无限长
10   k = cv.waitKey(0)
11
12   # 按 ESC 键（ASCII 码为 27）后，销毁所有窗口，终止程序
13   if k == 27:
14       cv.destroyAllWindows()
```

waitKey()是键盘绑定函数，它的参数是时间（以 ms 为单位），该函数将为任何键盘事件等待指定的毫秒数。如果在此期间按任意键，这个函数返回按键的 ASCII 码，程序将继续执行。如果没有键盘输入，返回值为-1。如果设置这个函数的参数为 0，那它将会无限期的等待键盘输入。它也可以被用来检测特定键是否被按下。

destroyAllWindows()可以轻易地删除任何建立的窗口。如果要销毁任何特定的窗口，可以使用destroyWindow()函数，在括号内输入想要删除的窗口名称即可。

运行程序，结果如图 10.13 所示，名为 buster 的窗口中显示出对应的图片。

图 10.13　载入和显示图像

10.3.2　输出灰度图像

在图像处理的过程中，灰度图像的处理相对于彩色图像来说，可以降低计算量并得到与处理彩色图像同样的效果，所以经常要输出灰度图像。

在 Python 中，可以使用颜色空间转换函数 cvtColor()将彩色图像转换为灰度图像。其中需要传入两个参数，第一个参数是待转换的图片；第二个参数是转换为何种格式，一般可设为以下两种样式：

☑　cv2.COLOR_BGR2RGB 将 BGR 格式转换成 RGB 格式。

☑　cv2.COLOR_BGR2GRAY 将 BGR 格式转换成灰度图片。

将图片转换完成后，如果要保存该图像，可以使用 imwrite()函数，第一个参数为文件名，第二个参数为需要保存的图像。

可以做一个示例，先将图片转换为灰度图片，并显示出来，最后再保存。新建一个 im_cvt_write.py 文件，具体代码如下：

【实例 10.9】　输出灰度图像（实例位置：资源包\Code\10\09）

```
01   import cv2 as cv
02
03
04   # 读取一张名为 buster.tiff 的图片（需要先确认图片路径正确）
05   image = cv.imread('buster.tiff')
06
07   # 创建窗口
08   cv.namedWindow('buster native', cv.WINDOW_NORMAL)
09   # 设置大小
10   cv.resizeWindow('buster native', 320, 240)
11   cv.namedWindow('buster gray', 0)
12   cv.resizeWindow('buster gray', 320, 240)
13
14   # 显示读取的图像
15   cv.imshow('buster native', image)
16
```

```
17    # 将读取后的图片转换为灰度图片
18    img_gray = cv.cvtColor(image, cv.COLOR_RGB2GRAY)
19
20    # 显示灰度图像
21    cv.imshow("buster gray", img_gray)
22
23    # 保存灰度图像
24    cv.imwrite("buster_gray.png", img_gray)
25
26    # 使程序停留，等待任意键按下，参数表示停留的时间，0 表示无限长
27    k = cv.waitKey(0)
28
29
30    # 按 ESC 键（ASCII 码为 27）后，销毁所有窗口，终止程序
31    if k == 27:
32        cv.destroyAllWindows()
```

一般情况下，当图像维度太大或者要添加轨迹条时，需要使用函数 namedWindow()先创建出一个窗口，之后再加载图像，这样就可以决定窗口是否能够调整大小。初始设定函数标签是 cv2.WINDOW_AUTOSIZE，如果把标签改成 cv2.WINDOW_NORMAL（或 0），就可以调整窗口大小。

运行程序，结果如图 10.14 所示，图像转化为灰度图像，并保存在当前路径下。

图 10.14　输出灰度图像

10.3.3　绘图

OpenCV 还支持在图像上绘图，在计算机视觉领域中，绘图是一个非常高频的需求，例如，在颜色识别，人脸识别、物体识别中、识别到具体的物体，可以将其打印出来，也可以直接在原图中绘制一个圆形等，显而易见，后者效果更好。

在 OpenCV 中常见的几何图形绘制与文本绘制主要有以下几种：

☑　线，line()函数；

☑　圆形，circle()函数；

☑　矩形，rectangle()函数；

☑　椭圆，ellipse()函数；

☑　文字，putText()函数。

一般情况下，先加载一个图像或者初始化一个 NumPy 的 ndarray 数据结构用于存储图像，代码如下：

```
01  def InitPaint(width, height, color=(255, 255, 255)):
02      paint = np.ones((height, width, 3), dtype="uint8")
03      paint[:] = color
04      return paint
```

然后，调用函数绘制图像，具体代码如下：

【实例 10.10】　画图（实例位置：资源包\Code\10\10）

```
01  import cv2 as cv
02
03
04  # 设置颜色
05  COLOR_MAP = {
06      "blue": (255, 0, 0),
07      "green": (0, 255, 0),
08      "red": (0, 0, 255),
09      "white": (255, 255, 255)
10  }
11
12  # 读取图像
13  img = cv.imread('buster.tiff')
14
15  # 绘制线
16  cv.line(img, pt1=(0, 0), pt2=(900, 900), color=COLOR_MAP["green"])
17
18  # 绘制圆
19  cv.circle(img, center=(500, 500), radius=200, color=COLOR_MAP["green"])
20
21  # 绘制矩形
22  cv.rectangle(img, (100, 100), (600, 600), COLOR_MAP['red'])
23
24  # 绘制椭圆
25  cv.ellipse(img=img,center=(100,100), axes=(200,100), angle=0, startAngle=0, endAngle=360, color=(100,
    200, 0), thickness=-1)
26
27  # 文字
28  font = cv.FONT_HERSHEY_SIMPLEX
29  cv.putText(img=img, text="cocpy", org=(10, 250), fontFace=font, fontScale=2, color=(0, 0,
    255),thickness=1)
30
31  # 显示图像
32  cv.imshow("draw", img)
33
34  # 使程序停留，等待任意键按下，参数表示停留的时间，0 表示无限长
35  k = cv.waitKey(0)
```

```
36
37    # 按下 ESC 键（ASCII 码为 27）后，销毁所有窗口，终止程序
38    if k == 27:
39        cv.destroyAllWindows()
```

运行程序，在图像上绘制出了图形，结果如图 10.15 所示。

图 10.15　绘图

10.4　简单的图像识别

图像识别也是 OpenCV 中最为基础的应用之一，本节将介绍 3 种较为常用的图像识别：数字识别、英文识别和人脸识别。

10.4.1　数字识别

数字识别是非常简单的图像识别，可以训练出一个简单的数字识别 OCR 模型，也可以将图片处理后直接用字符识别引擎来进行识别。事实证明，经过大量训练的模型准确率更高，但涉及的算法也较为复杂，不适合新手入门，所以本节采用后者。

首先需要安装光学字符识别引擎，命令如下：

```
sudo apt-get install tesseract-ocr
```

在安装 OpenCV 的虚拟环境下安装 pillow 和 pytesseract 包用于图像识别，命令如下：

```
pip install pillow
pip install pytesseract
```

随后确定需要识别的图片，如图 10.16 所示。

```
3.1415926535897932384626433
8327950288419716939937510
5820974944592307816406286
2089986280348253421170679
8214808651328230664709384
4609550582231725359408128
4811174502841027019385211
0555964462294895493038196
4428810975665933446128475
```

图 10.16　用于数字识别的图片 II

新建一个 recognize_number.py 文件，先加载出图片并进行处理，具体代码如下：

【实例 10.11】　数字识别（实例位置：资源包\Code\10\11）

```python
01   from PIL import Image
02   import pytesseract
03
04
05   def binaryzation(img,threshold):
06       """二值化"""
07       pixdata = img.load()
08       w, h = img.size
09       for y in range(h):
10           for x in range(w):
11               if pixdata[x, y] < threshold:
12                   pixdata[x, y] = 0
13               else:
14                   pixdata[x, y] = 255
15       return img
16
17
18   def nopoint(img):
19       """去干扰线，需输入灰度图"""
20       pix = img.load()
21       w, h = img.size
22       for y in range(1,h-1):
23           for x in range(1,w-1):
24               count = 0
25               if pix[x,y-1] > 245:
26                   count = count + 1
27               if pix[x,y+1] > 245:
28                   count = count + 1
29               if pix[x-1,y] > 245:
30                   count = count + 1
31               if pix[x+1,y] > 245:
32                   count = count + 1
33               if count > 2:
34                   pix[x,y] = 255
35       return img
```

```
36
37
38    if __name__ == '__main__':
39        image = Image.open('П.png')
40
41        # 转化为灰度图
42        img = image.convert('L')
43
44        # 把图片变成二值图像
45        img = binaryzation(img, 190)
46
47        # 去干扰线
48        # img = nopoint(img)
49        img.show()
50
51        code = pytesseract.image_to_string(img)
52        print ("数字是:" + str(code))
```

运行程序，结果如图 10.17 所示，成功识别出了图片内容。

```
Python 3.7.3 (/home/pi/.virtualenvs/cv/bin/python3.7)
>>> %Run recognize_number.py

    数字是:3.141592653589793238462643
    3832795028841 971693993751
    0582097494459230781 640628
    6208998628034825342117067
    9821480865 132823066470938
    44609550582231725359408121
    84811174502841027019385211
    10555964462294895493038191
    64428810975665933 344612847

>>>
```

10.17   数字识别结果

10.4.2   英文识别

除数字识别外，还可以通过相同方法识别图 10.18 中的英文字符。

Julia is fast!

Julia was designed from the beginning for high
performance. Julia programs compile to efficient
native code for multiple platforms via LLVM.

Dynamic

Julia is dynamically-typed, feels like a scripting
language, and has good support for interactive
use.

图 10.18   待识别的英文字符

新建一个 recognize_word.py 文件，具体代码如下：

【实例 10.12】   画图（实例位置：资源包\Code\10\12）

```
01    from PIL import Image
02    import pytesseract
```

```
03
04
05    def binaryzation(img,threshold):
06        """二值化"""
07        pixdata = img.load()
08        w, h = img.size
09        for y in range(h):
10            for x in range(w):
11                if pixdata[x, y] < threshold:
12                    pixdata[x, y] = 0
13                else:
14                    pixdata[x, y] = 255
15        return img
16
17
18    if __name__ == '__main__':
19        image = Image.open('word.png')
20
21        # 转化为灰度图
22        img = image.convert('L')
23
24        # 把图片变成二值图像
25        img = binaryzation(img, 190)
26
27        code = pytesseract.image_to_string(img)
28        print ("字符是:" + str(code))
```

运行程序，结果如图 10.19 所示，英文字符被成功识别出来。

```
>>> %Run recognize_word.py
字符是:Julia is fast! Dynamic

Julia was designed from the beginning for high Julia is dynamically-typed, feels like a scripting
performance. Julia programs compile to efficient language, and has good support for interactive
native code for multiple platforms via LLVM. use.

>>>
```

图 10.19　识别英文字符结果

10.4.3　人脸识别

OpenCV 使用基于 Haar 特征的级联分类器，对级联分类器进行特定的训练可以使 OpenCV 自带的检测器在检测时结果更加准确。这里的检测器即 OpenCV 包中 haarcascades 文件夹下的 XML 文件，例如 /home/pi/opencv/data/haarcascades，这些文件可以检测静止的图像或摄像头中得到的人脸。

新建一个 recognize_face.py 文件，具体代码如下：

【实例 10.13】　人脸识别（实例位置：资源包\Code\10\13）

```
01    import cv2 as cv
```

```
02
03  def StaticDetect(filename):
04      """静态图像"""
05      # 创建一个级联分类器，加载一个.xml 分类器文件，可以是 Haar 特征也可以是 LBP 特征的分类器
06      face_cascade = cv.CascadeClassifier('/home/pi/opencv/data/haarcascades
07  /haarcascade_frontalface_default.xml')
08      # 加载图像
09      img = cv.imread(filename)
10      # 转换为灰度图
11      gray_img = cv.cvtColor(img, cv.COLOR_BGR2GRAY)
12      # 进行人脸检测，传入 scaleFactor 和 minNegihbors，分别表示人脸检测过程中每次迭代时图像的压缩率以
        #及构成检测目标的相邻矩形最小个数
13      # 每个人脸矩形保留近似数目的最小值
14      # 返回人脸矩形数组
15      faces = face_cascade.detectMultiScale(gray_img, 1.3, 5)
16      for (x, y, w, h) in faces:
17          # 在原图像上绘制矩形
18          img = cv.rectangle(img, (x, y), (x + w, y + h), (255, 0, 0), 2)
19      cv.namedWindow('Face Detected！')
20      cv.imshow('Face Detected！', img)
21      cv.waitKey(0)
22      cv.destroyAllWindows()
23
24  def FaceDetect():
25      '''
26      #打开摄像头，读取帧，检测帧中的人脸，扫描检测到的人脸中的眼睛，对人脸绘制蓝色的矩形框，
        #对人眼绘制绿色的矩形框
27      '''
28      # 创建一个级联分类器，加载一个.xml 分类器文件，可以是 Haar 特征也可以是 LBP 特征的分类器
29      face_cascade = cv.CascadeClassifier('/home/pi/opencv/data/haarcascades/
        haarcascade_frontalface_default.xml')
30      eye_cascade = cv.CascadeClassifier('/home/pi/opencv/data/haarcascades/haarcascade_eye.xml')
31
32      # 打开摄像头
33      camera = cv.VideoCapture(0)
34      cv.namedWindow('Face')
35
36      while True:
37          # 读取一帧图像
38          ret, frame = camera.read()
39          # 判断图片读取成功
40          if ret:
41              gray_img = cv.cvtColor(frame, cv.COLOR_BGR2GRAY)
42              # 人脸检测
43              faces = face_cascade.detectMultiScale(gray_img, 1.3, 5)
44              for (x, y, w, h) in faces:
45                  # 在原图像上绘制矩形
46                  cv.rectangle(frame, (x, y), (x + w, y + h), (255, 0, 0), 2)
47                  roi_gray = gray_img[y:y + h, x:x + w]
```

```
48              # 眼睛检测
49              eyes = eye_cascade.detectMultiScale(roi_gray, 1.03, 5, 0, (40, 40))
50              for (ex, ey, ew, eh) in eyes:
51                  cv.rectangle(frame, (ex + x, ey + y), (x + ex + ew, y + ey + eh), (0, 255, 0), 2)
52
53          cv.imshow('Face', frame)
54
55          # 使程序停留，等待任意键按下，参数表示停留的时间，0 表示无限长
56          k = cv.waitKey(0)
57
58          # 按下 ESC 键（ASCII 码为 27）后，销毁所有窗口，终止程序
59          if k == 27:
60              break
61
62      camera.release()
63      cv.destroyAllWindows()
64
65  if __name__ == '__main__':
66      filename = 'face.png'
67      StaticDetect(filename)
68      # FaceDetect()
```

运行程序，结果如图 10.20 所示，识别出人脸并使用方框标记出来。

图 10.20　人脸识别

10.5　小　　结

本章首先对 Open CV 和图像的处理过程做了简单的介绍，然后详细地介绍了如何在树莓派上安装最新版的 OpenCV，以及安装过程中应注意的问题和常见错误的解决方法。随后介绍了在树莓派上 USB 摄像头和 CSI 摄像头的使用，最后介绍了使用 Open CV 处理图像过程中的一些基础操作和 3 种简单的图像识别：数字识别、英文识别和人脸识别。

第 3 篇　高级应用

本篇介绍树莓派常用的各类传感器和扩展板，以及 Arduino 的使用方法。学完这一部分，可以利用各类传感器、扩展板和 Arduino 实现一些较为复杂的项目。

第 11 章

传　感　器

在高度发展的现代工业中，现代检测技术向数字化、信息化方向发展已成必然趋势，而检测系统的最前端就是传感器，它是整个检测系统的灵魂，被世界各国列为尖端技术。特别是近几年快速发展的 IC 技术和计算机技术，为传感器的发展提供了良好与可靠的科学技术基础。使传感器的发展日新月异，且数字化、多功能与智能化已成为现代传感器发展的重要特征。

11.1　气体传感器

气体传感器是一种将某种气体体积分数转化成对应电信号的转换器。探测头通过气体传感器对气体样品进行调理，通常包括滤除杂质和干扰气体、干燥或制冷、处理仪表显示。本节将介绍如何使用树莓派驱动常见的气体传感器，并读取参数。

11.1.1　二氧化碳传感器

二氧化碳（CO_2）浓度检测在生活环境、植物栽培以及档案保护等方面越来越多的被重视。例如：室内的 CO_2 浓度超过 1200PPM 左右时就会导致人打呵欠和瞌睡。

为检测 CO_2 浓度，可以使用 CCS811 HDC1080 模块，如图 11.1 所示。CCS811 空气质量传感器是一款超低功耗数字气体传感器，集成了 MOX（金属氧化物）气体传感器，可通过集成的 MCU（微控制器单元）检测各种 VOC（挥发性有机化合物），用于室内空气质量监测。

CCS811 传感器中的 VCC 和 GND 引脚分别代表接电源和接地，可分别接树莓派的 4 号和 6 号物理引脚。SCL 和 SDA 引脚为 I2C 串行时钟线和数据线，可分别接树莓派的 5 号和 3 号物理引脚。WAK 引脚为唤醒引脚，只有在低电平时 SDA、SCL 才能正常通信，尽量不要悬空，可接树莓派的 GND 引脚。INT 为测试结束后（或超过阀值）输出低电平中断。RST 相当于复位引脚，CCS811 芯片内部集成的单片机程序运行完成后可以将该引脚接电平复位，不用时尽量不要悬空，可接入高电平。ADD 引脚为机地址选择位，默认接低电平。具体接线如图 11.2 所示，在开始接线前应先切断树莓派的电源。

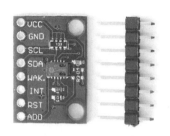

图 11.1　CCS811 传感器

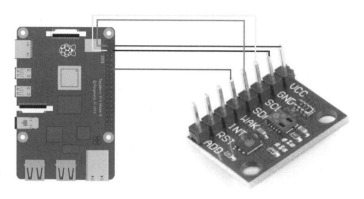

图 11.2　CCS811 传感器接线图

由于该传感器需要使用 I2C 协议，所以在接线完成后还需要手动开启树莓派的 I2C 功能，并校验是否成功连接，具体方法参考 6.6.2 节所述内容。

为了方便调用传感器，可以使用 Python 中的 CCS811 库，执行以下命令安装该库：

```
sudo pip3 install adafruit-circuitpython-ccs811
```

安装完成后，新建一个 ccs811.py 文件，在其中导入 adafruit_ccs811 库，调用其相关方法显示 CO_2 浓度，具体代码如下：

【实例 11.1】　读取 CO_2 浓度（实例位置：资源包\Code\11\01）

```
01    import time
02    import board
03    import busio
04    import adafruit_ccs811
05
06
07    i2c = busio.I2C(board.SCL, board.SDA)
08    ccs811 = adafruit_ccs811.CCS811(i2c)
09
10    # 等待传感器准备就绪
11    while not ccs811.data_ready:
12        pass
13
14    while True:
15        print("CO2: {} PPM, TVOC: {} PPB".format(ccs811.eco2, ccs811.tvoc))
16        time.sleep(0.5)
```

也可以执行以下命令安装 Adafruit_CCS811 包：

```
sudo pip install Adafruit_CCS811
```

运行 Adafruit_CCS811_python/examples/CCS811_example.py 文件，具体代码如下：

【实例 11.2】 使用 CCS811 库读取 CO_2 浓度（实例位置：资源包\Code\11\02）

```python
01  from time import sleep
02  from Adafruit_CCS811 import Adafruit_CCS811
03
04  ccs = Adafruit_CCS811()
05
06  while not ccs.available():
07      pass
08
09  temp = ccs.calculateTemperature()
10  ccs.tempOffset = temp - 25.0
11
12  while True:
13      if ccs.available():
14          temp = ccs.calculateTemperature()
15          if not ccs.readData():
16              print("CO2: ", ccs.geteCO2(), "ppm, TVOC: ", ccs.getTVOC(), " temp: ", temp)
17          else:
18              print("ERROR!")
19              while 1:
20                  pass
21      sleep(2)
```

运行程序，CCS811 传感器读取的参数（CO_2、TVOC 和温度）将在控制台中每 2s 打印一次。

11.1.2 MQ 系列传感器

MQ 系列的传感器有很多种，但结构大都类似，都带有一个 VCC 和 GND 引脚分别接电源正极和电源地。还有两个输出信号的引脚，DO 引脚用于输出开关信号（TTL），AO 引脚用于输出模拟信号，但无法使用树莓派直接读取模拟信号，而是通过模数转换器（ADC）转换，再使用 I2C 总线读取。

不同类型的传感器可检测的气体种类以及对气体的灵敏度都不同，使用时参见产品手册。

本节以一个酒精蒸气传感器 MQ-3 模块为例，如图 11.3 所示。该传感器模块可在家庭和工业中使用。由于其对酒精蒸气具有很高的灵敏度和良好的选择性，并可通过电位器调节灵敏度，所以可快速地测量出结果。

酒精蒸气传感器 MQ-3 使用的气敏材料是在清洁空气中电导率较低的二氧化锡（SnO_2），其灵敏度不仅对酒精蒸气较高还可以避免汽油、烟雾和水蒸气的干扰。当传感器所处环境中存在酒精蒸气时，传感器的电导率随着空气中酒精蒸气浓度的增加而增大，随后再使用简单的电路可将电导率的变化转换为与气体浓度对应的输出信号。

酒精蒸气传感器 MQ-3 的引脚共有两种输出方式：AO 模拟信号输出和 DO 开关信号（TTL）输出。本节主要使用 DO 开关信号输出，其输出的有效信号为低电平，此时 DO 输出指示灯被点亮，可接在树莓派的任一 GPIO 引脚上。酒精蒸气传感器 MQ-3 模块的工作电压为 5V，因此可以直接使用树莓派的 2 号或者 4 号物理引脚供电。GND 引脚接在树莓派对应的 GND 引脚即可，具体接线如图 11.4 所示，在开始接线前先切断树莓派的电源。

图 11.3　酒精传感器 MQ-3 模块　　　　图 11.4　酒精气体传感器 MQ-3 接线图

接线完成后，新建一个 mq3.py 文件，通过检测树莓派 GPIO 引脚接收电平的变化，即可检测出环境中是否有酒精蒸气，具体代码如下：

【实例 11.3】　读取酒精蒸气浓度（实例位置：资源包\Code\11\03）

```
01  import RPi.GPIO as GPIO
02  import time
03
04  # 用于接收信号的引脚
05  pin = 36
06
07  # 设置引脚编号方式
08  GPIO.setmode(GPIO.BOARD)
09
10  # 将 36 号物理引脚设置为下拉电阻以保证精度
11  GPIO.setup( pin, GPIO.IN, pull_up_down=GPIO.PUD_DOWN)
12
13
14  if __name__ == '__main__':
15      try:
16          while True:
17              is_DO = GPIO.input(pin)
18              time.sleep(1)
19              if is_DO:
20                  print('未检测到酒精蒸气')
21              else:
22                  print('检测到酒精蒸气')
23      except KeyboardInterrupt:
24          print('即将退出检测')
25      finally:
26          # 释放引脚
27          GPIO.cleanup()
```

启动树莓派，为传感器通电，MQ-3 传感器一般需要预热 20s 左右，此时发热属正常现象。运行程序，调节传感器的灵敏度到合适值，当检测到酒精蒸气时，指示灯点亮，并在控制台打印出检测到酒精蒸气。

如果想要精确地读出传感器测量到的数据，就需要使用 AO 模拟信号输出引脚，再通过模数转换器（ADC）进行转换，最后使用 I2C 读取数据。

使用 5V 电压作为输出，为传感器供电。但对于 GPIO 引脚而言，这么高的电压很可能会损坏树莓派，因此还需要使用逻辑电平转换器（TTL）来降低电压。如果使用的是其他 MQ 系列的传感器，由于其额定电压不同，因此必须做出相关的调整，或使用外部电源为传感器供电。如果树莓派还连接了其他传感器模块或输入设备（例如，键盘、鼠标、显示屏等），请一定要使用外部电源供电。当连接外部电源时，需从外部电源（TTL 的 HV 端）向传感器供电，并将负极连接到树莓派的 GND 引脚上。

除逻辑电平转换器（TTL）之外，还需要使用一个模数转换器（ADC），本节选用的是之前介绍过的 10 位 8 通道的 ADC，即 MCP3008 模块，有关 MCP3008 的各引脚参数说明可参考 6.6.1 节。将该模块的各引脚与树莓派正确连接后，再将其端口 0 连接到 TTL 的 RX0 引脚上。RX0 引脚的对面是 RX1 引脚，将 RX1 连接到 MQ-3 传感器的模拟信号输出引脚（AO）上。最后将树莓派的 1 号和 4 号物理引脚分别连接到 TTL 的 LV 引脚和 HV 引脚上，通过 HV 为传感器的 VCC 引脚提供 5V 电压。与接电压的方法相同，还需保证树莓派的 GND 引脚、MCP3008 的 GND 引脚、TTL 的 GND 引脚和气体传感器的 GND 引脚共地。具体接线方法如图 11.5 所示，在开始接线前应先切断树莓派的电源。

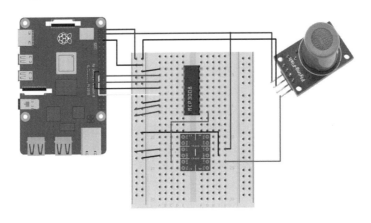

图 11.5　MQ 系列传感器接线图

在测量传感器的读数前，需要事先了解传感器模块的数据手册。为了便于显示读取的数据，还需要执行以下命令下载 GitHub 中的 Raspberry-Pi-Gas-Sensor-MQ 库：

```
git clone https://github.com/tutRPi/Raspberry-Pi-Gas-Sensor-MQ
```

然后，进入下载目录运行 Python 测试文件，这里要特别注意 Python 的版本问题，命令如下：

```
cd Raspberry-Pi-Gas-Sensor-MQ
sudo python example.py
```

在初始化期间，自动开始校准，此时需要传感器处于良好的空气环境中，大约 20s 后，校准自动结束。此时，控制台上显示出传感器测量的数据。

注意

传感器在工作时发热属于正常现象。

11.2　温度、湿度和气压传感器

温/湿度传感器是一种装有湿敏和热敏元件，能够用来测量温度和湿度的传感器装置。温/湿度传感器由于体积小，性能稳定等特点，被广泛应用在生产生活的各个领域。本节将介绍如何使用树莓派驱动常见的温度、湿度和气压传感器，并读取参数。

11.2.1　温度传感器

温度传感器是指能感受温度并转换成可用输出信号的传感器。温度传感器是温度测量仪表的核心部分，品种繁多。温度传感器对于环境温度的测量非常准确，广泛应用于农业、工业等领域。本节以一个单线接口的数字温度传感器 DALLAS18B20 为例，如图 11.6 所示。

DS18B20 温度传感器使用独特的单线接口，只需要一条线就能与开发板进行双向通信。其工作电压为 3～5.5V，使用树莓派的 3.3V 供电接口即可，无须额外供电。该传感器的工作环境温度可为-55～125℃，在测量-10～85℃范围内的温度时，误差仅为±0.5℃。

如图 11.6 所示，该传感器仅有 3 个引脚，从上至下依次为：VCC、DATA 和 GND 引脚。其中 VCC 引脚可接树莓派的 3.3V 输出，GND 则接树莓派的 GND 引脚，这里要特别注意，正、负引脚不能接反（把该传感器引脚朝下垂直桌面放置，使其平面面对我们，此时左侧引脚为负，右侧引脚为正），一旦接反就会立刻发热，显示数据时总是显示 85℃，甚至烧毁。中间的数据引脚可接在树莓派的 7 号物理引脚上，但必须串联一个 4.7～10kΩ 的上拉电阻，否则电平过高时，将不能正常输入或输出，导致通电后立即显示 85℃。具体接线如图 11.7 所示，在开始接线前应先切断树莓派的电源。

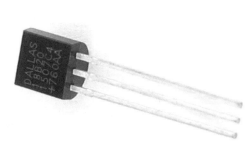

图 11.6　DALLAS18B20 温度传感器

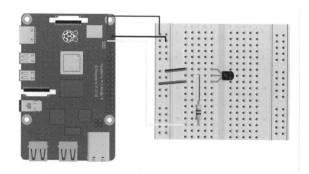

图 11.7　DS18B20 温度传感器接线图

接线完成后，还需在树莓派的菜单→首选项→Raspberry Pi Configuration 中开启 1→Wire 用于单线通信，具体方法如图 11.8 所示。

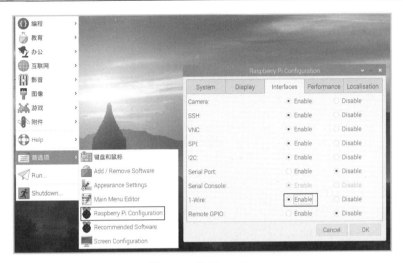

图 11.8　开启 1-Wire

开启 1-Wire 后，重启树莓派，通过 cd 命令进入 devices 目录：

```
cd /sys/bus/w1/devices
ls
```

如果连线正确，并开启了 1-Wire。此时，就会看到类似 28-000001d43aff w1_bus_master1 的输出。这里的 28-000001d43aff 就是外接的温度传感器设备的序列号，序列号因设备而异。最后可通过以下命令查看当前温度：

```
cd 28-000001d43aff
cat w1_slave
```

显示结果为：

```
70 01 4b 46 7f ff 10 10 e1 : crc=e1 YES
70 01 4b 46 7f ff 10 10 e1 t=23500
```

第二行的 23 500 就是当前的温度值，换算成摄氏温度要除以 1000，即 23.5℃。当然也可以通过 Python 代码读取该文件，并提取出温度值。或者，安装一个 w1thermsensor 包来读取数据，命令如下：

```
pip install w1thermsensor
```

新建一个 ds18b20.py 文件，在其内导入 w1thermsensor 包，具体代码如下：

【实例 11.4】　使用温度传感器（实例位置：资源包\Code\11\04）

```
01    from w1thermsensor import W1ThermSensor
02
03    # 传感器的序列号要根据设备修改
04    sensor = W1ThermSensor(W1ThermSensor.THERM_SENSOR_DS18B20, "031561d43aff")
05
06    while True:
07        # 获取温度
```

```
08      temperature_in_celsius = sensor.get_temperature()
09
10      # 输出温度
11      print(temperature_in_celsius)
```

运行程序，将在控制台输出当前的温度数据。

11.2.2 湿度传感器

目前市面上，仅测量湿度的传感器很少，普遍使用的都是温/湿度传感器，即以温/湿度一体式的探头作为测温元件，将温度和湿度信号采集出来，再经过稳压滤波、运算放大、非线性校正、V/I 转换、恒流及反向保护等电路处理后，转换成与温度和湿度成线性关系的电流或电压信号输出，也可以直接通过主控芯片输出。本节将以一款比较普遍的温/湿度传感器 DHT11 模块（见图 11.9）为例，测量温度和湿度。

DHT11 是一款已校准数字信号输出的温/湿度传感器。其采用 3.3～5V 的工作电压，湿度的测量范围为 20%～95%RH（精度为±5%RH），温度的测量范围为 0～50℃（精度为±2℃）。该传感器设备本身有 4 个引脚，但其中一个引脚在使用时经常悬空，所以可以购买已完成数字模块和传感器焊接的 3 针模块。

注意

在使用 4 引脚的传感器时，需要在引脚 1（3.3V）和引脚 2（DATA）之间放置一个 4.7～10kΩ 的电阻，3 引脚的数字传感器模块通常包含这个电阻，使布线更容易一些。

该模块只需要 3 个引脚连接到树莓派：VCC、DATA 和 GND。因此接线方式基本与上一节介绍的 DS18B20 温度传感器类似，分别连接在树莓派的 3.3V 引脚、GPIO4 引脚（或其他 GPIO 引脚）和 GND 引脚上。具体接线方式如图 11.10 所示，在开始接线前应先切断树莓派的电源。

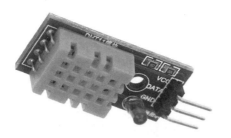 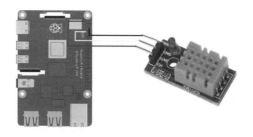

图 11.9　DHT11 温/湿度传感器模块　　　图 11.10　DHT11 温湿度传感器接线图

接线完成后，编辑/boot/config.txt 配置文件，命令如下：

```
sudo nano /boot/config.txt
```

在配置文件的末尾另起一行，加上如下代码：

```
dtoverlay=dht11,gpiopin=4
```

如果模块的 DATA 引脚连接了其他 GPIO 引脚，需要将 gpiopin=4 中的 4 换为其他 GPIO 引脚的 BCM 编号即可。

更改完成后，重启树莓派，最后再通过以下命令查看湿度和温度：

```
# sudo cat /sys/devices/platform/dht11@x（x 为连接的引脚号）/iio:device0/
sudo cat /sys/devices/platform/dht11@4/iio:device0/
```

在查看温/湿度信息时，根据制造商的建议，每次查看最好间隔 2s 以上，否则可能会不准确。除了这种方式外，还可以使用 Python 的库来查看，执行以下命令安装 CircuitPython-DHT 库：

```
pip3 install adafruit-circuitpython-dht
pip3 install adafruit-blinka
sudo apt-get install libgpiod2
```

安装完成后，在 Python 代码中引用这个库，新建一个 dht11.py 文件，具体代码如下：

【实例 11.5】 使用湿度传感器（实例位置：资源包\Code\11\05）

```
01   import time
02   import board
03   import adafruit_dht
04
05
06   # 设置传感器类型，可以为 DHT11、DHT22 或 AM2302
07   # 设置连接的 GPIO 引脚 board.D4
08   dht_device = adafruit_dht.DHT11(board.D4)
09
10   while True:
11       try:
12           # 将值打印到串行端口
13           tem_c = dht_device.temperature
14           tem_f = tem_c * (9 / 5) + 32
15           hum = dht_device.humidity
16           # 打印读取到的信息
17           print(
18               "温度: {:.1f} °F / {:.1f} ° C    湿度: {}% ".format(tem_f, tem_c, hum)
19           )
20
21       except RuntimeError as error:
22           # 打印出错误信息
23           print(error.args[0])
24
25       time.sleep(2.0)
```

运行程序，将会在终端上打印出温度和湿度信息：

```
温度: 71.6 °F / 22.0 ° C    湿度: 37.3 %
温度: 71.6 °F / 22.0 ° C    湿度: 37.3 %
```

11.2.3　气压传感器

气压传感器是用于测量气体绝对压强的仪器，主要适用于与气体压强相关的物理实验，如气体定律实验等，也可以在生物和化学实验中测量干燥、无腐蚀性的气体压强。本节以一款高精度的温度、湿度和气压传感器 BME280 为例，如图 11.11 所示，通过其测量大气压强。

BME280 是由博世公司生产的一种数字气压传感器模块，为 BMP085、BMP180 或 BMP183 的升级版。开发板可通过该模块的 I2C 或 SPI 接口实现对传感器的访问，但 I2C 的连线比 SPI 更简单。BME280 传感器是温度、湿度和气压的环境传感器，在测量气压时精度可达±1hPa，测量温度时精度为±1.0℃，测量湿度时精度为±3%。

BME280 传感器共有 7 个引脚：

- ☑ VIN：电源引脚，可使用 3.3V（推荐）或 5V 为该模块供电。
- ☑ 3Vo：3.3V 输出，可获得 100mA 的电流。
- ☑ GND：接地。
- ☑ SCK：I2C 的时钟引脚，连接到开发板的 I2C 时钟线；或者为 SPI 的 Clock 引脚，用于输入信号。
- ☑ SDO：串行数据输出引脚，用于向开发板发送数据。
- ☑ SDI：I2C 的数据引脚，连接到开发板的 I2C 数据线；或者为串行数据输入引脚，用于从开发板向 BME280 发送数据。
- ☑ CS：芯片的选择引脚，输入低电平启动 SPI 协议，不可悬空。

本节采用比较简单的 I2C 协议的接线方式（事实上只少接了一根 SDO 线），将树莓派的 3.3V 引脚分别连接 VIN 和 CS 供电并启用 I2C 协议；然后再将树莓派的 GND 引脚和该模块的 GND 引脚连接。最后将树莓派的 3 号物理引脚（SDA）和 5 号物理引脚（SCL）分别连接传感器模块的 SDI 引脚和 SCK 引脚。具体接线如图 11.12 所示，在开始接线前应先切断树莓派的电源。

图 11.11　BME280 传感器

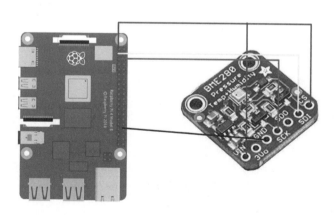

图 11.12　BME280 传感器接线图

接线完成后，启动树莓派，启用 I2C 协议并查看地址，为了更加方便地驱动该传感器，还需要执行以下命令安装一个 adafruit-circuitpython-bme280 库：

```
sudo pip3 install adafruit-blinka
sudo pip3 install adafruit-circuitpython-bme280
```

安装完成后，在 Python 脚本中可以引入该库并初始化连接，最后打印出传感器读取到的数据，具体用法如下：

【实例 11.6】　使用气压传感器（实例位置：资源包\Code\11\06）

```
01   import board
02   import busio
03   import adafruit_bme280
04
05   # 初始化
06   i2c = busio.I2C(board.SCL, board.SDA)
07   bme280 = adafruit_bme280.Adafruit_BME280_I2C(i2c)
08
09   # 打印读取到的数据
10   print("\n 温度: %0.1f C" % bme280.temperature)
11   print("湿度: %0.1f %%" % bme280.humidity)
12   print("压强: %0.1f hPa" % bme280.pressure)
```

该传感器除了测量温度、湿度和压强外，还能够根据压强推测海拔高度，新建一个 bme280.py 文件，具体代码如下：

【实例 11.7】　推测海拔高度（实例位置：资源包\Code\11\07）

```
01   import time
02
03   import board
04   import busio
05   import adafruit_bme280
06
07
08   # 初始化 I2C 对象
09   i2c = busio.I2C(board.SCL, board.SDA)
10
11   # 获得传感器数据
12   bme280 = adafruit_bme280.Adafruit_BME280_I2C(i2c)
13
14   # 初始化 SPI 对象
15   # spi = busio.SPI(board.SCK, board.MOSI, board.MISO)
16   # bme_cs = digitalio.DigitalInOut(board.D10)
17   # bme280 = adafruit_bme280.Adafruit_BME280_SPI(spi, bme_cs)
18
19   # 设置本地的海平面压力
20   bme280.sea_level_pressure = 1013.25
21
```

```
22      #  循环打印数据
23      try:
24          while True:
25              print("\n 温度: %0.1f C" % bme280.temperature)
26              print("湿度: %0.1f %%" % bme280.humidity)
27              print("压强: %0.1f hPa" % bme280.pressure)
28              print("海拔高度：%0.2f meters" % bme280.altitude)
29              time.sleep(2)
30      except KeyboardInterrupt:
31          print("程序结束！")
```

运行程序，将在控制台打印出读取到的温度、湿度、压强和海拔高度信息。

11.3　电阻式传感器

金属体都有一定的电阻，电阻值因金属的种类而异。同样的材料，越细或越薄，则电阻值越大。当加有外力时，金属若变细变长，则阻值增加；若变粗变短，则阻值减小。但是也有一些材料对光照和温度敏感，进而制作出了热敏电阻和光敏电阻。本节将介绍如何在树莓派上使用这两种常见的电阻。

11.3.1　热敏电阻

热敏电阻是一种电阻值随温度变化的电阻器，按照温度系数不同分为正温度系数热敏电阻器（PTC）和负温度系数热敏电阻器（NTC）。PTC 在温度越高时电阻值越大，而 NTC 在温度越高时电阻值越低。

通常情况下，PTC 用作保险丝，当电路中的电流增加，导致温度急剧升高，此时 PTC 电阻值增加，降低电路中的电流，以此保护电路。而 NTC 因其对各种温度变化响应快的特点，所以常用来制作温度测量的传感器。本节将 NTC 为例，用其测量当前室温。

要通过电阻值的变化测量出温度的变化，就需要先理解热敏电阻的温度计算公式：

$$当前温度 T_2 = \cfrac{1}{\cfrac{1}{T_1} + \cfrac{\ln\left(\cfrac{Rt}{R}\right)}{B}}$$

其中 Rt 是当前温度 T_2 下热敏电阻的电阻值；R 是 T_1 温度下的电阻值，不同的电阻型号其值也会相应地变化，这里使用的 R 为 10 kΩ，T_1 为 25 kΩ；B 是指材料常数，也因电阻的型号而区分，这里为 3950。从以上公式中不难看出，只需要知道了 Rt 的值，就可以计算出当前的温度了。

由于温度不断变化，我们需要使用 PCF8591 芯片将其转化为模拟信号进行测量（关于 PCF8591 的更多信息，参见 11.4.2 节），为了保护电路和使测量结果准确，还需要使用 3 个 10kΩ 的电阻，具体接线方式如图 11.13 所示。

注意

在开始接线前，一定要先切断树莓派的电源。

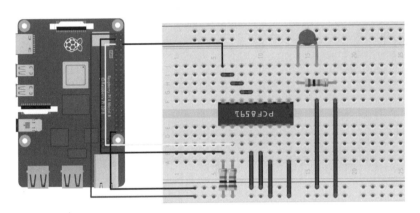

图 11.13　热敏电阻接线图

确保接线正确后，开启树莓派，启用 I2C 协议并查看地址，新建一个 thermistor.py 文件，通过读取 I2C 引脚上的值，即可确定当前环境的温度，具体代码如下：

【实例 11.8】　使用热敏电阻测量温度（实例位置：资源包\Code\11\08）

```
01   import time
02   import math
03
04   import RPi.GPIO as GPIO
05   import smbus
06
07
08   # 指定编号规则为 BOARD
09   GPIO.setmode(GPIO.BOARD)
10
11   # 设置地址
12   address = 0x48
13   cmd=0x40
14
15   # 创建一个 smbus 实例
16   bus=smbus.SMBus(1)
17
18
19   def loop_print():
20       """遍历打印数据"""
21       while True:
22           # 读取数据
23           value = bus.read_byte_data(address, cmd)
24
25           # 计算电压
```

```
26          voltage = value / 255.0 * 3.3
27
28          # 计算电阻
29          Rt = 10 * voltage / (3.3 - voltage)
30
31          # 获取当前开尔文温度
32          temp_K = 1/(1/(273.15 + 25) + math.log(Rt/10)/3950.0)
33
34          # 转化为摄氏温度
35          temp_C = temp_K - 273.15
36
37          print('当前温度为：', temp_C)
38          time.sleep(0.01)
39
40
41  if __name__ == '__main__':
42      try:
43          loop_print()
44      except KeyboardInterrupt:
45          print("程序结束！")
46      finally:
47          GPIO.cleanup()
```

运行程序，将在控制台中打印出当前的温度值，如果用手捏住热敏电阻，控制台中的值也会改变。

11.3.2 光敏电阻

光敏电阻是用硫化镉或硒化镉等半导体材料制成的特殊电阻器，其工作原理是基于内光电效应。光照愈强，阻值就愈低，随着光照强度的升高，电阻值迅速降低，最小可至 $1k\Omega$ 以下。光敏电阻对光线十分敏感，其在无光照时，呈高阻状态，一般可达 $1.5M\Omega$。由于光敏电阻的特殊性质，一般用于光的测量、光的控制和光电转换（将光的变化转换为电的变化）。本节将使用树莓派和一个光敏电阻传感器模块（见图 11.14）来设计一个控制电路。

该模块的工作电压为 3.3～5V，共有 3 个引脚：VCC、GND 和 DO。其中 VCC 和 GND 分别接树莓派的 3.3V 输出和 GND。DO 引脚为数字开关信号输出引脚。当模块所处环境的光线亮度达不到设定阀值（阀值可通过旋转模块的蓝色电位器改变）时，DO 引脚输出高电平；当外界环境的光线亮度超过设定的阀值时，DO 引脚输出低电平。DO 引脚可以与开发板的任一 GPIO 引脚连接，这里使用的是 16 号物理引脚（即 GPIO23），通过开发板检测高低电平，由此来检测环境的光线亮度变化。具体接线方式如图 11.15 所示，在开始接线前应先切断树莓派的电源。

接线完成后，开启树莓派，新建一个 photoresistance.py 文件，通过监听树莓派 GPIO 引脚电平的变化，即可确定当前环境中的光线强度是否超过阀值，具体代码如下：

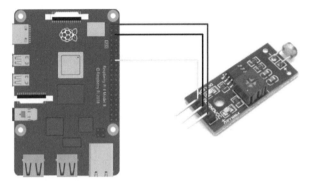

图 11.14 光敏电阻传感器　　　　　　　　　图 11.15 光敏电阻传感器接线图

【实例 11.9】 使用光敏电阻（实例位置：资源包\Code\11\09）

```
01    import time
02
03    import RPi.GPIO as GPIO
04
05
06    # 指定编号规则为 BCM
07    GPIO.setmode(GPIO.BCM)
08
09    # 将引脚设置为输入模式
10    GPIO.setup(23, GPIO.IN)
11
12
13    def loop_print():
14        while True:
15
16            if GPIO.input(23):
17                pass
18            else:
19                print("检测到的光线亮度已超过阀值！")
20            time.sleep(1)
21
22
23    if __name__ == '__main__':
24        try:
25            loop_print()
26        except KeyboardInterrupt:
27            print("程序结束！")
28        finally:
29            GPIO.cleanup()
```

运行程序，把光敏电阻模块置于阳光下，查看控制台是否打印出检测信息。若无，则调节电位器改变光敏电阻模块的阀值，直至控制台打印出检测信息为止。

11.4 声波传感器

发声体产生的振动在空气或其他物质中的传播叫作声波。声波可以借助各种介质向四面八方传播，根据频率的不同，可分为普通的声波（人耳能听到的，频率为 20～20 000Hz）和超声波（人耳不能听到，频率大于 20 000Hz）。声波传感器可以检测环境中的声波信号，根据检测频率的不同也可分为普通的声音传感器和超声波传感器两类。本节将介绍如何使用树莓派驱动这两种传感器，并读取参数。

11.4.1 声音传感器——DO 模块

声音传感器（见图 11.16）的作用相当于一个麦克风，主要用来接收声波。该传感器内置一个对声音敏感的电容式驻极体话筒，声波使话筒内的驻极体薄膜振动，导致电容的变化，而产生与之对应变化的微小电压。这一电压随后被转化成 0～5V 的电压，经过 A/D 转换被数据采集器接受，并传送给开发板。

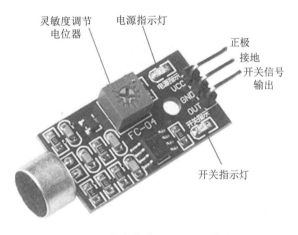

11.16 声音传感器——DO 模块

当声音传感器模块检测到的环境声音强度达不到设定阈值时，OUT 引脚输出高电平；当外界环境声音强度超过设定阈值时，OUT 输出低电平。低电平并不会持续，声音一旦结束，传感器也会马上停止输出低电平。另外，在传感器上有一个电位器，上面有一个十字形的旋钮，用小螺丝刀或小刀可以旋转十字，调整声音敏感度（触发音量的阈值）。

> **注意**
>
> 该传感器只能根据震动的原理识别声音的有无，不能识别特定频率的声音，亦不能对噪声的强度进行测量。

声音传感器模块共有 3 根引脚：VCC、GND 和数据输出 OUT 引脚，分别接到树莓派的 3.3V 或 5V 引脚，GND 引脚和任意一个 GPIO 接口上（输入模式）。具体接线方式如图 11.17 所示，在开始接线前应先切断树莓派的电源。

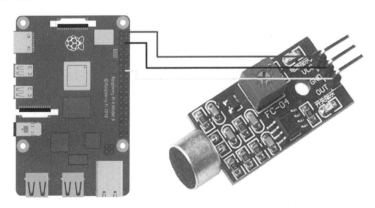

图 11.17　声音传感器——DO 模块接线图

接线完成后，开启树莓派，新建一个 sound_do.py 文件，通过检测树莓派 GPIO 引脚电平的变化，即可确定检测到的声音是否超过阀值，具体代码如下：

【实例 11.10】　读取声音传感器的数字信号（实例位置：资源包\Code\11\10）

```python
01  import time
02
03  import RPi.GPIO as GPIO
04
05
06  # 指定编号规则为 BOARD
07  GPIO.setmode(GPIO.BOARD)
08
09  # 定义传感器连接的 GPIO 引脚
10  sound = 16
11
12  # 指定 16 号引脚模式为输入模式
13  # 默认拉高到高电平，低电平表示 OUT 口有输出
14  GPIO.setup(sound, GPIO.IN, pull_up_down=GPIO.PUD_UP)
15
16  try:
17      while True:
18          # 检测声音传感器模块是否输出低电平
19          if GPIO.input(sound) == 0:
20              print("检测到声音！")
21          time.sleep(0.2)
22
23  except KeyboardInterrupt:
24      print("停止检测声音！")
25
26  finally:
```

```
27    GPIO.cleanup()
```

运行程序，当检测到超过阀值的声音时，在控制台输出内容，模块上的指示灯被点亮。

11.4.2 声音传感器——AO 模块

上一节介绍了使用数字信号的声音传感器模块，该模块仅能检测声音是否能够达到阀值，并不会输出具体的声音强度。如果要实时检测环境中的声音强度，就需要输出 AO 模拟信号。本节将介绍一款输出模拟信号的声音传感器，如图 11.18 所示。

该传感器模块上的麦克风可将音频信号转换为模拟信号，但树莓派并不能直接读取模拟信号，需要通过 PCF8591 模块（见图 11.19）将模拟信号转换为数字信号，最后将数字信号传输到开发板上。

图 11.18　声音传感器——AO 模块　　　　图 11.19　PCF8591 模块

PCF8591 是一个单片集成、单独供电、低功耗、8-bit CMOS 数据获取器件。该模块集成了光敏电阻和热敏电阻，可以通过 AD 采集环境光强和温度的精确数值，并集成了 1 路 0～5V 电压输入采集，可通过蓝色的电位计调节输入电压。该模块具有 4 个模拟输入、1 个模拟输出和 1 个 I2C 总线接口，其中左边的外扩排针接口如下：

- ☑ AOUT：芯片 DA 输出接口。
- ☑ AIN0：芯片模拟输入接口 0。
- ☑ AIN1：芯片模拟输入接口 1。
- ☑ AIN2：芯片模拟输入接口 2。
- ☑ AIN3：芯片模拟输入接口 3。

右边的外扩排针接口如下：

- ☑ SCL：I2C 时钟接口。
- ☑ SDA：I2C 数字接口。
- ☑ GND：接地。
- ☑ VCC：电源，工作电压为 2.5～6V。

下排的 3 个短路帽，作用如下：

- ☑ P4：接上 P4 短路帽，选择热敏电阻接入电路。

☑ P5：接上 P5 短路帽，选择光敏电阻接入电路。

☑ P6：接上 P6 短路帽，选择可调电压接入电路。

了解各引脚作用后，切断树莓派电源，将 PCF8591 模块和声音传感器模块接入电路。将树莓派的 5V 电源引脚和 GND 引脚分别与 PCF8591 模块和声音传感器模块的对应引脚连接，再将树莓派的 SDA 引脚（3 号物理引脚）和 SCL（5 号物理引脚）分别与 PCF8591 模块连接，最后再将声音传感器的模拟信号 AO 输出引脚连接至 PCF8591 模块的 0 号输入引脚 AIN0 即可。具体接线方式如图 11.20 所示，在开始接线前先切断树莓派的电源。

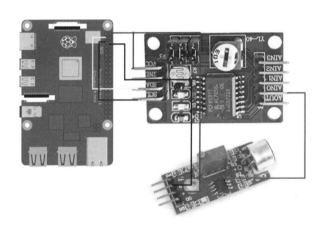

图 11.20　声音传感器——AO 模块接线图

接线完成后，开启树莓派，启用 I2C 通信协议，新建一个 sound_ao.py 文件，创建一个 smbus 对象，然后再通过该对象读取 I2C 引脚上的值，具体代码如下：

【实例 11.11】　读取声音传感器模拟信号（实例位置：资源包\Code\11\11）

```
01    import time
02
03    import RPi.GPIO as GPIO
04    import smbus
05
06
07    # 指定编号规则为 BCM
08    GPIO.setmode(GPIO.BCM)
09
10    # 设置 PCF8591 地址
11    # 可通过 sudo i2cdetect -y 1 命令查询
12    address = 0x48
13
14    # 创建一个 smbus 实例
15    bus = smbus.SMBus(1)
16
17
18    def loop_print():
19        while True:
```

```
20              # 发送一个控制字节到设备
21              bus.write_byte(address, 0x40)
22
23              # 从设备读取单个字节
24              # 若检测有声音，该值会变小
25              vv = bus.read_byte(address)
26              if vv:
27                  print("读取的声音值为:", vv)
28                  time.sleep(0.2)
29
30
31  if __name__ == '__main__':
32      try:
33          loop_print()
34      except KeyboardInterrupt:
35          print("程序结束！")
36      finally:
37          GPIO.cleanup()
```

运行程序，调节传感器的灵敏度，当检测到声音时，就在控制台中输出检测到的声音值，并且传感器的指示灯被点亮。

11.4.3　超声波传感器

超声波传感器是将超声波信号转换成其他能量信号（通常是电信号）的传感器。超声波是振动频率高于 20kHz 的机械波，它具有频率高、波长短、绕射现象小、方向性好、能够成为定向传播的射线等特点。超声波对液体、固体的穿透率很低，尤其是在阳光不透明的固体中，超声波碰到杂质或分界面会产生显著反射形成反射回波，碰到活动物体能产生多普勒效应。超声波传感器广泛应用在工业、国防、生物医学等方面。本节以如图 11.21 所示的 TTL 串口通信超声波传感器 HC-SR04 模块为例，测量到障碍物的距离。

图 11.21　HC-SR04 超声波传感器

HC-SR04 超声波传感器通常作为测距模块，它可以精确地测量 2～400cm 范围内的距离，且误差仅为 3mm。该传感器的测量范围不大，但它足以满足日常的应用，例如：机器人避障、物体测距、液位检测、公共安防、停车场检测等。

它主要由三部分组成：超声波发射器（左侧突起），控制电路和超声波接收器（右侧突起）。该

传感器中的超声波发射器可产生 40kHz 8 脉冲的超声波，该超声波信号通过空气传播，如果路径中有任何障碍物，信号将撞击物体并反弹。然后超声波接收器收集这个反弹信号，根据信号的行程时间，计算出到物体的距离。

HC-SR04 超声波传感器只有 4 个引脚：Vcc、Trig（触发器）、Echo（接收器）和 Gnd，其中 Vcc 和 Gnd 引脚分别接树莓派的 5V 和 GND 引脚。然后将 Trig 引脚连接到树莓派的 16 号物理引脚（GPIO23）上。为了传感器的读数更加精确，需要使用 680Ω 和 1.5kΩ 电阻将 Echo 引脚上的电压转换为 3.3V 逻辑电压，并将其连接到树莓派的 18 号物理引脚（GPIO24）上。具体接线方式如图 11.22 所示，在开始接线前应先切断树莓派的电源。

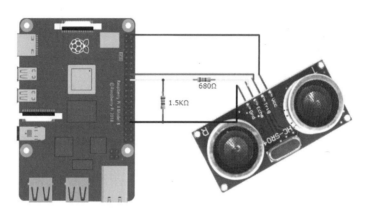

图 11.22　HC-SR04 超声波传感器接线图

在测量距离时，先向 Trig 引脚输入至少 10μs 的触发信号，该传感器模块将发出 8 个 40kHz 周期电平并检测回波。一旦检测到有回波信号，则 Echo 引脚将输出高电平回响信号，该回响信号的脉冲宽度与所测的距离成正比。由此通过发射信号到收到回响信号的时间间隔可以计算传感器到障碍物的距离。

计算公式如下：

$$距离 = \frac{高电平时间}{2} \times 声速（340\text{m}/\text{s}）$$

例如获得的高电平时间为 600μs，即 0.0006s，最后再乘声速（一般情况下为 340m/s）就可得出到障碍物的距离为 0.102m。

理解了计算原理后，就可以通过该传感器计算距离了。新建一个 hc_sro4.py 文件，具体代码如下：

【实例 11.12】　使用超声波传感器测距（实例位置：资源包\Code\11\12）

```
01  import time
02
03  import RPi.GPIO as GPIO
04
05
06  # 指定编号规则为 BOARD
07  GPIO.setmode(GPIO.BOARD)
08
```

```
09    # 指定 Trig 和 Echo 的引脚编号
10    trig = 16
11    echo = 18
12    i = 0
13
14    # 设置输出模式
15    GPIO.setup(trig, GPIO.OUT)
16    GPIO.setup(echo, GPIO.IN)
17
18    # 校准
19    GPIO.output(trig, False)
20    print("正在校准传感器")
21
22    time.sleep(2)
23
24
25    def get_distance():
26        """返回到障碍物的距离"""
27        # 发射 10μs 的信号
28        GPIO.output(trig, True)
29        time.sleep(0.00001)
30
31        # 结束发射
32        GPIO.output(trig, False)
33
34        # 检测回声信号
35        while GPIO.input(echo) == 0:
36            # 开始时间
37            start_time = time.time()
38
39        while GPIO.input(echo) == 1:
40            # 结束时间
41            end_time = time.time()
42
43        # 持续时间
44        duration = end_time - start_time
45
46        # 计算距离，单位为 cm
47        distance = duration * 17150
48
49        return distance
50
51
52    if __name__ == '__main__':
53        try:
54            while True:
55                distance = get_distance()
56                print("距离是：", distance)
57                time.sleep(2)
```

```
58    except KeyboardInterrupt:
59        print("程序结束！")
60
61    finally:
62        GPIO.cleanup()
```

运行程序，当检测到障碍物时，将在控制台打印出传感器到障碍物的距离。

11.5 光 传 感 器

光是大自然中时刻都存在的一种能量，其本质是一种处于特定频段的光子流。根据光波长的不同可分为可见光和不可见光两大类，其中人眼能够看见的被称为可见光，反之则为不可见光。在不可见光中最常用的就是红外光和紫外光，因而光传感器通常就是指能敏锐感应紫外光到红外光的光能量，并将光能量转换成电信号的器件。本节将介绍如何使用树莓派驱动常见的光传感器，并读取参数，或使用光特性制成的传感器来实现一些检测目的。

11.5.1 光照传感器

光照传感器可以将光照强度值转为电压值，通过电压的变化来检测光照强度。通常用于检测光照强度，简称照度。本节将通过一款输出数字信号的光照传感器 BH1750，如图 11.23 所示，来检测光照强度。

图 11.23 BH1750 光照强度传感器

BH1750 光照强度传感器模块的内部由光敏二极管、运算放大器、ADC 采集、晶振等组成。PD 二极管通过光生伏特效应将输入的光信号转换成电信号，经运算放大器放大后，再由 ADC 采集电压，然后通过逻辑电路转换成 16 位二进制数存储在内部的寄存器中。当光照的强度增加时，电压越大，反之越小。

该模块共有 5 个引脚，在图 11.23 中从左到右分别为：ADDR、SDA、SCL、GND 和 VCC 引脚。

其中，VCC 引脚和 GND 引脚分别接树莓派的 3.3V 引脚和 GND 引脚。ADDR 为 I2C 地址线，接 GND 时器件地址为 0100011，接 VCC 时器件地址为 1011100，本例接在了 GND 引脚上。SDA 和 SCL 分别为 I2C 的数据线和时钟线，分别接在树莓派上的 3 号物理引脚（SDA 引脚）和 5 号物理引脚（SCL 引脚）上即可。具体接线方式如图 11.24 所示，在开始接线前应先切断树莓派的电源。

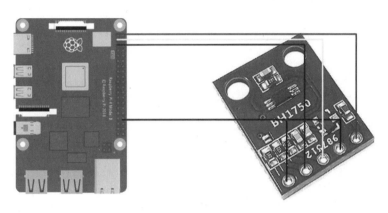

图 11.24　BH1750 光照传感器接线图

接线完成后，启动树莓派，并启用 I2C 协议、查看地址。新建一个 bh1750.py 文件，具体代码如下：

【实例 11.13】　光照强度测量（实例位置：资源包\Code\11\13）

```
01  import time
02
03  import smbus
04
05
06  # 默认的 I2C 地址
07  DEVICE = 0x23
08  ONE_TIME_HIGH_RES_MODE_1 = 0x20
09
10
11  # 创建一个 smbus 实例
12  bus = smbus.SMBus(1)
13
14
15  def loop_print():
16
17      while True:
18          # 从 I2C 接口读取数据
19          data = bus.read_i2c_block_data(DEVICE, ONE_TIME_HIGH_RES_MODE_1)
20
21          # 将 2 个字节的数据转换为十进制数的简单函数
22          light_level = (data[1] + (256 * data[0])) / 1.2
23
24          print("光照强度为 : " + format(light_level,'.2f') + " lx")
25          time.sleep(0.5)
```

```
26
27    if __name__ == '__main__':
28        try:
29            loop_print()
30        except KeyboardInterrupt:
31            print("程序结束！")
```

运行程序，将在控制台中打印出检测到的光强，改变光的强度，输出也会随之变化。

11.5.2 红外传感器

红外传感器是利用红外线来探测物体的测量器件，该传感器内部可发射特殊红外线光波，相当于数据流，该光线具有反射、折射、散射、干涉、吸收等性质。当该传感器接收到物体（温度高于绝对零度）辐射的红外线时，就会将红外信号转换为数字信号传递给开发板。红外传感器常用于无接触温度测量、气体成分分析、无损探伤和距离测量等。本节将通过使用红外避障模块（见图 11.25）来检测障碍物，其主要是通过红外传感器可精确地测量和障碍物的距离这一特性来实现的。

在使用该模块测量距离时，其工作原理与超声波传感器类似，由红外发射管和红外接收管组成。发射管发射红外线，当前面没有障碍物时，红外线就一直往前照射，一旦遇到障碍物后，红外光就会反射回来被接收管接收，经过比较器电路处理之后，输出指示灯亮起，同时在信号输出接口输出一个低电平的数字信号，也可通过电位器旋钮调节检测距离，有效距离范围大概为 2～30cm。红外线的反射光越强，则说明障碍物的距离愈近。但当障碍物表面是黑色时，红外线容易被吸收，从而使反射光的强度减弱，这是它的不足之处，对于其他颜色的障碍物，红外线都有很好的反射效果。超声波传感器发射出的超声波也很有可能被吸音墙面吸收，并且速度受温度和风向的干扰。

该模块的工作电压为 3.3～5V，共有 3 个引脚：VCC、GND 和 OUT。其中 VCC 和 GND 分别连接树莓派的 5V 和 GND 引脚，OUT 接在任一 GPIO 引脚上即可，这里使用的是 16 号物理引脚（即 GPIO23 引脚）。具体接线方式如图 11.26 所示，在开始接线前需要先切断树莓派的电源。

图 11.25 红外避障模块

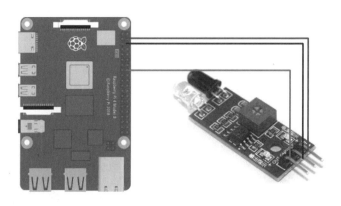

图 11.26 红外避障模块接线图

接线完成后，启动树莓派，新建一个 infra.py 文件，通过检测 OUT 引脚是否有低电平输出，判断是否检测到障碍物，具体代码如下：

【实例 11.14】 使用红外传感器检测障碍物（实例位置：资源包\Code\11\14）

```
01   import time
02
03   import RPi.GPIO as GPIO
04
05
06   # 指定编号规则为 BOARD
07   GPIO.setmode(GPIO.BOARD)
08
09   # 使用的 GPIO 引脚
10   gpio_pin = 16
11
12   # 将第 16 个引脚设置为输入模式
13   GPIO.setup(gpio_pin, GPIO.IN, pull_up_down=GPIO.PUD_UP)
14
15
16   def loop_detect():
17       while True:
18           # 当检测是否输出低电平信号
19           if GPIO.input(gpio_pin) == 0:
20               print("检测到障碍物")
21           else:
22               print("未检测到障碍物")
23           time.sleep(1)
24
25
26   if __name__ == '__main__':
27       try:
28           loop_detect()
29       except KeyboardInterrupt:
30           print("程序结束！")
31       finally:
32           GPIO.cleanup()
```

运行程序，调节电位器的灵敏度，当检测到障碍物时，指示灯亮起，在控制台将输出指定内容。

11.5.3 紫外传感器

紫外线是阳光中波长为 100～400nm 的光线。在自然界中，紫外线的主要光源是太阳。在太阳光谱上，紫外线的频率高于可见光线，可以分为 UVA（紫外线 A，波长 320～400nm，长波）、UVB（波长 280～320nm，中波）、UVC（波长 100～280nm，短波）3 种。

其中，UVA 的致癌性最强，晒红及晒伤作用是 UVB 的 1000 倍。UVC 一般会被臭氧层阻隔。过量的紫外线照射会让皮肤产生大量自由基，导致细胞膜的过氧化反应，使黑色素细胞产生更多的黑色素，并往上分布到表皮角质层，造成黑色斑点。紫外线是造成皮肤皱纹、老化、松弛及黑斑的最大元凶。因此如何检测紫外线的强度对我们的健康十分必要，本节将以一款紫外线传感器 VEML6075 为例，如图 11.27 所示，通过该传感器模块测量紫外线的强度。

该传感器模块是一个双波段传感器，可以同时精确地检测 UVA 和 UVB 波段的光波，并且集成了 ADC 模块和校准寄存器，可以轻松地将 UVA 和 UVB 读数转换为 UV 指数。该传感器共有 5 个引脚：VIN、3Vo、GND、SCL 和 SDA。其中，VIN 和 GND 分别连接树莓派的 3.3V 电源引脚和 GND 引脚。SCL 和 SDA 引脚分别为 I2C 的时钟线和数据线，分别连接树莓派的 5 号物理引脚（SCL 引脚）和 3 号物理引脚（SDA 引脚）。3Vo 为内置稳压器的 3.3V 输出，最大可输出 100mA 的电流，可不接。具体接线方式如图 11.28 所示。

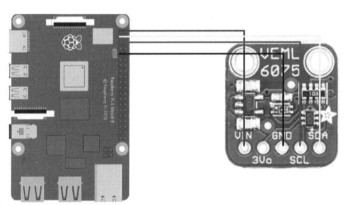

图 11.27　紫外线传感器　　　　　　　　　图 11.28　紫外线传感器接线图

接线完成后，启动树莓派，启用 I2C 协议并查看地址。为了方便地从传感器读取数据，可以通过以下命令安装一个 VEML6075 相关的库：

```
sudo pip3 install adafruit-circuitpython-VEML6075
sudo pip3 install adafruit-blinka
```

安装完成后，启用 I2C 协议，新建一个 veml6075.py 文件，在其中导入刚刚安装的库，具体代码如下：

【实例 11.15】　　紫外线强度测量（实例位置：资源包\Code\11\15）

```
01    import time
02    import board
03    import busio
04    import adafruit_veml6075
05
06
07    # 创建一个 I2C 对象
08    I2C = busio.I2C(board.SCL, board.SDA)
09
10    # 获取 veml 对象
11    veml = adafruit_veml6075.VEML6075(I2C, integration_time=100)
12
13
```

```
14  def veml_detect():
15      while True:
16          print("检测到的读数是：", veml.uv_index)
17          time.sleep(1)
18
19
20  if __name__ == '__main__':
21      try:
22          veml_detect()
23      except KeyboardInterrupt:
24          print("程序结束！")
```

运行程序，控制台将打印出 VEML6075 紫外线传感器读取到的紫外线指数。

11.5.4 激光传感器

激光传感器是利用激光技术进行测量的传感器，通常由激光器、激光检测器和测量电路组成。该传感器通过利用激光的高方向性、高单色性、高亮度、速度快、精度高、量程大和抗干扰能力强等特点可实现无接触远距离测量。激光传感器常用于长度、距离、振动、速度、方位等物理量的测量，还可用于探伤和大气污染物的监测等。本节将以一款 VL53L0X 激光传感器为例，如图 11.29 所示，通过其测量到障碍物的距离。

VL53L0X 传感器与其他同类用于测距的传感器不同，该传感器包含一个很小的不可见激光源和一个匹配的传感器。VL53L0X 可以检测出光飞行的时间，也可以检测光线反射回传感器所花费的时间。相对于超声波测距和红外测距，该传感器可以探测非常窄的锥形范围，且没有线性问题。VL53L0X 传感器检测的范围也很广，可以检测大约 50～1200 mm 的距离。

该传感器共有 7 个引脚：VIN、2v8、GND、GPIO、SHDN、SCL 和 SDA。各引脚说明如下：

- ☑ VIN：电源引脚。
- ☑ 2v8：稳压器的 2.8V 输出，可以从中获得 100mA 的电流。
- ☑ GND：电源和逻辑的公共接地。
- ☑ GPIO：GPIO 引脚，用于提示数据已准备就绪，在进行多次连续检测时使用。
- ☑ SHDN：传感器的关闭引脚，默认情况下，为高电平。当该引脚的电平被拉低时，传感器进入断开模式。
- ☑ SCL：I2C 时钟引脚，连接开发板的 I2C 时钟线。
- ☑ SDA：I2C 数据引脚，连接开发板的 I2C 数据线。

在开始接线前，切断树莓派的电源，将传感器的 VIN 和 GND 引脚分别连接树莓派 3.3V 电源引脚和 GND 引脚，再把该传感器的 SCL 和 SDA 引脚分别连接树莓派的 5 号物理引脚（SCL 引脚）和 3 号物理引脚（SDA 引脚），具体的接线方式如图 11.30 所示。

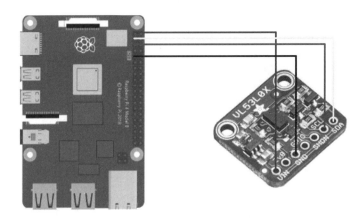

图 11.29 VL53L0X 激光传感器   图 11.30   VL53L0X 激光传感器接线图

接线完成后，启动树莓派，并启用 I2C 协议，为了便于从传感器读取数据，还需执行以下命令安装 VL53L0X 模块及其依赖：

```
sudo pip3 install adafruit-blinka
sudo pip3 install adafruit-circuitpython-vl53l0x
```

新建一个 vl53l0x.py 文件，在代码中引入刚安装的包，具体代码如下：

【实例 11.16】   使用激光传感器测距（实例位置：资源包\Code\11\16）

```
01   import time
02
03   import board
04   import busio
05   import adafruit_vl53l0x
06
07
08   # 初始化 I2C 对象
09   I2C = busio.I2C(board.SCL, board.SDA)
10
11   # 创建一个 vl53l0x 对象
12   vl53l0x = adafruit_vl53l0x.VL53L0X(I2C)
13
14   # 调整测量预算时间以更改速度和精度
15   # 较高的速度但不太准确
16   # vl53l0x.measurement_timing_budget = 20000
17   # 较慢的速度但更加准确
18   # vl53l0x.measurement_timing_budget = 200000
19
20
21   # 打印读取到的范围
22   def vl53l0x_detect():
23       while True:
24           print("距离: {0}mm".format(vl53l0x.range))
25           time.sleep(1)
```

```
26
27
28   if __name__ == '__main__':
29       try:
30           vl53l0x_detect()
31       except KeyboardInterrupt:
32           print("程序结束！")
```

运行程序，每秒都会在控制台中打印出检测到的障碍物距离，改变该传感器与障碍物的距离，打印数据也会相应地改变。

11.5.5 颜色传感器

颜色传感器（RGB Sensor）是将物体颜色同参考颜色进行比较来检测颜色的传感器，当两个颜色在一定的误差范围内时，输出检测结果。目前，市面上比较普遍的是 TCS34725 颜色传感器，如图 11.31 所示。

TCS34725 颜色传感器模块提供红、绿、蓝以及明光感应的数字返回值。该模块具有一个 3×4 光电二极管阵列和四个 ADC 转换器，可将光到光电二极管的电流转换为 16 位数值。还具有 RGB 和色敏元件，该色敏元件集成片裁和局部化的红外遮光滤光片，减小了入射光的红外频谱成分，让颜色管理更加精确。

TCS34725 颜色传感器模块共有 7 个引脚，各引脚的作用如下：

- ☑ LED：可接发光二极管。
- ☑ INT：中断输出。
- ☑ SDA：I2C 数据引脚，连接开发板的 I2C 数据线。
- ☑ SCL：I2C 时钟引脚，连接开发板的 I2C 时钟线。
- ☑ 3V3：提供 3.3V 电源输出。
- ☑ GND：电源地。
- ☑ VIN：电源正极，工作电压为 3.3～5V。

在开始接线前，切断树莓派的电源，将传感器的 VIN 和 GND 引脚分别连接树莓派 3.3V 电源引脚和 GND 引脚，再把该传感器的 SCL 和 SDA 引脚分别连接树莓派的 5 号物理引脚（SCL 引脚）和 3 号物理引脚（SDA 引脚），具体的接线方式如图 11.32 所示。

图 11.31 TCS34725 颜色传 感器

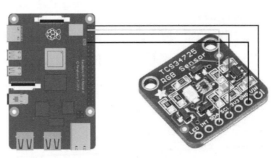

图 11.32 TCS34725 颜色传感器接线图

接线完成后，启动树莓派，并启用 I2C 协议，为了便于从传感器读取数据，还需执行以下命令安装 TCS34725 模块及其依赖：

```
sudo pip3 install adafruit-blinka
sudo pip3 install adafruit-circuitpython-tcs34725
```

新建一个 tcs34725.py 文件，在该文件中引入刚安装的包，具体代码如下：

【实例 11.17】　使用颜色传感器（实例位置：资源包\Code\11\17）

```
01    import time
02
03    import board
04    import busio
05
06    import adafruit_tcs34725
07
08    # 初始化 I2C 对象
09    I2C = busio.I2C(board.SCL, board.SDA)
10
11    # 创建一个 tcs34725 对象
12    tcs34725 = adafruit_tcs34725.TCS34725(I2C)
13
14
15    # 打印读取到的范围
16    def tcs34725_detect():
17        while True:
18            # 读取传感器的颜色、色温和照度
19            color = tcs34725.color_rgb_bytes
20            temp = tcs34725.color_temperature
21            lux = tcs34725.lux
22            print('颜色: {0}, {1}, {2}'.format(*color))    # RGB 格式
23            print('色温: {0}K'.format(temp))
24            print('照度: {0}'.format(lux))
25            time.sleep(1)
26
27
28    if __name__ == '__main__':
29        try:
30            tcs34725_detect()
31        except KeyboardInterrupt:
32            print("程序结束！")
```

运行程序，当把带颜色的物体接近传感器后，每秒都会在控制台中打印出传感器检测到的颜色、色温和照度数据。

11.5.6　火焰传感器

火焰是由各种燃烧生成物、中间物、高温气体、碳氢物质以及无机物质为主体的高温固体微粒构

成的。火焰的热辐射具有离散光谱的气体辐射和连续光谱的固体辐射，不同燃烧物的火焰辐射强度、波长分布也有所差异，但总体来说，其对应火焰温度的近红外波长域及紫外光域具有很大的辐射强度，根据这种特性就可制成火焰传感器。火焰传感器根据探测波长的不同，一般可分为紫外火焰传感器和远红外火焰传感器两种。

紫外火焰传感器可以用来探测火源发出的 400nm 以下的热辐射。当红外光波长在 350nm 附近时，其灵敏度达到最大。紫外火焰探头将外界红外光的强弱变化转化为电流的变化，再通过 A/D 转换器转换为 0~255 范围内数值的变化。外界紫外光越强，数值越小，紫外光越弱，数值越大。

本节使用的是一个远红外火焰传感器，KY-026 模块，如图 11.33 所示。其工作电压为 3.3~5V，可以输出数字信号和模拟信号。该传感器能够探测到波长在 760nm~1100nm 范围内的红外光，探测角度为 60°，其中红外光波长在 880nm 附近时，其灵敏度达到最大。当检测到有火焰时数字输出口输出高电平，模拟输出口输出电压与火焰大小有关，火焰越大电压越高，模块的灵敏度可通过可调电位器调节。如果使用该模块的模拟信号接口，还需要一个模数转换器（ADC），本节选用的是之前介绍过的 10 位 8 通道的 ADC，MCP3008 模块，有关 MCP3008 的各引脚参数说明可参考 6.6.1 节。

图 11.33　KY-026 火焰传感器

KY-026 火焰传感器共有 4 个引脚：AO、G、+和 DO 引脚。其中 G 和+分别表示电源地和电源正极，可分别接在树莓派的 GND 引脚和 3.3V 引脚上。DO 引脚为数字信号输出接口，当检测到火焰时输出高电平，可接在树莓派的任一 GPIO 引脚上，本节选用的是 11 号物理引脚（GPIO17 引脚）。AO 引脚为传感器的模拟信号输出，通过 ADC 可以精确读数火焰强度，如果要启用该引脚，可接在 MCP3008 的 1 号接口（CH0 模拟输入通道）上，随后再完成 MCP3008 与树莓派的连接。具体接线方法如图 11.34 所示，在开始接线前，先切断树莓派的电源。

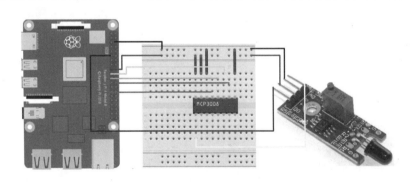

图 11.34　KY-026 火焰传感器接线图

接线完成后，启动树莓派，新建一个 ky-026.py 文件，在其中设置使用到的树莓派引脚，并从 ADC 读取参数，具体代码如下：

【实例 11.18】　使用火焰传感器检测火光（实例位置：资源包\Code\11\18）

```
01    import time
02
```

```
03    import RPi.GPIO as GPIO
04
05
06    # 连接 DO 使用的引脚
07    DO_PIN = 17
08    # 连接 AO 使用的 ADC 通道 0
09    AO_PIN = 0
10    # 连接 ADC 使用的引脚
11    SPI_CS = 8
12    SPI_MISO = 9
13    SPI_MOSI = 10
14    SPI_CLK = 11
15
16
17    def init():
18        """初始化方法"""
19        # 忽略警告
20        GPIO.setwarnings(False)
21        # 设置编号方式
22        GPIO.setmode(GPIO.BCM)
23        # GPIO.output(buzzer,GPIO.HIGH)
24        # 设置为输入模式
25        GPIO.setup(DO_PIN, GPIO.IN, pull_up_down=GPIO.PUD_UP)
26        # 设置 ADC 使用的引脚
27        GPIO.setup(SPI_MISO, GPIO.IN)
28        GPIO.setup(SPI_MOSI, GPIO.OUT)
29        GPIO.setup(SPI_CLK, GPIO.OUT)
30        GPIO.setup(SPI_CS, GPIO.OUT)
31
32
33    def get_adc(adc_num, clock_pin, mosi_pin, miso_pin, cs_pin):
34        """从 ADC 读取参数"""
35        if (adc_num > 7) or (adc_num < 0):
36            # 校验数据
37            return -1
38
39        # 拉低各接口的电平
40        GPIO.output(cs_pin, True)
41        GPIO.output(clock_pin, False)
42        GPIO.output(cs_pin, False)
43
44        command_out = adc_num
45        # 起始位+输出位
46        command_out |= 0x18
47        # 只需发送 5 位
48        command_out <<= 3
49        for i in range(5):
```

```
50          if command_out & 0x80:
51              GPIO.output(mosi_pin, True)
52          else:
53              GPIO.output(mosi_pin, False)
54          command_out <<= 1
55          GPIO.output(clock_pin, True)
56          GPIO.output(clock_pin, False)
57
58      # ADC 输出
59      adc_out = 0
60
61      # 读入一个空位，一个 null 位和 10 个 ADC 位
62      for i in range(12):
63          GPIO.output(clock_pin, True)
64          GPIO.output(clock_pin, False)
65          adc_out <<= 1
66          if GPIO.input(miso_pin):
67              adc_out |= 0x1
68
69      GPIO.output(cs_pin, True)
70      # 第一位为 "null"，因此将其删除
71      adc_out >>= 1
72      return adc_out
73
74
75  def main_loop():
76      """主循环，打印读取到的数据"""
77      # 初始化
78      init()
79      # 预热
80      time.sleep(3)
81      while True:
82          # 从 ADC 读取参数
83          flame_value = get_adc(AO_PIN, SPI_CLK, SPI_MOSI, SPI_MISO, SPI_CS)
84          if GPIO.input(DO_PIN):
85              print("检测到火焰，ADC 值为：", str("%.1f" % ((1024 - flame_value) / 1024. * 3.3)) + "V")
86              time.sleep(1)
87          else:
88              print("未检测到火焰")
89              time.sleep(1)
90
91
92  if __name__ == '__main__':
93      try:
94          main_loop()
95      except KeyboardInterrupt:
96          print("程序结束！")
97      finally:
98          GPIO.cleanup()
```

运行程序，用打火机对着该传感器模块打火，模块要与火焰保持一定距离，以免高温损坏模块，如果该模块检测到火光，模块上的绿色 LED 指示灯亮，同时屏幕上会打印出提示信息。如果没有检测到火光，则绿色指示灯不亮。该传感器模块虽然对火焰最为敏感，但在灵敏度较高的情况下，对普通的光也有反应，如果没有对着模块打火，而绿色指示灯就已经亮起，可以通过调节电位器进行校正。

11.6　力 传 感 器

力是引起物质运动变化的最直接原因，如果要精确地检测力的值，需要借助传感器来实现。力传感器是将力的值转换为相关电信号的器件，它能够检测张力、拉力、压力和应变等力学量，具体的器件有力敏元件、转换元件和电路部分等。本节将介绍如何使用树莓派驱动常见的力传感器，并读取参数。

11.6.1　压力传感器

压力传感器是能感受压力信号，并按照一定的规律将压力信号转换成可用于输出的电信号的器件或装置。常见的压力传感器通常由压力敏感元件和信号处理单元组成。其中信号处理单元内部线路采用惠斯通电桥，当压力敏感元件承受载荷产生变形时，电阻应变片（转换元件）受到拉伸或压缩应变片变形后，它的电阻将发生变化，从而使电桥失去平衡，产生相应的差动信号，供后续的信号处理单元进行测量和处理。但树莓派无法直接处理这样的信号，还需借助专门的 A/D 转换器芯片进行转换，本节采用的转换器芯片为 HX711。

HX711 是一款专为高精度电子秤设计的 24 位 A/D 转换器芯片。与同类型其他芯片相比，该芯片集成了包括稳压电源、片内时钟振荡器等其他同类型芯片所需的外围电路，具有集成度高、响应速度快、抗干扰性强等优点。降低了电子秤的整机成本，提高了整机的性能和可靠性。芯片内提供的稳压电源可以直接向外部传感器和芯片内的 A/D 转换器提供电源，系统板上无须另外的模拟电源。芯片内的时钟振荡器不需要任何外接器件，上电自动复位功能也简化了开机的初始化过程。组装后的 5kg 压力传感器和 HX711 模块如图 11.35 所示。

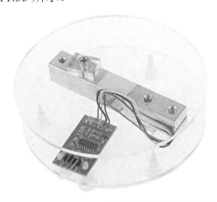

11.35　HX711 5kg 称重压力传感器模块

HX711 模块共有左右两排引脚，其中左侧共有 6 个引脚：

☑ E+：接桥式传感器的激励电压正，红线。

☑ E-：接桥式传感器的激励电压负，黑线。

☑ A-：接桥式传感器的输出电压负，白线。

☑ A+：接桥式传感器的输出电压正，绿/蓝线。

☑ B-：接另一个桥式传感器的输出电压负，白线。

☑ B+：接另一个桥式传感器的输出电压正，绿/蓝线。

右侧共有 4 个引脚：

☑ GND：电源地。

☑ DT：数据线。

☑ SCK：时钟线。

☑ VCC：电源正，5V 输入。

先焊接好压力传感器和 HX711 模块，再将该模块与树莓派连接，其中 VCC 和 GND 分别接树莓派的 5V 电源引脚和 GND 引脚，DT 和 SCK 分别接树莓派的 29 号物理引脚（GPIO5 引脚）和 31 号物理引脚（GPIO6 引脚），具体接线方式如图 11.36 所示。在开始接线前应先切断树莓派的电源。

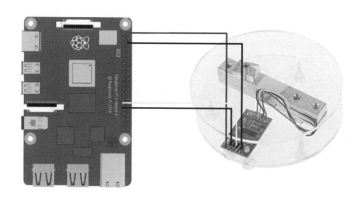

图 11.36　HX711 5kg 称重压力传感器模块接线图

接线完成后，启动树莓派，新建一个 hx711.py 文件，具体代码如下：

【实例 11.19】　使用压力传感器（实例位置：资源包\Code\11\19）

```
01   import time
02
03   import RPi.GPIO as GPIO
04
05
06   # 设置使用的引脚
07   DT = 5
08   SCK = 6
09
10
11   def init():
```

```
12          """初始化方法"""
13          # 忽略警告
14          GPIO.setwarnings(False)
15          # 设置编号方式
16          GPIO.setmode(GPIO.BCM)
17          # 设置为输出模式
18          GPIO.setup(SCK, GPIO.OUT)
19
20
21   def get_count():
22          """从传感器读取参数"""
23          count = 0
24          GPIO.setup(DT, GPIO.OUT)
25          GPIO.output(DT, 1)
26          GPIO.output(SCK, 0)
27          GPIO.setup(DT, GPIO.IN)
28          # 检测 DT 是否有高电平
29          while GPIO.input(DT) == 1:
30              continue
31          for i in range(24):
32              GPIO.output(SCK, 1)
33              count = count << 1
34              GPIO.output(SCK, 0)
35              time.sleep(0.001)
36              if GPIO.input(DT) == 0:
37                  count = count + 1
38          GPIO.output(SCK, 1)
39          # 清除第 24 位
40          count = count ^ 0x800000
41          GPIO.output(SCK, 0)
42          return count
43
44
45   def main_loop():
46          """主循环，打印读取到的数据"""
47          # 初始化
48          init()
49          while True:
50              count = get_count()
51              print("质量为： ", count)
52              time.sleep(1)
53
54
55   if __name__ == '__main__':
56          try:
57              main_loop()
58          except KeyboardInterrupt:
59              print("程序结束！")
60          finally:
```

```
61          GPIO.cleanup()
```

运行程序，将会在控制台输出传感器测量的质量。但未校准的传感器，输出结果通常不准确。为了方便读数和校准，可以执行以下命令安装 tatobari 的 hx711py 库：

```
git clone https://github.com/tatobari/hx711py
cd hx711py
sudo nano example.py
```

在第八行找到参考单位 referenceUnit = 1，将 1 修改为 92（表示为 1g），保存并退出，运行 example.py 文件：

```
python example.py
```

然后，把一个标准的砝码放置在托盘上，查看显示的值是否为砝码的质量。例如，显示的值为 888000，砝码的质量为 2000g，888000÷2000 =444，那么只需再把 92 改为 444 即可完成校准。校准后就可以继续测量其他物体的质量，但不要超重。

11.6.2 震动传感器

震动传感器是可以感应震动力大小并将感应结果传递到电路的装置，如图 11.37 所示，主要由以下几部分组成：导电振动弹簧、开关主体、触发销和包装壳。

在震动传感器模块中，导电的振动弹簧和触发销被精确地放置在开关体中，并且通过黏合剂结合到固化位置。产品不震动时，弹簧和触发销不接触，震动传感器模块呈闭合导通状态，输出端输出低电平，绿色指示灯亮。产品震动时，弹簧就会摇动并与触发器引脚接触，产生触发信号，震动传感器呈断开状态，输出端输出高电平，绿色指示灯不亮。因此，只需要通过树莓派检测输出端电平的高低，就能检测出环境是否有震动。

SW-420 常闭型震动传感器模块的工作电压为 3.3～5V，共有 3 个引脚：VCC、GND 和 DO 引脚。其中 VCC 和 GND 分别接树莓派的 3.3V 电源引脚和 GND 引脚，DO 接在任一 GPIO 引脚上即可，本节使用的是第 11 号物理引脚（GPIO17 引脚）。具体接线方式如图 11.38 所示，在开始接线前应切断树莓派的电源。

图 11.37　SW-420 常闭型震动传感器

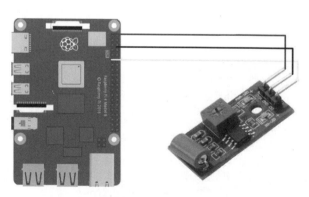

图 11.38　SW-420 常闭型震动传感器接线图

接线完成后，启动树莓派，新建一个 sw-420.py 文件，在其中设置使用到的引脚和编号方式，并检测引脚的电平，具体代码如下：

【实例 11.20】　使用震动传感器（实例位置：资源包\Code\11\20）

```
01   import time
02
03   import RPi.GPIO as GPIO
04
05
06   # 设置使用的引脚
07   GPIO_PIN = 11
08
09
10   def init():
11       """初始化方法"""
12       # 设置编号方式
13       GPIO.setmode(GPIO.BOARD)
14       # 设置为输出模式
15       GPIO.setup(GPIO_PIN, GPIO.OUT)
16
17
18   def main_loop():
19       """主循环，打印读取到的数据"""
20       # 初始化
21       init()
22       while True:
23           if GPIO.input(GPIO_PIN) == 1:
24               print("检测到震动！")
25               time.sleep(1)
26           else:
27               print("未检测到震动")
28               time.sleep(1)
29
30
31   if __name__ == '__main__':
32       try:
33           main_loop()
34       except KeyboardInterrupt:
35           print("程序结束！")
36       finally:
37           GPIO.cleanup()
```

运行程序，当检测到震动时，DO 引脚输出高电平，绿色指示灯不亮，在树莓派的控制台会输出相关信息。可通过电位器调节该传感器的灵敏度。

11.6.3 电子罗盘传感器

电子罗盘，又称数字罗盘或磁力计，通常用于测量地球磁场的方向和大小。与传统的指针式罗盘相比，电子罗盘能耗低、体积小、质量轻、精度高、可微型化，其输出信号通过处理可以实现数码显示，并传递到开发板上。本节以一个 3 轴电子罗盘模块 HMC5883L（见图 11.39）为例，通过该模块读取与正北方向的角度。

HMC5883L 电子罗盘模块可以读取沿 x、y、z 轴的地球磁感应强度，根据这些磁和函数 atan2 ()，计算当前方位与正北方向的弧长，计算公式如下：

$$弧度 = a\tan 2(y, x) + 偏角$$

HMC5883L 电子罗盘模块使用 I2C 协议与树莓派通信，该模块共有 5 个引脚，在图 11.39 中从上到下依次为：VCC、GND、SCL、SDA 和 DRDY 引脚。其中 VCC 和 GND 为该模块的正负极，分别接树莓派的 5V 电源引脚和 GND 引脚。SCL 和 SDA 为 I2C 协议的时钟线和数据线，分别接树莓派的 5号物理引脚（SCL 引脚）和 3 号物理引脚（SDA 引脚）。DRDY 引脚为数据就绪状态信号输出引脚，可悬空。具体接线方式如图 11.40 所示，在开始接线前先切断树莓派的电源。

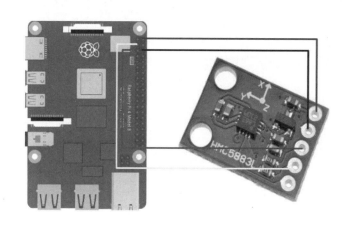

图 11.39　HMC5883L 电子罗盘模块　　　　图 11.40　HMC5883L 电子罗盘模块接线图

接线完成后，启动树莓派，启用 I2C 协议并查看地址，新建一个 hmc5883l.py 文件，代码中需要将寄存器 A 设置为以 15Hz 的默认数据输出速率，对 8 个样本进行平均测量，然后再使用寄存器 B（即 0xA0）设置增益。在模式寄存器中选择连续测量操作模式，因此模式寄存器的值将变为 0x00。具体代码如下：

【实例 11.21】　使用电子罗盘传感器（实例位置：资源包\Code\11\21）

```
01  import time
02  import math
03
04  import smbus
```

```
05
06
07     # 配置寄存器 A 的地址
08     Register_A = 0
09     # 配置寄存器 B 的地址
10     Register_B = 0x01
11     # 模式寄存器地址
12     Register_mode = 0x02
13
14     # X、Z 和 Y 轴 MSB 数据寄存器的地址
15     X_axis_H = 0x03
16     Z_axis_H = 0x05
17     Y_axis_H = 0x07
18
19     # 定义测量位置的偏角
20     declination = -0.00669
21     # 圆周率
22     pai = 3.14159265359
23
24     # 初始化一个 bus 对象
25     bus = smbus.SMBus(1)
26     # bus = smbus.SMBus(0)
27
28     # HMC5883L 磁力计设备地址
29     HMC5883L_Address = 0x1e
30
31
32     def init():
33         """初始化方法"""
34         # 配置寄存器 A
35         bus.write_byte_data(HMC5883L_Address, Register_A, 0x70)
36         # 配置寄存器 B 设置增益
37         bus.write_byte_data(HMC5883L_Address, Register_B, 0xa0)
38         # 设置操作模式
39         bus.write_byte_data(HMC5883L_Address, Register_mode, 0)
40
41
42     def get_value(addr):
43         """从传感器读取参数"""
44         # 读取初始 16 位值
45         high = bus.read_byte_data(HMC5883L_Address, addr)
46         low = bus.read_byte_data(HMC5883L_Address, addr + 1)
47         # 位运算
48         value = ((high << 8) | low)
49         # 从模块获取标记值
50         if value > 32768:
51             value = value - 65536
52         return value
53
```

```
54
55   def main_loop():
56       """主循环，打印读取到的数据"""
57       # 初始化
58       init()
59
60       # 读取原始值
61       x = get_value(X_axis_H)
62       z = get_value(Z_axis_H)
63       y = get_value(Y_axis_H)
64
65       # 计算弧度
66       heading = math.atan2(y, x) + declination
67
68       # 检查是否大于 360°
69       if heading > 2 * pai:
70           heading = heading - 2 * pai
71
72       # 检查标志
73       if heading < 0:
74           heading = heading + 2 * pai
75
76       # 转换成角度
77       heading_angle = int(heading * 180 / pai)
78
79       print("航向角度为：%d° " % heading_angle)
80       time.sleep(1)
81
82
83   if __name__ == '__main__':
84       try:
85           main_loop()
86       except KeyboardInterrupt:
87           print("程序结束！")
```

运行程序，将传感器放置在水平面上，并不断调整传感器的方位，控制台中的输出也会跟着改变。

11.6.4 角速度和加速度传感器

角速度传感器又名陀螺仪，是一种感测与维持方向的装置。其原理是当一个物体旋转时，旋转轴所指的方向在不受外力的干扰下，是不会改变的。

加速度传感器是一种能够测量物体加速度的传感器。通常由质量块、阻尼器、弹性元件、敏感元件和适调电路等部分组成。当传感器在加速的过程中，通过对质量块所受惯性力的测量，利用牛顿第二定律获得加速度值。相对于测角速度的陀螺仪来说，加速度传感器是用来测线性加速度的。前者利用惯性原理，后者则是利用力平衡原理。通常将两种传感器混合在一起使用，如 MPU6050 传感器，如图 11.41 所示。

MPU6050 传感器模块是完整的 6 轴运动跟踪设备。它结合了 3 轴陀螺仪、3 轴加速度计和数字运动处理器，均采用小型封装。此外，它还具有片上温度传感器的附加功能。并可以通过其辅助 I2C 总线接受其他传感器（如 3 轴磁力计或压力传感器）的输入。如果连接了外部 3 轴磁力计，则它可以提供完整的 9 轴运动输出。

MPU6050 模块有 8 个引脚，各引脚的含义如下：

- ☑ INT：中断数字输出引脚。
- ☑ AD0：I2C 从机地址 LSB 引脚。这是 7 位从机地址中的第 0 位。如果连接到 VCC，则将其读为逻辑 1，并且从机地址更改。
- ☑ XCL：辅助串行时钟引脚。该引脚用于将其他具有 I2C 接口功能的传感器 SCL 引脚连接到 MPU6050。
- ☑ XDA：辅助串行数据引脚。该引脚用于将其他启用 I2C 接口的传感器 SDA 引脚连接到 MPU6050。
- ☑ SCL：串行时钟引脚。
- ☑ SDA：串行数据引脚。
- ☑ GND：接地引脚。
- ☑ VCC：电源引脚。

在本节，只使用 I2C 协议的两个引脚连接树莓派，分别将 SCL 和 SDA 引脚连接树莓派的 5 号物理引脚（SCL 引脚）和 3 号物理引脚（SDA 引脚），将 VCC 和 GND 引脚分别接树莓派的 3.3V 电源引脚和 GND 引脚，具体接线方式如图 11.42 所示。在开始接线前应先切断树莓派的电源。

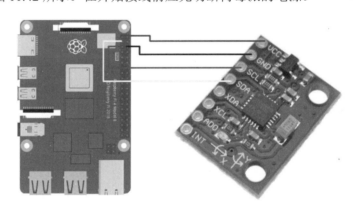

图 11.41　MPU6050 传感器　　　　图 11.42　MPU6050 传感器接线图

接线完成后，启动树莓派并启用 I2C 协议，新建一个 mpu6050.py 文件，在代码中先设置寄存器的地址，并初始化一个 SMBUS 对象，再通过该对象读取传感器中的值，具体代码如下：

【实例 11.22】　使用角速度和加速度传感器（实例位置：资源包\Code\11\22）

```
01  import time
02
03  import smbus
04
05
```

```
06    # 设置 MPU6050 寄存器地址
07    PWR_MGMT_1 = 0x6B
08    SMPLRT_DIV = 0x19
09    CONFIG = 0x1A
10    GYRO_CONFIG = 0x1B
11    INT_ENABLE = 0x38
12    ACCEL_XOUT_H = 0x3B
13    ACCEL_YOUT_H = 0x3D
14    ACCEL_ZOUT_H = 0x3F
15    GYRO_XOUT_H = 0x43
16    GYRO_YOUT_H = 0x45
17    GYRO_ZOUT_H = 0x47
18    Register_A = 0
19
20
21    # 初始化一个 bus 对象
22    bus = smbus.SMBus(1)
23    # bus = smbus.SMBus(0)
24
25    # MPU6050 设备地址
26    MPU6050_Address = 0x68
27
28
29    def init():
30        """初始化方法"""
31        # 写入采样率寄存器
32        bus.write_byte_data(MPU6050_Address, SMPLRT_DIV, 7)
33        # 写入电源管理寄存器
34        bus.write_byte_data(MPU6050_Address, PWR_MGMT_1, 1)
35        # 写入配置寄存器
36        bus.write_byte_data(MPU6050_Address, CONFIG, 0)
37        # 写入陀螺仪配置寄存器
38        bus.write_byte_data(MPU6050_Address, GYRO_CONFIG, 24)
39        # 写入中断允许寄存器
40        bus.write_byte_data(MPU6050_Address, INT_ENABLE, 1)
41
42
43    def get_value(addr):
44        """从传感器读取参数"""
45        # 读取加速度计和陀螺仪的 16 位值
46        high = bus.read_byte_data(MPU6050_Address, addr)
47        low = bus.read_byte_data(MPU6050_Address, addr + 1)
48        # 左移位运算并按位或
49        value = ((high << 8) | low)
50        # 从模块获取标记值
51        if value > 32768:
52            value = value - 65536
53        return value
54
```

```
55
56   def main_loop():
57       """主循环，打印读取到的数据"""
58       # 初始化
59       init()
60
61       # 读取加速度计原始值
62       acc_x = get_value(ACCEL_XOUT_H)
63       acc_y = get_value(ACCEL_YOUT_H)
64       acc_z = get_value(ACCEL_ZOUT_H)
65
66       # 读取陀螺仪原始值
67       gyro_x = get_value(GYRO_XOUT_H)
68       gyro_y = get_value(GYRO_YOUT_H)
69       gyro_z = get_value(GYRO_ZOUT_H)
70
71       # 转换为 g
72       Ax = acc_x / 16384.0
73       Ay = acc_y / 16384.0
74       Az = acc_z / 16384.0
75
76       # 转换位° /s
77       Gx = gyro_x / 131.0
78       Gy = gyro_y / 131.0
79       Gz = gyro_z / 131.0
80
81       # 打印读取到的数据
82       print("Gx=%.2f" % Gx, u'\u00b0' + "/s", "\tGy=%.2f" % Gy, u'\u00b0' + "/s", "\tGz=%.2f" % Gz,
u'\u00b0' + "/s",
83             "\tAx=%.2f g" % Ax, "\tAy=%.2f g" % Ay, "\tAz=%.2f g" % Az)
84
85       time.sleep(1)
86
87
88   if __name__ == '__main__':
89
90       try:
91           main_loop()
92       except KeyboardInterrupt:
93           print("程序结束！")
```

如果觉得此种读数方式比较麻烦，也可以借助 Python 的第三方库 mpu6050-raspberrypi 来实现读数，执行以下命令安装该库：

```
sudo apt install python3-smbus
sudo pip3 install mpu6050-raspberrypi
```

安装完成后，通过 i2c-tools 工具检测是否识别到了传感器，然后在 mpu6050_rpi.py 文件中，只需要引入该库即可，具体代码如下：

【实例 11.23】 使用 mpu6050 库读取参数（实例位置：资源包\Code\11\23）

```python
01    from mpu6050 import mpu6050
02    import time
03
04    sensor = mpu6050(0x68)
05
06    while True:
07        accel_data = sensor.get_accel_data()
08        gyro_data = sensor.get_gyro_data()
09        temp = sensor.get_temp()
10
11        print("Accelerometer data")
12        print("x: " + str(accel_data['x']))
13        print("y: " + str(accel_data['y']))
14        print("z: " + str(accel_data['z']))
15
16        print("Gyroscope data")
17        print("x: " + str(gyro_data['x']))
18        print("y: " + str(gyro_data['y']))
19        print("z: " + str(gyro_data['z']))
20
21        print("Temp: " + str(temp) + " C")
22        time.sleep(0.5)
```

该模块的陀螺仪读数单位为°/s，加速度计读数以 g 为单位。运行任一个程序，移动传感器，读数在控制台中也相应地改变。

11.6.5 霍尔传感器

霍尔传感器是根据霍尔效应制作的一种磁场传感器。当电流垂直于外磁场通过半导体时，载流子发生偏转，垂直于电流和磁场的方向产生一个附加电场，从而在半导体的两端产生电势差，这一现象就是霍尔效应，这个电势差被称为霍尔电势差。

在霍尔效应的基础上开发的霍尔传感器具有对磁场敏感等优点。如今，霍尔传感器无处不在，常用于近距离切换、定位、速度检测和电流传感应用。本节将以一款开关式霍尔传感器 KY-003 模块为例，如图 11.43 所示，用其检测磁场的变化。

PCB 板上有一个 LED（指示传感器何时检测到磁场）和一个电阻器（用于降低提供给电路板的电流），可以检测施加磁场时发生的电压变化。当 KY-003 霍尔传感器模块检测到磁场时，传感器的 S 引脚将输出一个低电平信号，同时 LED 被点亮。

该传感器模块共有 3 个引脚：S（右侧）、VCC（中间）和-（左侧，相当于 GND）引脚。其中，VCC 引脚和-引脚分别连接树莓派的 3.3V 电源引脚和 GND 引脚。S 引脚为数字信号输出引脚，接在任一 GPIO 引脚上即可，本节使用的是 11 号物理引脚（GPIO17 引脚），具体接线方式如图 11.44 所示。在开始接线前应切断树莓派的电源。

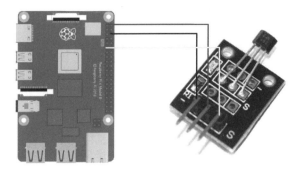

图 11.43　KY-003 霍尔传感器模块　　　　　图 11.44　KY-003 霍尔传感器模块接线图

接线完成后，启动树莓派，新建一个 ky-003.py 文件，代码检测树莓派的 GPIO 引脚是否输出低电平即可判断是否检测到磁场，具体代码如下：

【实例 11.24】　使用霍尔传感器（实例位置：资源包\Code\11\24）

```
01    from time import sleep
02
03    import RPi.GPIO as GPIO
04
05
06    # 设置地址
07    GPIO_PIN = 17
08
09    def init():
10        """初始化方法"""
11        # 设置编号方式
12        GPIO.setmode(GPIO.BCM)
13        # 设置为输入模式
14        GPIO.setup(GPIO_PIN, GPIO.IN, pull_up_down=GPIO.PUD_UP)
15
16
17    def main_loop():
18        """主循环，打印读取到的数据"""
19        # 初始化
20        init()
21        while True:
22            if not GPIO.input(GPIO_PIN):
23                print("检测到磁场")
24            else:
25                print("未检测到磁场")
26            sleep(1)
27
28
29    if __name__ == '__main__':
30        try:
31            main_loop()
32        except KeyboardInterrupt:
```

```
33          print("程序结束！")
34      finally:
35          GPIO.cleanup()
```

运行程序，把磁铁靠近传感器，当传感器检测到磁场时，LED 被点亮，同时在控制台输出指定的内容。

11.7　小　　结

本章先介绍了气体传感器，并在树莓派上获取传感器返回的参数。然后介绍了温/湿度传感器、电阻式传感器和声波传感器，一些传感器的功能并非单一，例如 BME280 传感器不仅可以测量气压，还可以测量温/湿度，且精确度极高，读者在购买时可根据自己的需求选择，避免性能过剩，造成资源浪费。在声音传感器中，有的传感器返回的是数字信号，有的传感器返回的是模拟信号，但树莓派不可以直接读取模拟信号，需要借助模数转换器才能实现。随后本章还介绍了一些常见的光传感器和力传感器，通过这些传感器，读者可随意 DIY 自己喜欢的硬件，例如，使用火焰传感器+烟雾传感器可以组装成一个火灾报警器。本章介绍部分传感器比较复杂，读者在使用时需要仔细阅读相关产品说明书后方可尝试。

第 12 章

扩 展 板

尽管树莓派的接口已经足够多了，但特定的接口比较少，对于某些复杂的项目会出现"芯有余，而口不足"的情况。为解决这类问题，可以在树莓派上加装一个扩展板用于扩展接口，且扩展板上通常带有一些传感器和处理器等元器件。前几章介绍的麦克风阵列、OLED 和 UPS 等都属于扩展板的范畴。

12.1 温 控 风 扇

前几章已经提到树莓派 4B 版本发热量非常大，如果 7×24 小时工作，则必须配备散热设备。但有时候树莓派只是处于待机状态，发热量很低，此时风扇还像正常工作的情况下运转，就会造成功耗的增加。有时候树莓派还会超负荷运转，发热量急剧增加，低功率的风扇根本不能满足需求，因此需要一个能根据树莓派温度自动调节风扇转速的装置。

12.1.1 温控风扇简介

本节选用的是亚博智能的树莓派智能贴身管家，如图 12.1 所示，市面上类似的产品还有 X735 等扩展板。从图可见，该扩展板配备了一个超大的散热风扇，散热效果明显，且支持 I2C 调速。其右上角为一个连接树莓派 3.3V 引脚的指示灯，如果树莓派开机，则指示灯常亮；如果树莓派关机，则指示灯熄灭。3.3V 引脚指示灯下方为单片机运行指示灯，正常开机后，该指示灯会呈现呼吸灯的效果。在指示灯和风扇之间还有两个用于 I2C 协议的接口，可以将一块 OLED 显示屏插入该接口中用于显示内存、温度、IP 和资源占用等信息。除此之外，该扩展板背部还有三个 RGB 灯，可以通过树莓派发送命令给扩展板的单片机来实现修改颜色和效果。

该扩展板上方还有一排 40PIN 的排针，旁边分别标记了每个引脚的具体信息，在其背面则是一排 40PIN 的排插，与树莓派的 40 个引脚一一对应后，直接插在树莓派引脚上即可。随后使用附带的四个铜柱和螺丝，将扩展板与树莓派固定起来，如果有 OLED 显示屏也可以接入，安装后如图 12.2 所示。

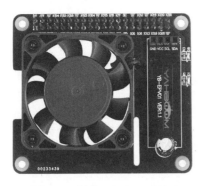

图 12.1　树莓派智能贴身管家

图 12.2　温控风扇安装

12.1.2　温控风扇使用方法

要想正常使用该扩展板需要先开启树莓派的 I2C 功能，具体方法可参考 6.6.2 节，并确保已安装了 wiringPi 和 gcc 工具（树莓派官方 Raspberry Pi OS 桌面系统自带）。一般来说，都可以在官方处获取驱动该扩展板的软件包，若没有找到可在资源包里找到名为 temp_control.zip 的压缩文件，将该文件通过 FTP 软件上传到树莓派上，通过以下命令解压：

```
unzip temp_control.zip
cd temp_control/
```

然后使用 gcc 工具进行编译，命令如下：

```
gcc -o temp_control temp_control.c ssd1306_i2c.c -lwiringPi
```

其中，-o 表示生成文件，temp_control 是生成的文件名，temp_control.c 是源程序，ssd1306_i2c.c 是驱动 OLED 的库，-lwiringPi 是引用树莓派的 wiringPi 库。编译完成后，执行以下命令就可以运行程序：

```
./temp_control
```

此时系统提示初始化 OK，RGB 灯会展示特效，同时 OLED 屏上显示树莓派的 CPU 占用率、CPU 温度、运行内存占用率、磁盘占用率和 IP 地址等信息。如果树莓派 4B 主板的 CPU 温度达到 55℃，风扇就会自动开启并给树莓派散热，当温度下降到 48℃后，就会自动关闭风扇。或者也可以根据官方提供的附加文档，自行修改源码中对应的参数以适合自己的需求。

12.1.3　开机自启

虽然在使用树莓派的过程中需要重启的频率不是很高，但是还是希望某些必要的任务可以在系统启动后自动运行，省时又省力，也避免了遗漏的风险。

同时，官方也提供了自启的脚本文件（install.sh），进入 temp_control 文件夹就可查看到该文件的位置，命令如下：

```
cd /home/pi/temp_control
ls
```

此时将会看到用于自启的 install.sh 脚本文件，执行以下命令安装：

```
sudo sh install.sh
```

最后，重启树莓派验证程序是否成功自启。

12.2 电 源 管 理

除了树莓派智能贴身管家扩展板带有温控风扇外，X735 扩展板也带有自动调温的风扇，并板载了 LED 可以显示风扇运行的状态和树莓派运行状态。除此之外，还可以通过 40PIN 插头为树莓派供电，开机、关机和重启等操作都可以通过一个按钮完成。

12.2.1 X735 扩展板简介

X735 是适用于当前所有树莓派型号的多功能扩展板，使用 40 针接头连接器。它可以通过软件根据温度自动控制风扇，并提供智能、安全的电源管理，从而使树莓派能够在极端条件下使用，包括高温环境。X735 还保留了 40 针接头连接器，可以与其他传感器、开发板或树莓派附件板连接在一起，以增强应用程序。同时，X735 保留了两种 4PIN 电源开关（瞬时开关和闩锁开关）端口，可以连接附加的电源开关以安全地接通或断开电源。

X735 到目前为止共有 3 个版本，其 1.0 版本在树莓派 4B 发行前就已设计出来，所以只适用于树莓派 B+、2B、3B 和 3B+等版本。在树莓派 4B 版本发行后，为兼容该版本树莓派，X735 更新到了 2.0 版本。但为了更加方便用户使用，X735 将跳线 FAN_HS 更改为 AUTO ON（自动开启）功能，并定义为 2.1 版本。对于喜欢自定义设置的用户来说，无疑 2.0 版本性能更高，各版本的对比图如图 12.3 所示。

X735 V1.0   X735 V2.0

图 12.3　X735 版本对比

当按下瞬时按钮或外部瞬时电源开关后，如果保持 1～2s，将会重启树莓派；如果保持 3～7s，将会安全关机；如果保持 8s 以上，将会强制关机，通过板载的 LED 可以查看开机、重启和关机状态。当按下闩锁开关后，再次打开就可以实现安全关机。同时该扩展板允许通过 DC 插孔、Micro-USB 插座或 XH2.54 连接器进行供电，并可以通过 XH2.54 插座和 40 针接头输出功率。

该扩展板还有自动冷却功能，当树莓派的温度≤34℃时，风扇将低速运行；当树莓派的温度≥34℃时，风扇将中速运行；当树莓派的温度≥45℃时，风扇将全速运行，同时板载的 LED 也会显示风扇的运行状态。

12.2.2　X735 使用方法

本节以 X735 的 2.1 版本为例，如图 12.4 所示，其各个接口的作用如下：

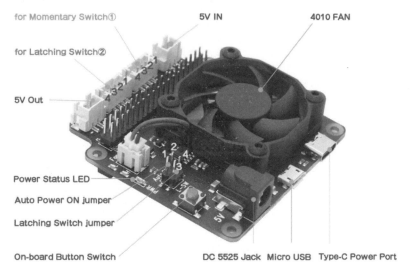

图 12.4　X735 的 2.1 版本

☑ for Momentary Switch①：可以外接瞬时开关，启用该开关前，必须断开电源并移除 Latching Switch jumper 和 Auto Power ON jumper 处所有跳线帽。

☑ for Latching Switch②：可以外接闩锁开关，启用该开关前，必须断开电源并使用跳线帽短接 Latching Switch jumper 处的 3 和 4 号引脚。

☑ 5V IN：5V 输入。

☑ 5V OUT：5V 输出。

☑ Power Status LED：LED 电源指示灯。

☑ Auto Power ON jumper：自动通电跳线（1 和 2），如果使用外部开关、瞬时开关或板载开关，应移除该跳线帽。如果要禁用安全关闭功能，可以使用跳线帽连接 1 和 2 引脚。

☑ Latching Switch jumper：闩锁开关跳线（3 和 4），若未安装电源控制脚本，将强制关机。如果使用瞬时开关或板载开关，应移除该处跳线帽。如果使用外部开关，应使用跳线帽连接 3 和 4 号引脚。

☑ On-board Button Switch：板载按钮开关，启用前应移除 Auto Power ON jumper 处 1 和 2 号跳线帽。

☑ DC 5525 Jack：5V 直流电源插孔，电流必须≥3A，插头尺寸为 5.5mm×2.5mm。

☑ Micro USB：Micro USB 供电接口，尽量不要使用该接口供电。

☑ Type-C Power Port：Type-C 电源接口。

☑ 4010 FAN。

需要特别注意的是，必须在断电的情况下才可以进行接线操作。当使用外部开关突然切断电源时，需要使用跳线帽连接 Latching Switch jumper 处 3 和 4 号引脚并移除 Auto Power ON jumper 处 1 和 2 跳线帽，因为没有内置的电源，所以该种方式不能实现安全的关闭树莓派

该扩展板的安装也非常简单，首先使用 4 个 M2.5mm×6mm 的螺丝从树莓派的底部 4 个孔位穿入，在树莓派正面使用 4 个 M2.5mm×12mm 的铜柱拧紧，然后将该扩展板按照 GPIO 接口一一对应盖在上面并使用 4 个 M2.5mm×6mm 的螺丝拧紧即可，如图 12.5 所示。

图 12.5　安装 X735 扩展板

12.2.3　脚本安装

如果需要使用 X735 安全关闭树莓派，需要安装官方提供的脚本，执行以下命令下载该脚本：

wget https://raw.githubusercontent.com/suptronics/X730-script/master/x730.sh

安装该脚本，命令如下：

sudo bash x730.sh

设置从软件关闭树莓派的命令，命令如下：

printf "%s\n" "alias x730off='sudo x730shutdown.sh'" >> ~/.bashrc

重启树莓派，命令如下：

sudo reboot

执行以下命令安全关闭树莓派：

x730off

12.3 存 储 扩 展

众所周知，固态硬盘的性能要远高于机械硬盘，但是固态硬盘也是有等级之分的，从目前来看，使用 NVMe 协议的 M.2 接口固态硬盘性能最佳、占用的空间更小并且传输的速度更快，当前比较热门的电脑型号中都会配置这种硬盘。如果使用树莓派的项目（如 NAS）对于磁盘的读写速度要求比较高，建议使用此类固态硬盘。树莓派并没有直接安装该硬盘的接口，需要借助类似 X872 的扩展板实现。

12.3.1 X872 存储扩展板简介

X872 是专门适用于树莓派 4B 的存储扩展板，如图 12.6 所示，其使用的是 NVMe 协议，并支持 2280、2260、2242 和 2230 等多种 M.2 固态硬盘的长度。由于 USB3.0 接口的位置不同，所以该扩展板并不适用于树莓派 3B+等版本，可以使用 X870 等扩展板来代替。

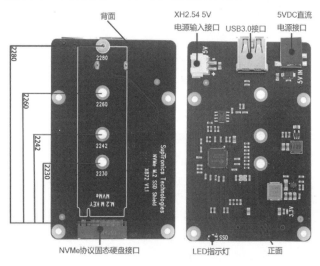

图 12.6 X872 扩展板

该扩展板可以使用 5V 直流电源接口、XH2.54 5V 电源输入接口和 USB3.0 接口等多种供电方式，其使用一个特定的连接器用于连接树莓派的 USB3.0 接口，通过该连接器不但可以供电，还可以进行数据传输，省去了布线的烦恼。X872 扩展板最高可支持 2TB 的固态硬盘，并且允许从 SSD 引导操作系统，以便更快地打开应用。同时它完全兼容 X735，可以使用 X735 上的 XH2.54 5V 输出接口为该扩展板供电。

12.3.2　X872 和 X735 安装方法

该扩展板的安装方法也比较简单，首先需要把 M.2 固态硬盘插进其背面的 NVMe 协议接口，并使用固态硬盘自带的螺丝和垫片加固。然后在扩展板最外围的 4 个螺丝孔放置附带的 4 根铜柱，在底部拧入 4 根底柱。随后将树莓派周围的 4 个孔位对准铜柱后，拧入扩展板附带螺丝固定即可，如图 12.7 所示。

如果还需使用 X735，只需将固定的螺丝取下，拧入一端带有螺纹的铜柱，再将 X735 盖在树莓派上，拧入固定螺丝即可。此时，就可以使用一根跳线将 X735 上的 XH2.54 5V 输出接口连接在 X872 扩展板上，来为该扩展板供电，如图 12.8 所示。

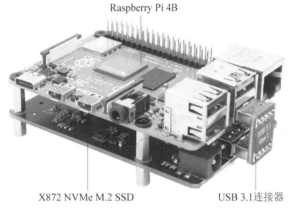

图 12.7　安装 X872

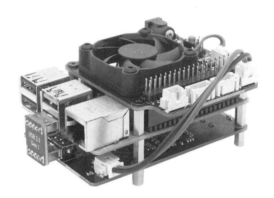

图 12.8　兼容 X735

因为引入了 X735，所以需要使用 X735 上的电源接口为整个系统供电。

12.4　Sense Hat

将多个 LED 组装到一起，就形成了一个 LED 矩阵，如果加上惯性测量单元（IMU）、大气气压传感器、温度传感器、湿度传感器、操纵杆以及一些电气元件，就可组成树莓派官方设计的 Raspberry Pi Sense Hat 扩展板。

12.4.1　Sense Hat 简介

Raspberry Pi Sense Hat 通过树莓派主板 40Pin GPIO 接口提供电源和数据连接，如图 12.9 所示，Sense Hat 具有 8×8 RGB LED 矩阵，5 个按钮的操纵杆，并包括陀螺仪、加速度计、磁力计、温度、气压、湿度等传感器。同时官方还创建了一个 Python 库，可轻松访问开发板上的所有内容。

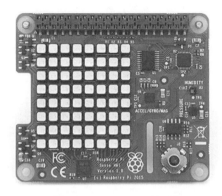

图 12.9　Sense Hat 扩展板

12.10　Astro Pi 项目

该扩展板是专门为 Astro Pi 项目设计的，如图 12.10 所示，并在 2015 年 12 月进入国际空间站进行科学实验。除此之外该扩展板还可使用在应用程序或小游戏等场景。如果没有该扩展板，在最新的 Raspberry Pi OS 桌面系统中已自动安装了 Sense Hat Emulator（Sense Hat 模拟器），就在菜单的编程栏内。

该扩展板的安装方式非常简单，在安装前需要先断开树莓派的电源，然后直接将扩展板的 GPIO 接口与树莓派的 GPIO 引脚一一对应，盖在树莓派上并使用铜柱固定即可。

12.4.2　控制 LED

官方已经提供了控制 Sense Hat 的 Python 库，直接调用该库就可以轻松地控制 Sense Hat。首先需要执行以下命令安装该库：

```
sudo apt-get install sense-hat
sudo pip3 install pillow
```

然后打开 Thonny 编辑器，引入该库，并生成一个 senseHat 对象，再调用 show_message()方法就可以在 LED 上显示对应的字符串，具体代码如下：

```
01    from sense_hat import SenseHat              # 引入库
02    sense = SenseHat()                          # 创建 senseHat 对象
03    sense.show_message("Sense Hat")             # 显示文本
```

运行程序，将会在扩展板的 LED 显示屏上呈现 Sense Hat 的滚动文本消息。同时，还可以指定 scroll_speed、text_colour 和 back_colour 等属性来控制滚动速度、文本颜色和背景颜色等信息。例如，代码可改为如下：

```
04    sense.show_message("Sense Hat", scroll_speed=0.05, text_colour=[255,255,0], back_colour=[0,0,255])
```

再次运行程序后，背景为蓝色，字符将显示为黄色，并以 0.05 的速度滚动，当所有字符都完成滚动后，背景将保持不变，可以使用 clear()方法将 LED 重置为默认设置，具体代码如下：

```
05    sense.clear()
```

除调用 show_message()方法显示文本外，也可使用 show_letter()方法在 LED 矩阵上显示单个字符，具体代码如下：

【实例 12.1】 控制 LED（实例位置：资源包\Code\12\01）

```
01    from sense_hat import SenseHat
02    import time
03    import random
04
05    sense = SenseHat()                                              # 创建 Sense Hat 对象
06
07    # 生成随机颜色
08    r = random.randint(0, 255)
09    g = random.randint(0, 255)
10    b = random.randint(0, 255)
11    sense.show_letter("C", text_colour=[r, g, b])                   # 指定文本和颜色
12    time.sleep(1)
13
14    r = random.randint(0, 255)
15    g = random.randint(0, 255)
16    b = random.randint(0, 255)
17    sense.show_letter("O", text_colour=[r, g, b])
18    time.sleep(1)
19
20    r = random.randint(0, 255)
21    g = random.randint(0, 255)
22    b = random.randint(0, 255)
23    sense.show_letter("C", text_colour=[r, g, b])
24    time.sleep(1)
25
26    sense.show_letter("!", text_colour=[0, 0, 0], back_colour=[255, 255, 255])   # 增加背景颜色
27    time.sleep(1)
28    sense.clear()
```

运行程序，将在 LED 矩阵上以随机的颜色显示指定的字符，且每个字符显示间隔为 1s。

由于该 LED 矩阵由许多小 LED 组成，所以也可使用 set_pixel()方法单独控制每个 LED 显示特定的颜色，具体代码如下：

【实例 12.2】 控制单个 LED（实例位置：资源包\Code\12\02）

```
01    from sense_hat import SenseHat
02
03    sense = SenseHat()
04
05    sense.set_pixel(0, 2, [0, 0, 255])   # 第 1 （0+1）列第 3 （2+1）行的 LED 设置为蓝色
06    sense.set_pixel(7, 4, [255, 0, 0])   # 第 8 （7+1）列第 5 （4+1）行的 LED 设置为红色
```

由于第一行第一列的坐标为（0，0），所以运行程序后，将把第一列第三行的 LED 点亮为蓝色，第八列第五行的 LED 点亮为红色，如图 12.11 所示。

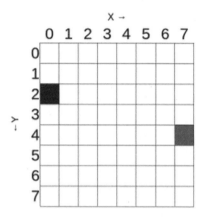

图 12.11　LED 坐标

在该扩展板中，有 8×8 个这同样的 LED，如果要将这些 LED 全部点亮，是不是就需要写 64 行这样的方法呢？显然，这样的代码是违背 Pythonic 设计思想的，可以借助 set_pixels()方法来一次点亮全部的 LED，具体代码如下：

【实例 12.3】　点亮全部 LED（实例位置：资源包\Code\12\03）

```
01  from sense_hat import SenseHat
02
03  sense = SenseHat()   # 创建 SenseHat 对象
04
05  # 定义颜色
06  r = [255, 0, 0]
07  o = [255, 127, 0]
08  y = [255, 255, 0]
09  g = [0, 255, 0]
10  b = [0, 0, 255]
11  i = [75, 0, 130]
12  v = [159, 0, 255]
13  e = [0, 0, 0]
14
15  # 设置每个 LED 的颜色
16  image = [
17      e, e, e, e, e, e, e, e,
18      e, e, e, r, r, e, e, e,
19      e, r, r, o, o, r, r, e,
20      r, o, o, y, y, o, o, r,
21      o, y, y, g, g, y, y, o,
22      y, g, g, b, b, g, g, y,
23      b, b, b, i, i, b, b, b,
24      b, i, i, v, v, i, i, b
25  ]
```

```
26
27    sense.scet_pixels(image)    # 点亮所有 LED
```

运行程序，扩展板上的每个 LED 将显示指定的颜色。除上面常用的一些方法外，该库的以下方法也偶尔会使用到：

☑ set_rotation()：更改旋转角度，默认值为 0°，可以 90° 为单位进行更改。

☑ flip_h()：水平翻转 LED 矩阵上的图像。

☑ flip_v()：垂直翻转 LED 矩阵上的图像。

12.4.3 使用传感器

该扩展板除 LED 矩阵外，还带有 6 个传感器：陀螺仪、加速度计、磁力计、温度传感器、气压传感器以及湿度传感器。其中，陀螺仪、加速度计和磁力计统称为惯性测量单元（IMU）。可以在扩展板的右侧找到 HUMIDITY 和 PRESSURE 等字样。正如其英语释义一样，HUMIDITY 下的传感器可以测量温度和湿度，PRESSURE 下的传感器可以测量气压。

直接调用库的 get_temperature()、get_pressure() 和 get_humidity() 方法读取传感器测量到的温度、气压和湿度参数，具体代码如下：

【实例 12.4】 读取温湿度和气压传感器参数（实例位置：资源包\Code\12\04）

```
01    from sense_hat import SenseHat
02
03    sense = SenseHat()                                  # 创建 Sense Hat 实例
04
05    while True:
06        t = sense.get_temperature()                    # 读取温度
07        p = sense.get_pressure()                       # 读取气压
08        h = sense.get_humidity()                       # 读取湿度
09
10        t = round(t, 1)
11        p = round(p, 1)
12        h = round(h, 1)
13
14        msg = "Temperature = %s, Pressure=%s, Humidity=%s" % (t, p, h)
15        sense.show_message(msg, scroll_speed=0.05)     # 在 LED 上显示出获取的参数
```

运行程序，将在 LED 矩阵上打印出读取到的参数。

在气压传感器和温湿度传感器的左侧，可以找到 ACCEL/GYRO/MAG 字样，其代表的是惯性测量单元，通过该单元可以测量树莓派相对于水平面倾斜的角度和沿各轴方向的加速度，具体代码如下所示：

【实例 12.5】 读取惯性传感器参数（实例位置：资源包\Code\12\05）

```
01    import time
02
```

```
03    from sense_hat import SenseHat
04
05    sense = SenseHat()   # 创建 SenseHat 对象
06
07    while True:
08        # 获取各轴方向的加速度
09        acceleration = sense.get_accelerometer_raw()
10        x = acceleration['x']
11        y = acceleration['y']
12        z = acceleration['z']
13        x = round(x, 0)
14        y = round(y, 0)
15        z = round(z, 0)
16
17        # 获取相对于水平面倾斜的角度
18        orientation = sense.get_orientation()
19        p = round(orientation["pitch"], 0)
20        r = round(orientation["roll"], 0)
21        a = round(orientation["yaw"], 0)
22
23        print("x=%s, y=%s, z=%s" % (x, y, z))
24        print("p: %s, r: %s, y: %s" % (p, r, a))
25
26        time.sleep(1)
```

运行程序，将在终端打印出传感器获取到的信息。

12.4.4 控制操纵杆

该扩展板除 LED 矩阵和 6 个传感器外，还带有一个 5 键操纵杆，用于输入信号，其位于扩展板右下角树莓派的标志旁，本节将通过 Python 来获取操纵杆的输入信号。

操纵杆可以向上、下、左、右 4 个方向移动，单击该操纵杆为返回，因此共有 5 个按键。移动该操纵杆和按方向键类似，引入 pygame 包来检测按键的输入，具体代码如下：

【实例 12.6】 控制操纵杆（实例位置：资源包\Code\12\06）

```
01    import pygame
02    from pygame.locals import *
03    from sense_hat import SenseHat
04
05
06    pygame.init()                              # 初始化
07    pygame.display.set_mode((640, 480))        # 设置窗口尺寸
08    sense = SenseHat()                         # 创建一个 SenseHat 对象
09    sense.clear()                              # 清空
10
11    while True:
```

```
12        for event in pygame.event.get():            # 获取输入信号
13            print(event)
14            if event.type == QUIT:                   # 退出
15                print("OVER")
16                break
```

运行程序，将弹出一个黑色的窗口，此时如果移动操纵杆或按键盘的方向键，pygame 将把检测到的事件打印在控制台中，当单击操纵杆按钮时，其作用类似键盘的 Enter 键。此外，每次输入都会产生两个事件 KeyDown 和 KeyUp，其中 KeyDown 在刚移动操纵杆后触发，KeyUp 在操纵杆复位时触发。

结合操纵杆和 LED 矩阵先编写一个小程序，通过移动操纵杆点亮 LED 矩阵上的一个 LED，其大体可分为两个步骤：

（1）熄灭当前位置 LED。

（2）点亮目标位置 LED。

同时，当操纵杆向 4 个不同的方向移动时，其 x 轴和 y 轴坐标的变化如下：

☑ 向上：$y-1$。

☑ 向下：$y+1$。

☑ 向左：$x-1$。

☑ 向右：$x+1$。

因此，当检测到事件时，只需要在循环中先熄灭当前位置的 LED，再点亮目标位置 LED 即可，具体代码如下：

【实例 12.7】 使用操纵杆控制 LED（实例位置：资源包\Code\12\07）

```
01    import pygame
02    from pygame.locals import *
03    from sense_hat import SenseHat
04
05
06    pygame.init()                                 # 初始化
07    pygame.display.set_mode((640, 480))           # 设置窗口尺寸
08    sense = SenseHat()                            # 创建一个 SenseHat 对象
09    sense.clear()                                 # 清空
10
11    # 点亮(0, 0)位置处的 LED
12    x = 0
13    y = 0
14    sense.set_pixel(x, y, 255, 255, 255)
15
16    while True:
17        for event in pygame.event.get():
18            if event.type == KEYDOWN:
19                sense.set_pixel(x, y, 0, 0, 0)        # 0,0,0 为熄灭状态
20
21                if event.key == K_DOWN and y < 7:
22                    y = y + 1
```

```
23          elif event.key == K_UP and y > 0:
24              y = y - 1
25          elif event.key == K_RIGHT and x < 7:
26              x = x + 1
27          elif event.key == K_LEFT and x > 0:
28              x = x - 1
29
30          sense.set_pixel(x, y, 255, 255, 255)
31          if event.type == QUIT:
32              print("BYE")
33              break
```

运行程序，（0，0）位置处的 LED 将首先被点亮，移动操纵杆后，当前位置的 LED 熄灭，目标位置的 LED 将被点亮，当移动到边界后，LED 并不会改变。

12.4.5　乒乓游戏

目前，可以简单地控制操纵杆、点亮 LED 和读取传感器的参数了。本节将使用 SenseHat 扩展板完成一个简易的乒乓游戏，在该游戏中，玩家使用由 3 个 LED 组成的"球拍"击打由 1 个蓝色 LED 组成的"球"，具体代码如下：

【实例 12.8】　乒乓游戏（实例位置：资源包\Code\12\08）

```
01  from time import sleep
02  import threading
03  import pygame
04  from pygame.locals import *
05
06  from sense_hat import SenseHat
07
08
09  sense = SenseHat()                  # 创建一个 SenseHat 对象
10  sense.clear(0, 0, 0)                # 熄灭所有 LED
11
12  pygame.init()                       # 初始化
13  pygame.display.set_mode((320, 240))
14  y = 4
15  ball_position = [6, 3]
16  ball_speed = [-1, -1]
17
18
19  # 球拍
20  def drawbat():
21      sense.set_pixel(0, y, 255, 255, 255)
22      sense.set_pixel(0, y + 1, 255, 255, 255)
23      sense.set_pixel(0, y - 1, 255, 255, 255)
24
25  # 移动球
```

```
26  def moveball():
27      global game_over
28      while True:
29          sleep(0.5)
30
31          sense.set_pixel(ball_position[0], ball_position[1], 0, 0, 0)
32
33          ball_position[0] += ball_speed[0]
34          ball_position[1] += ball_speed[1]
35
36          if ball_position[1] == 0 or ball_position[1] == 7:
37              ball_speed[1] = -ball_speed[1]
38          if ball_position[0] == 7:
39              ball_speed[0] = -ball_speed[0]
40          if ball_position[0] == 1 and y - 1 <= ball_position[1] <= y + 1:
41              ball_speed[0] = -ball_speed[0]
42          if ball_position[0] == 0:
43              break
44
45          sense.set_pixel(ball_position[0], ball_position[1], 0, 0, 255)
46
47      game_over = True
48
49
50  game_over = False
51
52  thread = threading.Thread(target=moveball)
53  thread.start()
54
55  while not game_over:
56      drawbat()
57      for event in pygame.event.get():
58          if event.type == KEYDOWN:
59              if event.key == K_UP and y > 1:
60                  sense.set_pixel(0, y + 1, 0, 0, 0)
61                  y -= 1
62              if event.key == K_DOWN and y < 6:
63                  sense.set_pixel(0, y - 1, 0, 0, 0)
64                  y += 1
65  sense.show_message("You Lose", text_colour=(255, 0, 0))
```

运行程序，向上或向下移动操纵杆，如果击打到球，将把球反弹出去；如果没有击打到球，将显示失败信息。

12.5 无线通信

如果树莓派被用于无人看守的户外工作站项目中，除电源问题外，另一大难题就是如何使树莓派连接到网络。没有网络就无法远程控制树莓派，树莓派也不能将采集到的数据传递给控制中心，为解决这一问题，可在树莓派上加装一个 SIM7600G-H 4G 模块。

12.5.1　无线通信简介

SIM7600X 4G HTA 模块是支持 4G/3G/2G 通信和 GNSS 定位功能的树莓派扩展板，如图 12.12 和图 12.13 所示，该扩展板全球通用、LTE CAT4（高达 150Mbps 网速）且功耗低。把它接到电脑上进行 4G 拨号上网、看网络视频等，也可把它直接集成到树莓派上，轻松实现 4G 高速上网、无线通信、打电话、发短信和全球定位等功能。

图 12.12　SIM7600X 4G HAT 模块（正面）

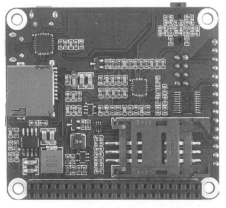

图 12.13　SIM7600X 4G HAT 模块（反面）

SIM7600G-H 4G HAT 模块具有如下特点：

☑ 基于 Raspberry Pi 40PIN GPIO 接口设计，适用于 Raspberry Pi 系列主板、Jetson Nano。

☑ 支持拨号上网、电话、短信、TCP、UDP、DTMF、HTTP、FTP 等功能。

☑ 支持 GPS、北斗、Glonass、LBS 基站定位。

☑ 板载 USB 接口，可用于测试 AT 指令、获取 GPS 定位信息等。

☑ 板载 CP2102 USB 转 UART 芯片，方便进行串口调试。

☑ 引出模组 UART 等控制接口，方便接入 Arduino/STM32 等主控板。

☑ 板载 SIM 卡槽，支持 1.8V 和 3V SIM 卡。

☑ 板载 TF 卡槽，可用于存放文件、短信等数据。

☑ 板载音频接口和音频解码芯片，可用于打电话等语音操作。

☑ 板载 2 个 LED 指示灯，方便查看模块运行状态。

☑ 板载电平转换电路，可通过跳线帽切换 3.3V / 5V 工作电平。

☑ 支持波特率范围：300bps ~ 4Mbps（默认为 115 200bps）。

☑ 支持自动识别波特率（9600bps～115 200bps）。

在连接该扩展板前，需要先切断树莓派的电源，在背面插入已经激活的 4G SIM 卡、TF 内存卡（可选）和带有麦克风的耳机（可选），并将扩展板的 GPIO 插口一一对应树莓派的 GPIO 引脚，按压连接。最后再使用 USB 数据线连接扩展板左下角的 USB 接口到树莓派的 USB2.0 接口。确认无误后，使用铜柱和螺丝固定即可。

12.5.2 网络连接

为确保 SIM7600G-H 4G 接入树莓派后能正常工作，需先初始化树莓派部分引脚的电平输出。具体操作如下：

（1）下载官网的示例程序，下载链接是 http://www.waveshare.net/w/upload/2/29/SIM7600X-4G-HAT-Demo.7z。

（2）解压后，把 Raspberry 文件夹下的 c 文件夹重命名为 SIM7600X，然后把 SIM7600X 整个文件夹复制到树莓派/home/pi 目录下。

（3）使用命令行进入/home/pi/SIM7600X 目录下，执行以下命令：

```
chmod 777 sim7600_4G_hat_init
```

（4）设置开机初始化脚本，运行命令：

```
sudo nano /etc/rc.local
```

（5）在 exit 0 上一行加入如下代码：

```
sh /home/pi/SIM7600X/sim7600_4G_hat_init
```

（6）随后重启。

长按 SIM7600G-H 4G 上的 PWKKEY 键，即可为该扩展板开机。正常开机后，NET 灯应闪烁，若未闪烁，请检查 SIM 卡是否可用，或是否进入了飞行模式。此外，还需检查树莓派系统是否默认安装了高通的 wwan0 网口的驱动模块文件，可用以下命令查看：

```
lsmod
```

如果在查询的结果中，有 qmi_wwan 等字样，就表示安装了该驱动，需要先卸载该驱动，再安装 simcom 的用于 wwan0 网口的驱动模块文件，命令如下：

```
sudo su
rmmod qmi_wwan   # 卸载驱动

# 安装新驱动
wget http://www.waveshare.net/w/upload/0/00/SIM7600_NDIS.7z
sudo apt-get install p7zip-full
7z x SIM7600_NDIS.7z    -r -o./
cd SIM7600_NDIS
```

树莓派要编译内核模块，还需要另外安装内核头文件，命令如下：

```
sudo apt install raspberrypi-kernel-headers
```

开始编译 NDIS 驱动源文件，先切换成超级管理员，执行如下命令：

```
sudo su
make clean
make
ls
```

编译完成后可以查看到内核驱动模块文件 simcom_wwan.ko。接下来，安装该驱动模块文件，命令如下：

```
insmod simcom_wwan.ko
lsmod
```

此时，simcom_wwan 驱动模块已安装。可查看内核的打印信息，执行如下命令：

```
Dmesg
```

注意

如果安装驱动失败，可以通过内核打印信息查看出错类型。如果提示内核版本不匹配，再次检查安装的内核头文件版本是否与系统内核版本匹配。

驱动安装完成后，将扩展板设置为 4G 上网模式，并查看网络连接状态，具体命令如下：

```
# 关闭 ModemManager 进程，以防止 minicom 调试 AT 串口时，显示没用的数据
sudo su
killall ModemManager
# 安装 minicom 串口工具
apt-get install minicom
# 查看串口设备，AT 指令串口，为/dev/ttyUSB2
ls /dev/ttyUSB*
# 用 minicom 打开串口
sudo minicom -D /dev/ttyUSB2
# 强制设置为 4G 上网
AT+CNMP=38
# 查询网络质量
AT+CSQ
# 查询网络注册状态
AT+CREG?
# 查询网络运营商
AT+COPS?
# 查询网络波段
AT+CPSI?
```

如果，SIM7600G-H 4G 和树莓派硬件连接正常，网络连接正常，就可进行拨号连接并分配 IP 地址。首先需要开启网口，命令如下：

```
ifconfig wwan0 up
```

然后拨号，命令如下：

```
minicom -D /dev/ttyUSB2
```

```
AT$QCRMCALL=1,1
```

最后，分配 IP，命令如下：

```
apt-get install udhcpc
udhcpc -i wwan0
```

对该网口进行测试，命令如下：

```
ifconfig -a
ping -I wwan0 www.baidu.com
```

如果出现 dns 解析异常，输入以下命令：

```
route add -net 0.0.0.0 wwan0
```

至此，树莓派就可正常的上网通信了。

12.5.3 拨打电话

SIM7600G-H 4G 扩展板接入树莓派后，再接入 main 天线、耳机，进入之前的示例文件内，运行 PythonCall.py 文件即可拨打电话，具体代码如下：

【实例 12.9】 拨打电话（实例位置：资源包\Code\12\09）

```
01    import RPi.GPIO as GPIO
02
03    # sudo pip3 install pyserial
04    import serial
05    import time
06
07
08    ser = serial.Serial('/dev/ttyS0',115200)
09    ser.flushInput()
10
11    phone_number = '10010'                        # 更改电话号码
12    power_key = 6
13    rec_buff = ''
14
15    # 发送 AT 命令
16    def send_at(command,back,timeout):
17        rec_buff = ''
18        ser.write((command+'\r\n').encode())
19        time.sleep(timeout)
20        if ser.inWaiting():
21            time.sleep(0.01 )
22            rec_buff = ser.read(ser.inWaiting())
23        if back not in rec_buff.decode():
```

```
24          print(command + ' ERROR')
25          print(command + ' back:\t' + rec_buff.decode())
26          return 0
27      else:
28          print(rec_buff.decode())
29          return 1
30
31  # 启动
32  def power_on(power_key):
33      print('SIM7600X is starting:')
34      GPIO.setmode(GPIO.BCM)
35      GPIO.setwarnings(False)
36      GPIO.setup(power_key,GPIO.OUT)
37      time.sleep(0.1)
38      GPIO.output(power_key,GPIO.HIGH)
39      time.sleep(2)
40      GPIO.output(power_key,GPIO.LOW)
41      time.sleep(20)
42      ser.flushInput()
43      print('SIM7600X is ready')
44
45  # 关机
46  def power_down(power_key):
47      print('SIM7600X is loging off:')
48      GPIO.output(power_key,GPIO.HIGH)
49      time.sleep(3)
50      GPIO.output(power_key,GPIO.LOW)
51      time.sleep(18)
52      print('Good bye')
53
54  try:
55      power_on(power_key)
56      send_at('ATD'+phone_number+';','OK',1)
57      time.sleep(20)
58      ser.write('AT+CHUP\r\n'.encode())
59      print('Call disconnected')
60      power_down(power_key)
61  except :
62      if ser != None:
63          ser.close()
64          GPIO.cleanup()
65
66  if ser != None:
67      ser.close()
68      GPIO.cleanup()
```

本代码将默认拨打 10010，读者根据需求自行更改即可。

12.5.4　收发短信

SIM7600G-H 4G 扩展板接入树莓派后，再接入 main 天线，进入之前的示例文件内，运行 SMS.py 文件即可收发短信，具体代码如下：

【实例 12.10】　收发短信（实例位置：资源包\Code\12\10）

```python
01   import RPi.GPIO as GPIO
02   # sudo pip3 install pyserial
03   import serial
04   import time
05
06   ser = serial.Serial("/dev/ttyS0",115200)
07   ser.flushInput()
08
09   phone_number = '10010'                      # 电话号码，按需更改
10   text_message = 'www.raspberrypi.org'        # 短信内容
11   power_key = 6
12   rec_buff = ''
13
14   # 发送 AT 命令
15   def send_at(command,back,timeout):
16       rec_buff = ''
17       ser.write((command+'\r\n').encode())
18       time.sleep(timeout)
19       if ser.inWaiting():
20           time.sleep(0.01 )
21           rec_buff = ser.read(ser.inWaiting())
22       if back not in rec_buff.decode():
23           print(command + ' ERROR')
24           print(command + ' back:\t' + rec_buff.decode())
25           return 0
26       else:
27           print(rec_buff.decode())
28           return 1
29
30   # 发送短信
31   def SendShortMessage(phone_number,text_message):
32
33       print("Setting SMS mode...")
34       send_at("AT+CMGF=1","OK",1)
35       print("Sending Short Message")
36       answer = send_at("AT+CMGS=\""+phone_number+"\"",">",2)
37       if 1 == answer:
```

```
38        ser.write(text_message.encode())
39        ser.write(b'\x1A')
40        answer = send_at('','OK',20)
41        if 1 == answer:
42            print('send successfully')
43        else:
44            print('error')
45    else:
46        print('error%d'%answer)
47
48 # 接收短信
49 def ReceiveShortMessage():
50    rec_buff = ''
51    print('Setting SMS mode...')
52    send_at('AT+CMGF=1','OK',1)
53    send_at('AT+CPMS=\"SM\",\"SM\",\"SM\"', 'OK', 1)
54    answer = send_at('AT+CMGR=1','+CMGR:',2)
55    if 1 == answer:
56        answer = 0
57        if 'OK' in rec_buff:
58            answer = 1
59            print(rec_buff)
60    else:
61        print('error%d'%answer)
62        return False
63    return True
64
65 # 开启
66 def power_on(power_key):
67    print('SIM7600X is starting:')
68    GPIO.setmode(GPIO.BCM)
69    GPIO.setwarnings(False)
70    GPIO.setup(power_key,GPIO.OUT)
71    time.sleep(0.1)
72    GPIO.output(power_key,GPIO.HIGH)
73    time.sleep(2)
74    GPIO.output(power_key,GPIO.LOW)
75    time.sleep(20)
76    ser.flushInput()
77    print('SIM7600X is ready')
78
79 # 关机
80 def power_down(power_key):
81    print('SIM7600X is loging off:')
82    GPIO.output(power_key,GPIO.HIGH)
83    time.sleep(3)
84    GPIO.output(power_key,GPIO.LOW)
```

```
85        time.sleep(18)
86        print('Good bye')
87
88    try:
89        power_on(power_key)
90        print('Sending Short Message Test:')
91        SendShortMessage(phone_number,text_message)
92        print('Receive Short Message Test:\n')
93        print('Please send message to phone ' + phone_number)
94        ReceiveShortMessage()
95        power_down(power_key)
96    except :
97        if ser != None:
98            ser.close()
99        GPIO.cleanup()
```

运行程序，即可使用该 SIM 卡收发短信。可将电话号码改为目标号码。

12.5.5　GPS 定位

SIM7600G-H 4G 扩展板接入树莓派后，再接入 main 天线，进入之前的示例文件内，运行 GPS.py 文件即可获取 GPS 位置信息，具体代码如下：

【实例 12.11】　GPS 定位（实例位置：资源包\Code\12\11）

```
01    import RPi.GPIO as GPIO
02    # sudo pip3 install pyserial
03    import serial
04    import time
05
06    ser = serial.Serial('/dev/ttyS0',115200)
07    ser.flushInput()
08
09    power_key = 6
10    rec_buff = ''
11    rec_buff2 = ''
12    time_count = 0
13
14    # 发送 AT 命令
15    def send_at(command,back,timeout):
16        rec_buff = ''
17        ser.write((command+'\r\n').encode())
18        time.sleep(timeout)
19        if ser.inWaiting():
20            time.sleep(0.01 )
21            rec_buff = ser.read(ser.inWaiting())
```

```
22      if rec_buff != '':
23          if back not in rec_buff.decode():
24              print(command + ' ERROR')
25              print(command + ' back:\t' + rec_buff.decode())
26              return 0
27          else:
28              print(rec_buff.decode())
29              return 1
30      else:
31          print('GPS is not ready')
32          return 0
33
34  # 获取 GPS 位置
35  def get_gps_position():
36      rec_null = True
37      answer = 0
38      print('Start GPS session...')
39      rec_buff = ''
40      send_at('AT+CGPS=1,1','OK',1)
41      time.sleep(2)
42      while rec_null:
43          answer = send_at('AT+CGPSINFO','+CGPSINFO: ',1)
44          if 1 == answer:
45              answer = 0
46              if ',,,,,,' in rec_buff:
47                  print('GPS is not ready')
48                  rec_null = False
49                  time.sleep(1)
50          else:
51              print('error %d'%answer)
52              rec_buff = ''
53              send_at('AT+CGPS=0','OK',1)
54              return False
55          time.sleep(1.5)
56
57  # 开启
58  def power_on(power_key):
59      print('SIM7600X is starting:')
60      GPIO.setmode(GPIO.BCM)
61      GPIO.setwarnings(False)
62      GPIO.setup(power_key,GPIO.OUT)
63      time.sleep(0.1)
64      GPIO.output(power_key,GPIO.HIGH)
65      time.sleep(2)
66      GPIO.output(power_key,GPIO.LOW)
67      time.sleep(20)
68      ser.flushInput()
69      print('SIM7600X is ready')
```

```
70
71    # 关闭
72    def power_down(power_key):
73        print('SIM7600X is loging off:')
74        GPIO.output(power_key,GPIO.HIGH)
75        time.sleep(3)
76        GPIO.output(power_key,GPIO.LOW)
77        time.sleep(18)
78        print('Good bye')
79
80    try:
81        power_on(power_key)
82        get_gps_position()
83        power_down(power_key)
84    except:
85        if ser != None:
86            ser.close()
87        power_down(power_key)
88        GPIO.cleanup()
89    if ser != None:
90            ser.close()
91            GPIO.cleanup()
```

将接收器放置在空旷的地方（阴雨天信号弱），为扩展板通电，等待 1min 后再运行程序，即可获取到 GPS 定位数据。

12.6　模　数　转　换

树莓派暂时还没有像 Arduino 那样处理模拟信号的能力，仅能处理数字信号，如果接收到的信号为模拟信号，则必须要外接 ADC 将其转换为数字信号。除此之外，也可以借助一个高精度的模数转换扩展板实现信号的转换。

12.6.1　模数转换扩展板简介

模数转换扩展板排针封装了输入接口，可接入模拟信号，兼容传感器接口标准，方便接入各种模拟传感器模块。同时，它板载接线端子，封装输入、输出接口，可接入模拟信号及数字信号，方便在各种场合使用。模数转换扩展板配备了 ADS1256 芯片，8 通道 24 位高精度 ADC（4 通道差分输入），具有 30kbps 采样速率，同时也配备了 DAC8532 芯片，2 通道 16 位高精度 DAC，如图 12.14 所示。

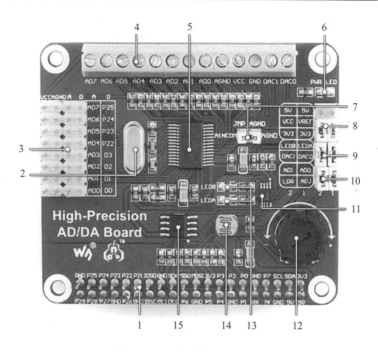

图 12.14 模数转换扩展板

在图 12.14 中，各元器件的名称及作用如下：

1—Raspberry Pi GPIO 接口，方便接入树莓派。

2—7.68M 晶振，产生高度稳定的信号。

3—AD 输入接口（排针），接入各种传感器模块。

4—AD/DA 输入/输出接口（接线端子）。

5—ADS1256，24 位高精度 ADC，8 通道（4 通道差分输入）。

6—PWR LED，电源指示灯。

7—ADC 参考地设置，AD 单端输入时，AINCOM 为参考端，可接地或外部参考电平。

8—电源配置跳线。

9—DAC 测试跳线。

10—ADC 测试跳线。

11—DAC8532，16 位高精度 DAC，2 通道输出。

12—10kΩ 电位器。

13—LED 输出指示灯。

14—光敏电阻。

15—LM285-2.5 稳压器，提供 ADC 芯片工作基准电压。

在该扩展板的 40PIN GPIO 引脚中还有一些特殊的功能引脚，其作用如表 12.1 所示。

该扩展板的连接基本同其他扩展板类似，将其 GPIO 排插入树莓派的 GPIO 引脚，盖在树莓派上，再使用 4 个铜柱在周围固定即可。

表 12.1　扩展板特殊功能引脚

功　能　引　脚	树莓派接口（Board）	树莓派接口（BCM）	树莓派接口（WiringPi）	作　　用
DRDY	11	17	0	数据就绪输出，低电平有效
RESET	12	18	1	复位输入
PDWN	13	27	2	同步/关闭电源输入，低电平有效
CS0	24	8	10	ADS1256 片选，低电平有效
C1	26	7	11	DAC8532 片选，低电平有效
DIN	19	10	12	SPI 数据输入
DOUT	21	9	13	SPI 数据输出
SCK	23	11	14	SPI 时钟信号

12.6.2　模拟信号转数字信号

在使用该扩展板前，需要先在树莓派"首选项"下的 Raspberry Pi Configuration 内开启 SPI 接口，然后关闭树莓派并切断电源，在扩展板右侧（图 12.14 中的 10、9、8 和 7 处）按照如下步骤接线：

（1）使用跳线帽连接 5V 和 VCC，将工作电压设置为 5V。

（2）使用跳线帽连接 5V 和 VREF，将参考电压设置为 5V。

（3）使用跳线帽连接 AD1 和 LDR，将光敏电阻的输出设置为模拟量输入，并确保扩展板左侧的传感器接口 AD1 处于断开状态。

（4）使用跳线帽连接 AD0 和 ADJ，将电位器的输出设置为模拟量输入，并确保扩展板左侧的传感器接口 AD0 处于断开状态。

（5）使用跳线帽连接 AINCOM 和 AGND，AD 差分输入时可以不连接。

此时已完成全部接线，如图 12.15 所示。

然后启动树莓派，再下载并安装 BCM2835 库（可选），命令如下：

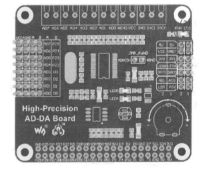

图 12.15　模拟信号转数字信号接线

```
wget http://www.airspayce.com/mikem/bcm2835/bcm2835-1.60.tar.gz
```

解压压缩包，并进入该压缩包内，命令如下：

```
tar zxvf bcm2835-1.60.tar.gz
cd bcm2835-1.60/
```

编译并安装，命令如下：

```
sudo ./configure
sudo make
sudo make check
```

```
sudo make install
```

再下载该扩展板官方提供的示例程序，命令如下：

```
sudo apt-get install p7zip-full
wget http://www.waveshare.net/w/upload/5/5e/High-Precision-AD-DA-Board-Code.7z
7z x High-Precision-AD-DA-Board-Code.7z -r -o./High-Precision-AD-DA-Board-Code
cd High-Precision-AD-DA-Board-Code/RaspberryPI/
```

之后通过 cd ADS1256 命令进入 ADS1256 示例文件夹，可通过以下 4 种方式来运行示例文件：

☑ bcm2835

```
cd bcm2835/
make
sudo ./ads1256_test
```

注意

运行了 BCM2835 库需要重启树莓派才能正常使用其他方法。

☑ wiringpi

```
cd wiringpi/
make
sudo ./ads1256_test
```

☑ python2

```
cd python2/
sudo python   main.py
```

☑ python3

```
cd python3/
sudo python3   main.py
```

本书选用的是 python3 示例程序，具体代码如下：

【实例 12.12】 模拟信号转数字信号（实例位置：资源包\Code\12\12）

```
01    import ADS1256
02    import RPi.GPIO as GPIO
03
04    try:
05        ADC = ADS1256.ADS1256()                            # 创建 ADS 实例
06        ADC.ADS1256_init()                                 # 初始化
07        while (1):
08            ADC_Value = ADC.ADS1256_GetAll()               # 读取所有通道数值
09            print("0 ADC = %lf" % (ADC_Value[0] * 5.0 / 0x7fffff))
10            print("1 ADC = %lf" % (ADC_Value[1] * 5.0 / 0x7fffff))
```

```
11          print("2 ADC = %lf" % (ADC_Value[2] * 5.0 / 0x7fffff))
12          print("3 ADC = %lf" % (ADC_Value[3] * 5.0 / 0x7fffff))
13          print("4 ADC = %lf" % (ADC_Value[4] * 5.0 / 0x7fffff))
14          print("5 ADC = %lf" % (ADC_Value[5] * 5.0 / 0x7fffff))
15          print("6 ADC = %lf" % (ADC_Value[6] * 5.0 / 0x7fffff))
16          print("7 ADC = %lf" % (ADC_Value[7] * 5.0 / 0x7fffff))
17          print("\33[9A")
18  except:
19      GPIO.cleanup()
20      print("\r\nProgram end        ")
21      exit()
```

运行程序前，需要保证 config.py 文件和 ADS1256.py 文件与 main.py 文件都在同一目录下，这样才能正确的引用。程序启动后，转动电位器，AD0 通道电压有相应的变化。遮挡光敏电阻，AD1 通道电压有相应的变化。由于其他的通道没有接到负载上，即处于悬空状态，所以在 1.17V 左右浮动。

12.6.3　数字信号转模拟信号

在将数字信号转换为模拟信号时，需要先关闭树莓派，并断开电源。保持 12.6.2 节的（1）（2）（5）接线方式不变，将（3）（4）更改为如下：

（3）使用跳线帽连接 DA0 和 LEDA，则指示灯 LEDA 的亮度将根据 DA0 输出电压而变化。

（4）使用跳线帽连接 DA1 和 LEDB，则指示灯 LEDB 的亮度将根据 DA1 输出电压而变化。

更改位置如图 12.16 所示。

随后，启动树莓派，进入示例的下载路径，通过 cd DAC8532 命令进入 DAC8532 示例文件夹，数字信号转模拟信号也可通过以下 4 种方式来运行示例文件：

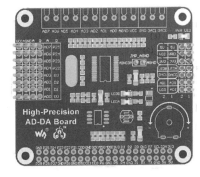

图 12.16　数字信号转模拟信号接线

☑　bcm2835

```
cd bcm2835/
make
sudo ./dac8532_test
```

注意

运行了 BCM2835 库需要重启树莓派才能正常使用其他方法。

☑　wiringpi

```
cd wiringpi/
make
```

```
sudo ./dac8532_test
```

☑ python2

```
cd python2/
sudo python   main.py
```

☑ python3

```
cd python3/
sudo python3   main.py
```

本书选用的是 python3 内示例程序，具体代码如下：

【实例12.13】 数字信号转模拟信号（实例位置：资源包\Code\12\13）

```
01  import time
02  import DAC8532
03  import RPi.GPIO as GPIO
04
05  try:
06      DAC = DAC8532.DAC8532()   # 创建 ADS 实例
07      DAC.DAC8532_Out_Voltage(DAC8532.channel_A, 0)
08      DAC.DAC8532_Out_Voltage(DAC8532.channel_B, 0)
09
10      while (1):
11          for i in range(0, 33, 1):
12              DAC.DAC8532_Out_Voltage(DAC8532.channel_A, 3.3 * i / 33)
13              DAC.DAC8532_Out_Voltage(DAC8532.channel_B, 3.3 - 3.3 * i / 33)
14              time.sleep(0.2)
15
16          for i in range(0, 33, 1):
17              DAC.DAC8532_Out_Voltage(DAC8532.channel_B, 3.3 * i / 33)
18              DAC.DAC8532_Out_Voltage(DAC8532.channel_A, 3.3 - 3.3 * i / 33)
19              time.sleep(0.2)
20
21  except:
22      GPIO.cleanup()
23      print("\r\nProgram end")
24      exit()
```

运行程序前，需要保证 config.py、DAC8532.py 与 main.py 文件都在同一目录下，这样才能正确的引用。程序启动后，LEDA 和 LEDB 两个指示灯将出现呼吸灯效果。

12.7 接 口 扩 展

树莓派配备了许多 GPIO 接口和 USB 接口，但在一些特殊情况下，这些接口还不够用，所以本节将介绍如何扩展这些接口，以满足项目的需求。

12.7.1 GPIO 扩展

树莓派虽然配备了 40 个 GPIO 引脚，但在大多数项目中，通常会用到多个 GPIO 扩展板。目前市面上的扩展板为了防止用户插错，通常都是两排插口与树莓派的 40 个 GPIO 引脚一一对应，尽管它只用了其中几个引脚，却将 GPIO 全部占满。部分扩展板在上方虽然又提供了 40 PIN 的引脚，但这些引脚的高度通常低于扩展板元器件的高度，使用时还需要使用 GPIO 加高排母座用于扩展，如图 12.17 所示。

图 12.17　GPIO 加高排母座

在使用 GPIO 加高排母座后就可以将扩展板相互叠加放置，但需要找到适配的铜柱用于固定，否则极容易折断针脚。除此之外，本书更推荐使用 GPIO 一分三扩展板，如图 12.18 和图 12.19 所示。

图 12.18　GPIO 一分三扩展板（正面）

图 12.19　GPIO 一分三扩展板（背面）

该扩展板将原来的一组两排 GPIO 接口扩展到了三组。需要注意的是，这三组中的接口并不是相互独立的，所以不能同时驱动每组中相同的引脚（VCC 和 GND 除外）。该扩展板的安装方法非常简单，先将其盖在树莓派上，最后使用铜柱固定即可。如果该扩展板仍不能满足需求，也可考虑 GPIO 一分五扩展板。

12.7.2　面包板扩展

在大多数的控制实验中，对于初学者而言都应尽量避免直接在树莓派上接线，而是将树莓派的 GPIO 引脚通过一组 40PIN 的排线（见图 12.20）和 T 形扩展板（见图 12.21）引入面包板，最后在面包板上完成接线。

如果没有 T 形扩展板也可使用图 12.22 所示的转接板代替，其作用基本与 T 形扩展板类似，将其插在面包板上即可使用。

如果觉得以上两种接线方式需要使用 40PIN 排线，降低了可塑性，那么可以使用带有面包板的扩展板，如图 12.23 所示。

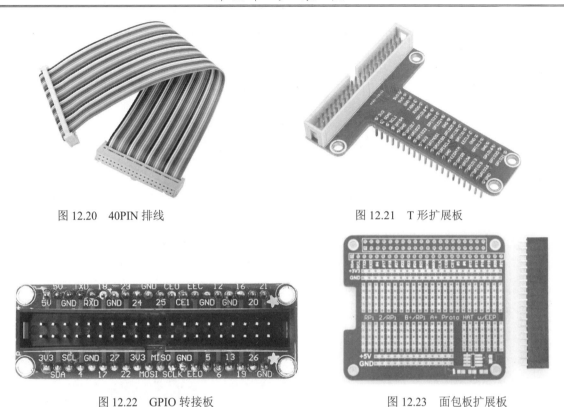

图 12.20　40PIN 排线　　　　　　　　　　图 12.21　T 形扩展板

图 12.22　GPIO 转接板　　　　　　　　　图 12.23　面包板扩展板

12.7.3　USB 扩展

如果把树莓派当成一个小型计算机使用，往往会通过 USB 接口连接大量的设备，例如键盘、鼠标、摄像头和外部存储设备等。虽然树莓派已经配备了 4 个 USB 接口，但在某些情况下还是不够用。此时，可以使用 USB 扩展设备，如图 12.24 所示。

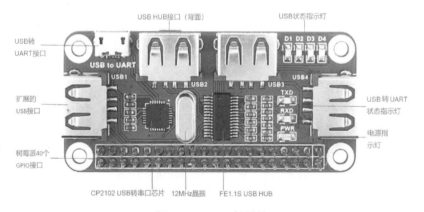

图 12.24　USB 扩展板

该扩展板可以兼容各类型的树莓派，且板载了 4 路 USB2.0 接口和 1 路 USB 转 UART 接口，在扩展 USB 接口的同时还可以通过开关使能，方便树莓派进行串口调试和避免冲突传输。还有多个状态指示灯，方便监控运行状态。该扩展背面还带有一个 USB HUB 接口和 40PIN 排母，如图 12.25 所示。

图 12.25　USB 扩展板背面

　　由于该扩展板免驱，所以在使用时只需要将其排母与树莓派 GPIO 引脚一一对应，插在树莓派上，并使用一根 Micro USB 转 USB 线分别插入扩展板背面的 USB HUB 接口和树莓派的 USB 接口即可。

12.7.4　串口扩展

　　树莓派只预留了一路串口，如果作为串口终端调试，就不能再接入其他串口设备。此时，可以使用串口扩展板来扩展，如图 12.26 所示，该扩展板可通过 I2C 扩展 2 路串口（UART）通道和 8 个可编程的 IO 接口。

　　该扩展板背部带有 40PIN 排母，直接插在树莓派上即可，且板载了 SC16IS752 芯片，可通过 I2C 扩展 2 路串口和 8 个可编程 IO，不占用额外管脚，同时还预留了 I2C 接口，方便接入其他主控板。该扩展板还带有多个指示灯，方便查看扩展串口的工作状态。

图 12.26　串口扩展板

　　由于该扩展板使用 I2C 接口，所以在使用前需要先启用树莓派的 I2C 协议，并执行以下命令安装 BCM2835 库（可选）：

```
wget http://www.airspayce.com/mikem/bcm2835/bcm2835-1.60.tar.gz
tar zxvf bcm2835-1.60.tar.gz
cd bcm2835-1.60/
sudo ./configure
sudo make
sudo make check
sudo make install
```

　　安装完成后，还需要确保已经安装 wiringPi 和 Python（最新版的 Raspberry Pi OS 桌面系统自带），再执行以下命令安装必要的 Python 库：

```
sudo apt-get install python-rpi.gpio
sudo apt-get install python-smbus
```

　　最后执行以下命令修改/boot/config.txt 文件内容：

```
sudo nano /boot/config.txt
```

在其中增加以下内容：

```
dtoverlay=sc16is752-i2c,int_pin=24,addr=0x48
```

随后关闭树莓派，并切断电源，安装扩展板，再启动树莓派。启动后，SC16IS752 的驱动会加载到系统内核中，此时可以使用 ls /dev 命令查看，将会发现 ttySC0 和 ttySC1 两个设备。

随后就可以下载官方提供的示例程序用于测试串口和 GPIO 接口，命令如下：

```
wget http://www.waveshare.net/w/upload/b/ba/Serial_Expansion_HAT_code.tar.gz
tar zxvf Serial_Expansion_HAT_code.tar.gz
sudo chmod 777 -R Serial_Expansion_HAT_code
cd Serial_Expansion_HAT_code
```

再运行 send.py 和 receive.py 文件即可测试串口通信，默认波特率为 115200：

```
cd python/Uart/
# 默认通过串口 A 发送数据
sudo python send.py
# 默认通过串口 B 接收数据
sudo python receive.py
```

但官方提供的示例文件是基于 python2 的，如果使用 python3 运行就会报错，send.py 文件可做以下修改：

【实例 12.14】　串口通信（实例位置：资源包\Code\12\14）

```
01  import RPi.GPIO as GPIO
02  import serial
03  import time
04
05  ser1 = serial.Serial("/dev/ttySC0",115200,timeout=1)        # 默认波特率为 115200
06  ser2 = serial.Serial("/dev/ttySC1",115200,timeout=1)
07  time.sleep(1)
08
09  command = ["a","b","c",",","1","5",0x24,0x48]
10  s = ""
11  print("send data:")
12  for item in command:
13      s = s + str(item)
14      print(item)
15  len = ser1.write(command)
16  print("len:"),len
17
18  ser1.flush()
```

receive.py 文件可做如下修改：

```
01    import RPi.GPIO as GPIO
02    import serial
03    import time
04
05    dev = 1 # use ttySC0   => dev = 0, use ttySC1 => dev = 1
06    if dev == 0:
07        ser = serial.Serial("/dev/ttySC0",115200,timeout=1)   # 默认波特率为 115200
08    else:
09        ser = serial.Serial("/dev/ttySC1",115200,timeout=1)
10    time.sleep(1)
11    ser.flushInput()
12
13    data = ""
14    while 1:
15        while ser.inWaiting() > 0:
16            data += ser.read(ser.inWaiting())
17        if data != "":
18            for i in range(len(data)):
19                print(data[i])
20            print("")
21            data = ""
```

运行程序，发送端立即发送设置好的字符串，接收端将进入接收状态，终端打印接收到的程序。
或者，还可以使用以下命令测试扩展的 GPIO 接口：

```
cd python/GPIO
sudo python gpio.py
```

gpio.py 文件的具体代码如下：

【实例 12.15】　　GPIO 测试（实例位置：资源包\Code\12\15）

```
01    from ctypes import *
02    import time
03
04    # 调用 C 语言编写的模块，先确定该文件在同级目录下
05    gpio = CDLL('./SC16IS752GPIO.so')
06    OUT = 1
07    IN  = 0
08
09    # 初始化 0～7 号 GPIO 接口
10    gpio.SC16IS752GPIO_Init()
11
12    # 调用 SC16IS752GPIO_Mode(int Pin, int Mode)方法
13    # 引脚范围: 0～7
14    # 模式:0 = 输入, 1 = 输出
15    gpio.SC16IS752GPIO_Mode(0, OUT)
16    gpio.SC16IS752GPIO_Mode(1, IN)
17
18    # 写入值
```

```
19   # 调用 SC16IS752GPIO_Write(int Pin, int value)方法
20   # 引脚范围: 0～7
21   # 值:0 = 低电平信号, 1 = 高电平信号
22   i = 0
23   for i in range(0, 10):
24       gpio.SC16IS752GPIO_Write(0, i % 2)
25       time.sleep(1)
26
27   # 读取值
28   # 调用 SC16IS752GPIO_Read(int Pin)方法
29   # 引脚范围: 0～7
30   gpio.SC16IS752GPIO_Read(1)
31   print("GPIO 1 = "),gpio.SC16IS752GPIO_Read(1)
32
33   # 退出
34   # gpio.SC16IS752GPIO_Exit()
```

运行程序，GPIO0 的电平将翻转几次，如果 GPIO0 接上 LED，会发现 LED 闪烁 5 次之后常亮，另外 GPIO1 被设置为输入模式，可以将 GPIO1 分别接到 3.3V 和 GND 查看状态。

12.8 以太网供电

树莓派自 3B+ 版本开始，就支持通过以太网 POE 接口为树莓派供电，前提是有支持 802.3af 网络标准的 POE 路由器或交换机和以太网供电（Power Over Ethernet，POE）扩展板。具备所有条件，就可以通过"一线"让树莓派实现联网和供电。

12.8.1 POE 扩展板简介

树莓派以太网供电（POE）扩展板（见图 12.27）目前仅支持树莓派 4B 和树莓派 3B+，3B+ 之前的版本均不支持，4B 以后的版本可查看官方给出的具体信息。通过该扩展板可以使用支持 802.3af PoE 网络标准的以太网来为树莓派供电，并连接网络。

由于该扩展板并未将树莓派的 40PIN GPIO 接口引出，所以为了解决散热的需求，板载了一个 25mm×25mm 的无刷散热风扇，该风扇由树莓派通过 I2C 控制。风扇将根据树莓派上主处理器的温度自动打开和关闭，方便树莓派及时散热，且降低树莓派的用电量。

图 12.27　以太网供电（POE）扩展板

12.8.2 POE 扩展板使用方法

在安装扩展板前，需要先将铜柱和垫片安装在树莓派周围的 4 个孔位上。再将该扩展板的背部对

准树莓派的 40PIN GPIO 接口和 4PIN POE 接口。如果要从树莓派上拔出扩展板，需要均匀拉动排母，禁止先拔一端再拔另一端，以免掰弯排针。

安装完成后，再使用 4 个螺丝固定即可。此时，即可插入网线来为树莓派供电和联网。在使用过程中还需要注意以下几个问题：

- ☑ 只能使用兼容 802.3af 的电源设备供电。
- ☑ 应该在通风良好的环境中操作，并且不应该覆盖。
- ☑ 使用时应放置在稳定、平坦、不导电的表面上，并且请勿与导电物品接触。
- ☑ 请勿在任何时候将任何东西插入风扇或通过其他方式阻塞风扇。
- ☑ 在操作过程中，请勿将产品暴露于水或湿气中。
- ☑ 不要将其暴露于任何热源，该产品只在正常室温下可靠运行。
- ☑ 搬运时要小心，避免对印刷电路板和连接器造成机械或电气损坏。
- ☑ 避免在将树莓派连接到电源插座时对其进行操作。
- ☑ 仅握住边缘以最大限度地减少静电放电损坏的风险。
- ☑ 树莓派使用的任何外部电源均应符合预期使用国家/地区的相关法规和标准。
- ☑ 与树莓派一起使用的所有其他外部设备（键盘、鼠标和显示器等）应符合使用国家/地区的相关标准，并进行相应标记，以确保满足安全和性能要求。

12.9 继 电 器

众所周知，国内大多数电器使用的都是 220V 50Hz 的交流电，而树莓派使用的是 5V 3A 的直流电，这导致树莓派无法像点亮一个 LED 那样，直接控制室内灯的开关，因此必须借助继电器来实现。

12.9.1 继电器扩展板简介

继电器是一种电控制器件，当输入量变化达到指定要求时，在电气输出电路中使被控量发生预定阶跃变化的一种电器。通常应用于自动化控制电路中，它实际上是用小电流去控制大电流运作的一种"自动开关"。在电路中起着自动调节、安全保护、转换电路等作用。

在树莓派中合理地使用继电器，根据需求控制继电器的开关，从而间接地控制电器设备的运转，如此就可简单地实现智能家居的效果。如果计划控制的继电器比较多，就可使用本节介绍的树莓派继电器扩展板，如图 12.28 所示。

该扩展板的主要特点如下：

- ☑ 基于树莓派的 40Pin 接口，适用于多数树莓派主板。
- ☑ 采用优质继电器，允许接入负载的范围是：≤5A 250V AC 或 ≤5A 30V DC。
- ☑ 带光耦隔离，可避免高压电路干扰。
- ☑ 带继电器指示灯，方便查看继电器的工作状态。
- ☑ 带继电器选择跳线帽，方便切换树莓派其他引脚进行控制。

☑　预留控制接口，方便配合 PLC 等控制器使用。

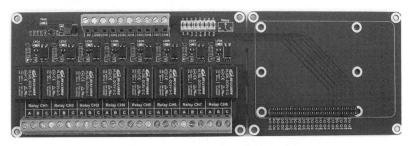

图 12.28　继电器扩展板

12.9.2　继电器扩展板使用方法

该扩展板的使用非常简单，先切断树莓派的电源，将其直接盖在树莓派上再固定即可使用。扩展板上的 Relay_JMP 是继电器控制管脚，用于选择跳线，当连接跳线帽时，即可使用树莓派控制继电器。同时，树莓派上的 GPIO 引脚与扩展板上继电器的通道对应关系如表 12.2 所示。

表 12.2　各通道继电器对应关系

继电器通道	树莓派接口（Board）	树莓派接口（BCM）	树莓派接口（WiringPi）
通道 1	29	21	5
通道 2	31	22	6
通道 3	33	23	13
通道 4	36	27	16
通道 5	35	24	19
通道 6	38	28	20
通道 7	40	29	21
通道 8	37	25	26

在图 12.28 中，每个继电器（Relay）分别对应 3 个端口：A（常开端）、B（常闭端）和 C（公共端）。一般情况下公共端可不接，直接将电器设备的供电线拔出，再将供电线中的火线切断，其两端分别接入继电器的 A 端和 B 端即可。

在正式开始实验前，可下载官方的控制示例，用来控制继电器。下载命令如下：

```
sudo apt-get install p7zip
wget http://www.waveshare.net/w/upload/c/c2/RPi_Relay_Board_B.7z
7zr x RPi_Relay_Board_B.7z -r -o./RPi_Relay_Board_B
sudo chmod 777 -R RPi_Relay_Board_B
cd RPi_Relay_Board_B/RaspberryPi/
```

该扩展板的控制方式有 3 种：

☑　bcm2835（需提前安装）

```
cd bcm2835
make
sudo ./Relay_demo
```

运行程序后，模块上的继电器依次闭合，然后依次断开，每个继电器带有相应的指示灯，通过观察指示灯的状态可知。当用户要停止运行程序时，按 Ctrl+C 快捷键可以停止程序的运行。

☑ wiringpi

```
cd wiringpi/
make
sudo ./Relay_demo
```

运行程序后，模块上的继电器依次闭合，然后依次断开，每个继电器带有相应的指示灯，通过观察指示灯的状态可知。当用户要停止运行程序时，按 Ctrl+C 快捷键可以停止程序的运行。

☑ python

```
cd python/
sudo python Relay_demo.py
```

本书选用的是 Python 示例程序，具体代码如下：

【实例 12.16】 继电器（实例位置：资源包\Code\12\16）

```
01  import RPi.GPIO as GPIO
02  import time
03
04  Relay = [5, 6, 13, 16, 19, 20, 21, 26]          # 各通道继电器使用的引脚
05
06  GPIO.setmode(GPIO.BCM)                          # 编号模式
07  GPIO.setwarnings(False)                         # 忽略警告
08
09  for i in range(0,8):
10      GPIO.setup(Relay[i], GPIO.OUT)
11      GPIO.output(Relay[i], GPIO.HIGH)
12
13  try:
14      while True:
15          for i in range(8):
16              GPIO.output(Relay[i], GPIO.LOW)
17              time.sleep(0.5)
18          for i in range(8):
19              GPIO.output(Relay[i], GPIO.HIGH)
20              time.sleep(0.5)
21  except:
22      GPIO.cleanup()                              # 释放资源
```

运行程序后，模块上的继电器依次闭合，然后依次断开，每个继电器带有相应的指示灯，通过观察指示灯的状态可知。当用户要停止运行程序时，按 Ctrl+C 快捷键可以停止程序的运行。

12.10 小 结

本章主要介绍了树莓派上一些常见的扩展板，例如温控风扇、电源管理、存储扩展、Sense Hat、无线通信、模数转换、接口扩展、以太网供电、继电器等。这些扩展板有的集成了传感器来帮助开发者更加便捷地使用树莓派，有的补足了树莓派的短板。总之，读者在开发项目前可查看是否有相关的扩展板可以使用，以便大大缩短开发周期和降低开发难度。

第 13 章

Arduino 使用

尽管树莓派非常适用于网络连接、复杂控制和低压 GPIO 输出等项目，但与 Arduino 相比，缺点也比较明显，除价格稍高外，其必须借助外置 ADC 才能处理模拟信号。本章将简单介绍 Arduino 的使用、Arduino 中常见的函数、与树莓派的通信方式，以及如何使用 Python 语言控制 Arduino。

13.1 Arduino 基本情况

Arduino 是一个基于硬件和软件的原型平台（开源），它由可编程的电路板即微控制器和 Arduino IDE（集成开发环境）软件组成，用于将计算机代码写入并上传到物理板。

13.1.1 Arduino 简介

Arduino 的外观与树莓派类似，其本质上也是一台微型计算机。Arduino 能通过各种传感器感知环境，通过控制灯光、电机和其他的装置来反馈、影响环境。开发板上的微控制器可以通过 Arduino 的编程语言来编写程序，编译成二进制文件，烧录进微控制器。

对 Arduino 的编程就是利用 Arduino 编程语言（基于 Wiring）和 Arduino 开发环境（基于 Processing）来实现的。基于 Arduino 的项目，可以只包含 Arduino，也可以包含 Arduino 和其他一些在 PC 上运行的软件，它们之间进行通信（例如 Flash，Processing，MaxMSP）。

Arduino 使用的软件都可以免费下载，硬件参考设计（CAD 文件）遵循 available open-source 协议，可以自由地根据要求修改。国内一些厂商根据这些开源文件制造出了 Arduino 开发板，但其质量参差不齐。在条件允许的情况下，尽量选择从官方授权的企业店铺购买原装开发板，同时也可推动开源项目持续发展。

13.1.2 Arduino 的特点

目前，市场上还有许多其他的单片机和单片机平台，例如 51 单片机和 STM32 单片机等。但它们对于普通开发者来说门槛相对较高，需要有一定编程和硬件基础，内部寄存器较为繁杂，主流开发环境 Keil 配置相对麻烦，特别是对于 STM32 的开发，即使使用官方库也需要环境配置，开发环境也是收费的。

Arduino 不但简化了使用单片机工作的流程，同时还为教师、学生以及爱好者提供了一些其他系统不具备的优势：

- ☑ 性价比高：相比于其他单片机平台而言，Arduino 生态的各种开发板性价比相对较高。
- ☑ 跨平台：Arduino 软件（IDE）能在 Windows、Mac OS X 和 Linux 操作系统中运行，而大多数其他单片机系统仅限于在 Windows 操作系统中运行。
- ☑ 开发环境简单：Arduino 的编程环境对于初学者来说，极易掌握，同时有着足够的灵活性。Arduino 语言基于 Wiring 语言开发，是对 AVRGCC 库的二次封装，不需要太多的单片机基础、编程基础，简单学习后，就可以快速地进行开发。
- ☑ 开源可扩展：Arduino 软硬件都是开源的，开发者可以对软件库进行扩展，也可以下载到多种软件库来实现功能。Arduino 允许开发者对硬件电路进行修改和扩展来满足不同的需求。
- ☑ 强大的社区和第三方支持：Arduino 有着众多的开发者和用户，在网络上存在许多开源的示例代码、硬件设计。

因为 Arduino 的种种优势，越来越多的专业硬件开发者已经使用 Arduino 来开发他们的项目和产品。Arduino 已应用于硬件、物联网等开发领域。

13.1.3　Arduino 版本

Arduino 开发板有各种型号，例如：Arduino Uno、Arduino Leonardo、Arduino101、Arduino Mega 2560、Arduino Nano、Arduino Micro、Arduino Ethernet、Arduino Yùn 和 Arduino Due 等。各版本的对比如表 13.1 所示。

表 13.1　Arduino 版本对照表

名　称	处　理　器	工作/输入电压/V	CPU 速度/MHz	模拟输入/输出	数字IO/PWM	EEPROM /KB	SRAM /KB	闪存/KB	USB 接口	串口
101	Intel® Curie	3.3/ 7～12	32	6/0	14/4	—	24	196	Regular	—
Gemma	ATtiny85	3.3/ 4～16	8	1/0	3/2	0.5	0.5	8	Micro	0
LilyPad	ATmega168V ATmega328P	2.7～5.5 / 2.7～5.5	8	6/0	14/6	0.512	1	16	—	—
LilyPad SimpleSnap	ATmega328P	2.7～5.5 / 2.7～5.5	8	4/0	9/4	1	2	32	—	—
LilyPad USB	ATmega32U4	3.3 / 3.8～5	8	4/0	9/4	1	2.5	32	Micro	—
Mega 2560	ATmega2560	5 / 7～12	16	16/0	54/15	4	8	256	Regular	4
Micro	ATmega32U4	5/ 7～12	16	12/0	20/7	1	2.5	32	Micro	1

续表

名　称	处理器	工作/输入电压/V	CPU速度/MHz	模拟输入输出	数字IO/PWM	EEPROM/KB	SRAM/KB	闪存/KB	USB接口	串口
MKR1000	SAMD21 Cortex-M0+	3.3/5	48	7/1	8/4	—	32	256	Micro	1
Pro	ATmega168 ATmega328P	3.3/3.35~12 5/5~12	8 16	6/0	14/6	0.512 1	1 2	16 32	—	1
Pro Mini	ATmega328P	3.3/3.35~12 5/5~12	8 16	6/0	14/6	1	2	32	—	1
Uno	ATmega328P	5/7~12	16	6/0	14/6	1	2	32	Regular	1
Zero	ATSAMD21G18	3.3/7~12	48	6/1	14/10	—	32	256	2 Micro	2
Due	ATSAM3X8E	3.3/7~12	84	12/2	54/12	—	96	512	2 Micro	4
Esplora	ATmega32U4	5/7~12	16	—	—	1	2.5	32	Micro	—
Ethernet	ATmega328P	5/7~12	16	6/0	14/4	1	2	32	Regular	—
Leonardo	ATmega32U4	5/7~12	16	12/0	20/7	1	2.5	32	Micro	1
Mega ADK	ATmega2560	5/7~12	16	16/0	54/15	4	8	256	Regular	4
Mini	ATmega328P	5/7~9	16	8/0	14/6	1	2	32	—	1
Nano	ATmega168 ATmega328P	5/7~9	16	8/0	14/6	0.512 1	1 2	16 32	Mini	1
Yùn	ATmega32U4 AR9331 Linux	5	16 400	12/0	20/7	1	2.5 16×10^3	32 64×10^3	Micro	1
Arduino Robot	ATmega32u4	5	16	6/0	20/6	1	2.5	32	1	1
MKRZero	SAMD21 Cortex-M0+	3.3	48	7	22/12	No	32	256	1	1

对于新手而言，本书推荐使用 Arduino Uno R3 开发板进行学习，如图 13.1 所示，本书的所有 Arduino 实验也基于该型号开发板进行。Arduino Uno 以 AVR 单片机 ATmega328P 为核心，其中字母 P 表示低功耗 PicoPower 技术。在 Arduino Uno 中，单片机安装在标准 28 针 IC 插座上，这样做的好处是项目开发完毕，可以直接把芯片从 IC 插座上拿下来，并把它安装在自己的电路板上。然后可以用一个新的 ATmega328p 单片机替换 Uno 板上的芯片，当然，这个新的单片机要事先烧写好 Arduino 下载程序(运行在单片机上的软件，实现与 Arduino IDE 通信，也称为 bootloader)，也可以购买烧写好的 ATmega328p。

图 13.1　Arduino Uno R3 开发板

Arduino Uno 有 14 个数字输入/输出引脚(其中 6 个可用作 PWM 输出)、6 个模拟输入脚、16 MHz 晶振、USB 连接、电源插孔、ICSP 接头和复位按钮。只需使用 USB 线将其连接到计算机,或者使用 AC-to-DC 适配器或电池为其供电即可使用。

13.1.4　Arduino 引脚

在开始使用 Arduino 前还需要了解其各引脚、接口和元器件的作用,本节以 Arduino Uno R3 为例,如图 13.2 所示。

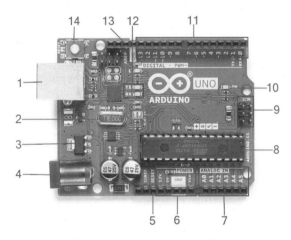

图 13.2　Arduino Uno R3 引脚

图 13.2 中,各序号对应组件的作用如下:

1—USB 接口,Arduino 板可以通过计算机上的 USB 线供电并传输数据,只需将其插入计算机即可。计算机的 USB 口可以为 Arduino Uno 板提供最大 500 mA 的电流,可以驱动 LED 或低功耗传感器,但对于大电流负载,例如电机、电磁阀等需要使用外置电源。

2—晶体振荡器,为 Arduino 提供时间信号,频率越高,Arduino 运行速度越快。

3—稳压器,控制提供给 Arduino 的电压,并稳定处理器和其他元件使用的直流电压。

4—电源接口，可以使用直流电源为 Arduino 供电，电源电压为 9～12V。

5—复位，接低电平使 Arduino 复位，与按下 14 复位按钮功能类似。

6—电源相关，3.3V 可输出最大电流不超过 50mA 的 3.3V 电压，GND 接地。Vin 可使用外部电源为 Arduinon 供电，等效于使用 4 号电源接口供电。5V 也可为 Arduino 供电，该种供电方式绕过了板载稳压电路，故必须保证输入的 5V 电压极其稳定，较大的电压波动造成处理器在内的若干元件的永久损坏，所以不建议采用这种供电方式。

7—模拟引脚，可读取模拟信号，并将其转换为可由微处理器读取的数字值。

8—微控制器，开发板的大脑，由 ATMEL 公司制造。

9—ICSP 引脚，通常由 MOSI、MISO、SCK、RESET、VCC 和 GND 组成的 Arduino 的微型编程头，被称为 SPI（串行外设接口）。

10—电源 LED 指示灯，将 Arduino 插入电源时，此 LED 指示灯亮起，表明已正确通电。

11—数字 I/O，共有 14 个数字 I/O 引脚，标有符号〜的 6 个引脚可用于产生 PWM 信号。这些引脚也可配置为数字输入引脚，用于读取逻辑值（1 或 HIGH 表示高电平，0 或 LOW 表示低电平）。数字 I/O 口作为输出口使用时，若输出高电平，输出电压接近 5V，这是未接负载时的理想情况，只要接入负载，输出电压就会降低，输出电流越大，电压降低越严重；若输出低电平，输出电压接近 0V，当有负载电流输入该端口时，输出电压适当升高，所以 I/O 口都有一定的负载能力。建议每个 I/O 口的电流不要超过 20mA，最大不能超过 40mA，所有 I/O 口的总电流之和不要超过 200mA，初学者尤其要注意。

12—TX 和 RX LED，TX（发送）和 RX（接收）。在数字引脚 0 和 1 处，指示引脚负责串行通信。发送串行数据时，TX LED 以不同的速度闪烁，闪烁速度取决于波特率的大小，RX LED 在接收过程中也会闪烁。

13—AREF 模拟参考，有时用于设置外部参考电压（0～5V），作为模拟输入引脚的上限。

14—复位按钮，Arduino 执行复位操作，相当于开发板重新加电。功能与 5 类似，复位按键按下时，实际上就是将复位引脚接到低电平，从而让 Arduino 复位。

13.2 Arduino 应用

在了解 Arduino UNO R3 的主要组件后，为将程序上传到开发板，还需学习如何设置 Arduino IDE。本节将简单地介绍如何在计算机上设置 Arduino IDE，并通过 USB 线接收程序。

13.2.1 IDE 工具

购买 Arduino 开发板都会附赠一条对应的 USB 连接线，Arduino Uno R3 对应的是 USB-A 转 USB-B 数据线，如图 13.3 所示。

Arduino IDE 是 Arduino 官方推出的一款标准的编程环境，用于编写代码并上传至开发板，它可以在 Windows、Mac OS X 和 Linux 上运行。这个环境是基于 JAVA 编程语言和 Processing 等其他开源软

件编写，可以用于任何 Arduino 电路板。该软件的官方下载地址为 https://www.arduino.cc/
en/Main/Software。进入该页面后，根据当前使用的平台选择对应软件包下载即可，如图 13.4 所示。若
是 Windows 平台，选择 Windows 选项下载，若是 Raspberry Pi OS 系统，选择 Linux ARM 选项。

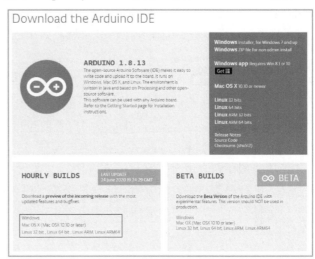

图 13.3　USB-A 转 USB-B 数据线　　　　　　　　　　　　图 13.4　IDE 下载

　　下载完成后，直接解压该压缩包，进入解压后的文件夹，双击 arduino.exe 文件启动 IDE，如图 13.5
所示。

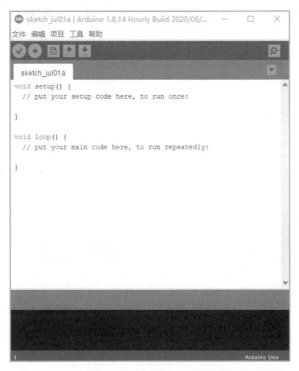

图 13.5　Arduino IDE 主界面

在图 13.5 所示的 Arduino IDE 主界面中，从上至下可分为 4 个部分：

☑ 菜单栏：包含文件、编辑、项目、工具和帮助菜单。

☑ 工具栏：包含验证、上传、新建、打开、保存和串口监视器。

☑ 编辑区：编写程序代码区域。

☑ 状态区：显示程序编译和上传等信息，如果程序出现错误给出错误提示。

13.2.2　点亮 LED

启动 Arduino IDE 软件后，将开发板通过数据线与计算机相连，在菜单栏内选择"工具"一栏，在该栏下的"端口"中选择 Arduino 对应的串行端口，一般为 COM3 或更高，如图 13.6 所示。

若无该选项，右击桌面中的 Windows 图标，在设备管理器中查看端口选项是否有 USB 串行设备，如果没显示串行设备，即表示电脑不能识别该扩展板，一般需要安装驱动。

端口选择完成后，还需确定其上方"开发板"一栏中所选的内容是否与正在使用的 Arduino 型号相匹配。

上述准备工作都完成后，就可以开始创建第一个项目了，在"文件"菜单中选择"新建"创建一个新项目，或者选择"示例"打开一个现有的项目示例，依次选择"示例"→01.Basics→Blink，如图 13.7 所示。

图 13.6　设置端口

图 13.7　Blink 示例

选择示例后，弹出一个新窗口，之前的旧窗口关闭即可。在将程序上传到 Arduino 前，我们需要了解工具栏中从左至右每个图标的作用：

☑ 验证：用于检查是否存在任何编译错误。

☑ 上传：用于将程序上传到 Arduino。

☑ 新建：用于创建新草图的快捷方式。

⬆️打开：用于打开示例草图。

⬇️保存：用于保存草图。

🔍串口监视器：用于从开发板接收串行数据并将串行数据发送到开发板的串行监视器。

由于本节使用的是示例程序，所以直接点击"上传按钮"上传程序到 Arduino 即可。上传完成后，状态栏将提示对应信息，同时可看到开发板上的 RX 和 TX 两个 LED 闪烁。

13.2.3　Arduino 语言

在 Arduino 中不能使用 Python 编写程序，而是使用 C/C++语言。虽然 C++兼容 C 语言，但这是两种语言，C 语言是一种面向过程的编程语言，C++是一种面向对象的编程语言。早期的 Arduino 核心库使用 C 语言编写，后来引进了面向对象的思想，目前最新的 Arduino 核心库采用 C 与 C++混合编写而成。

通常所说的 Arduino 语言，就是指 Arduino 核心库文件提供的各种应用程序编程接口（Application Programming Interface，API）的集合。这些 API 是对更底层的单片机支持库进行二次封装所形成的。

在一些传统开发板中，需要理清每个寄存器的意义及之间的关系，然后通过配置多个寄存器才能实现某种功能。但在 Arduino 中，可以使用清晰的 API 替代繁杂的寄存器配置过程，例如，在以下代码中：

```cpp
pinMode(13,OUTPUT);
digitalWrite(13,HIGH);
```

pinMode(13,OUTPUT)即是设置引脚的模式，这里设定了 13 脚为输出模式，而 digitalWrite(13,HIGH) 是让 13 脚输出高电平数字信号。通过这些封装好的 API，使得程序中的语句更容易被理解，省去了单片机中繁杂的寄存器配置，就能直观地控制 Arduino，增强程序的可读性，也提高了开发效率。

使用 Arduino 开发的项目 Blink，其所使用的代码如下：

【实例 13.1】　Blink 示例（实例位置：资源包\Code\13\01）

```cpp
01  // the setup function runs once when you press reset or power the board
02  void setup() {
03    // initialize digital pin LED_BUILTIN as an output.
04    pinMode(LED_BUILTIN, OUTPUT);
05  }
06
07  // the loop function runs over and over again forever
08  void loop() {
09    digitalWrite(LED_BUILTIN, HIGH);    // turn the LED on (HIGH is the voltage level)
10    delay(1000);                        // wait for a second
11    digitalWrite(LED_BUILTIN, LOW);     // turn the LED off by making the voltage LOW
12    delay(1000);                        // wait for a second
13  }
```

Arduino 的程序结构与传统的 C/C++结构的不同之处在于 Arduino 程序中没有 main 函数，main 函数的定义隐藏在 Arduino 的核心库文件中。Arduino 开发一般不直接操作 main 函数，而是使用 Setup 和 loop 这两个函数。

当新建一个文件后可以看到 Arduino 程序的基本结构：

```
01    void setup() {
02      // put your setup code here, to run once:
03
04    }
05
06    void loop() {
07      // put your main code here, to run repeatedly:
08
09    }
```

Arduino 程序基本结构由 setup() 和 loop() 两个函数组成，Arduino 控制器通电或复位后，开始执行 setup() 函数中的程序，该部分只执行一次。通常在 setup() 函数中完成 Arduino 的初始化设置，例如，配置 I/O 口状态、初始化串口等操作。在 setup() 函数中的程序执行完后，Arduino 执行 loop() 函数中的程序，而 loop() 函数是一个死循环，其中的程序会不断地重复运行。通常在 loop() 函数中完成程序的主要功能，例如，驱动各种模块、采集数据等。

13.3 基础函数库

Arduino 提供了大量的基础函数，包括 I/O 控制、字符函数、数学库和三角函数等，这些基础函数使单片机系统开发不再有复杂的底层代码，使用者可以很方便地对开发板上的资源进行控制。本节将简单介绍一些常见的基础函数。

13.3.1 I/O 函数

Arduino 上的引脚可以配置为输入或输出，其默认配置为输入，不需要再使用 pinMode() 函数设置。以这种方式配置的引脚处于高阻抗状态。输入引脚对采样电路的要求非常小，后者相当于引脚前面的 100MΩ 的串联电阻。这就意味着将输入引脚从一个状态切换到另一个状态所需的电流非常小，使得引脚可作为光电二极管实现电容式触摸传感器或读取 LED。

在 Arduino 中为减少环境的干扰，Atmega 芯片内置了 2 万个上拉电阻。将 pinMode() 函数设置为 INPUT_PULLUP 使用这些内置上拉电阻。其中 HIGH 表示传感器关闭，LOW 表示传感器开启。上拉电阻阻值取决于所使用的微控制器，在大多数基于 AVR 的板上，该值保证在 20～50kΩ。在 Arduino Due 上，它介于 50～150kΩ。

当引脚处于 INPUT 模式时，配置有上拉电阻导通的引脚开启。如果引脚通过 pinMode() 切换到 OUTPUT 模式，引脚将配置为高电平。如果通过 pinMode() 切换到输入，则处于高电平状态的输出引脚将设置上拉电阻，示例代码如下：

```
01    pinMode(3,INPUT) ;                    // 在不使用内置上拉电阻的情况下，将引脚设置为输入
02    pinMode(5,INPUT_PULLUP) ;             // 使用内置上拉电阻将引脚设置为输入
```

通过 pinMode()配置为 OUTPUT 的引脚处于低阻抗状态，即可以向其他电路提供大电流。Atmega 的引脚可以向其他器件/电路提供（或接收）40mA 的电流，足以点亮 LED 或者运行传感器，但不足以运行继电器、螺线管或电机。如果从输出引脚运行高电流器件，可能损坏或破坏引脚中的输出晶体管，或损坏整个 Atmega 芯片。因此，最好通过 470 Ω 或 1k Ω 电阻将 OUTPUT 引脚连接到其他器件。

从上面的示例可知，pinMode()函数将特定引脚配置为输入或输出。可以使用 INPUT_PULLUP 模式启用内部上拉电阻，具体语法如下：

```
pinMode (pin , mode);
```

参数说明：

☑　pin：待设置模式的引脚的编号。

☑　mode：模式，可设为 INPUT、OUTPUT 或 INPUT_PULLUP。

如果将 5 号引脚设置为输入模式，6 号引脚设置为输出模式，可参考如下代码：

【实例 13.2】　输入输出函数（实例位置：资源包\Code\10\02）

```
01    int button = 5 ;                      // 连接到针脚 5 的按钮
02    int LED = 6;                          // LED 连接至针脚 6
03
04    void setup () {
05        pinMode(button , INPUT_PULLUP);
06        // 设置数字引脚作为上拉电阻的输入
07        pinMode(button , OUTPUT);         // 将数字管脚设置为输出
08    }
09
10    void setup () {
11        // 如果按下按钮
12        If (digitalRead(button ) == LOW) {
13            digitalWrite(LED,HIGH);       // 点亮 led
14            delay(500); // 延时 500ms
15            digitalWrite(LED,LOW);        // 熄灭 led
16            delay(500); // 延时 500ms
17        }
18    }
```

digitalWrite()函数向数字引脚写入 HIGH 或 LOW 值。如果该引脚已通过 pinMode()配置为 OUTPUT，则其电压设置为相应的值：HIGH 为 5V（在 3.3V 板上为 3.3V），LOW 为 0V（接地）。如果引脚配置为 INPUT，digitalWrite()启用（HIGH）或禁止（LOW）输入引脚的内部上拉。建议将 pinMode()设置为 INPUT_PULLUP，以启用内部上拉电阻。如果不将 pinMode()设置为 OUTPUT，而将 LED 连接到引脚，则在调用 digitalWrite(HIGH)时，LED 可能会变暗。在没有明确设置 pinMode()时，digitalWrite()将启用内部上拉电阻，作为一个大限流电阻。具体语法如下：

```
digitalWrite (pin ,value);
```

参数说明：

☑ pin：待设置模式的引脚的编号。

☑ value：HIGH 或 LOW。

如果将 6 号引脚设置为输出模式，将其写入高电平，可参考如下代码：

【实例 13.3】 指定引脚输出高电平（实例位置：资源包\Code\13\03）

```
01   int LED = 6;                      // LED 连接到针脚 6
02
03   void setup () {
04       pinMode(LED, OUTPUT);         // 将数字管脚设置为输出
05   }
06
07   void setup () {
08       digitalWrite(LED,HIGH);       // 点亮 LED
09       delay(500);                   // 延时 500ms
10       digitalWrite(LED,LOW);        // 熄灭 LED
11       delay(500);                   // 延时 500ms
12   }
```

Arduino 能够检测是否有电压施加到其引脚，并通过 digitalRead()函数读取数字信号。如果传递过来的信号为模拟信号，可以使用 6 个标记为 Analog In 的引脚和 analogRead()函数读取模拟信号值。

analogRead()函数返回 0～1023 的数字，表示 0～5V 的电压。例如，如果施加到编号 0 的引脚的电压为 2.5V，则 analogRead(0)返回 512。具体语法如下：

```
analogRead(pin);
```

参数说明：

☑ pin：要读取的模拟输入引脚的编号（大多数电路板上为 0～5，Mini 和 Nano 上为 0～7，Mega 上为 0～15）。

如果要读取 3 号引脚的模拟信号值，可参考如下代码：

【实例 13.4】 读取指定引脚模拟信号（实例位置：资源包\Code\13\04）

```
01   int analogPin = 3;               // 设置引脚
02                                    // 接模拟引脚 3
03   int val = 0;                     // 变量存储读取的值
04
05   void setup() {
06       Serial.begin(9600);          // 设置序列号
07   }
08
09   void loop() {
10       val = analogRead(analogPin); // 读取输入引脚
11       Serial.println(val);         // 调试值
12   }
```

有时需要配置一些模拟输入的参考电压，用作输入范围的最大值，此时可使用 analogReference()
函数，具体语法如下：

```
analogReference (type);
```

参数说明：
☑　type：使用的类型，可以为以下值：
（1）DEFAULT：5V（或 3.3V）Arduino 的默认模拟参考值。
（2）INTERNAL：内置参考，在 ATmega168 或 ATmega328 上等于 1.1V，在 ATmega8 上等于 2.56V
（不适用于 Arduino Mega）。
（3）INTERNAL1V1：内置 1.1V 参考（仅限 Arduino Mega）。
（4）INTERNAL2V56：内置 2.56V 参考（仅限 Arduino Mega）。
（5）EXTERNAL：施加到 AREF 引脚的电压（仅限 0～5V）用作参考。
如果在 AREF 引脚上使用外部参考，其值不能超过 5V，且必须在调用 analogRead()函数之前将模
拟参考设置为 EXTERNAL。否则，将使有效参考电压（内部产生）和 AREF 引脚短路，可能会损坏
Arduino 板上的微控制器。具体代码如下：

【实例 13.5】　参考电压（实例位置：资源包\Code\13\05）

```
01   int analogPin = 3;              // 传感器连接的引脚
02   int val = 0;                    // 变量来存储读取值
03
04   void setup() {
05       Serial.begin(9600);         // 设置序列号
06       analogReference(EXTERNAL);  // 施加在 AREF 引脚上的电压（仅 0～5V）
07           // 用作参考
08   }
09
10   void loop() {
11       val = analogRead(analogPin); // 读取输入引脚
12       Serial.println(val); // 调试值
13   }
```

或者，可以通过 5kΩ 电阻将外部参考电压连接到 AREF 引脚，允许在外部和内部参考电压之间切
换。电阻将改变用作参考的电压，因为 AREF 引脚上有一个内部 32kΩ 电阻，两者用作分压器。例如，
通过电阻器施加的 2.5V 将在 AREF 引脚处产生 2.5×32/(32+5)约 2.2V 的电压。

13.3.2　字符函数

在 Arduino 中所有数据都以字符形式输入计算机，包括字母、数字和各种特殊符号。字符处理库
包括几个函数，执行必要的测试和字符数据的操作。每个函数接收一个字符，表示为 int 或 EOF 作为
参数，字符通常作为整数操作。

📢 **注意**

EOF 通常具有值-1，而一些硬件架构不允许负值存储在 char 变量中。因此，字符处理函数将字符作为整数来操作。

表 13.2 总结了字符处理库常用的函数。使用字符处理库中的函数时，需包含<cctype>标题：

表 13.2　常用字符函数

函 数 名 称	描　　述
int isdigit(int c)	如果 c 是数字，则返回 1，否则返回 0
int isalpha(int c)	如果 c 是字母，则返回 1，否则返回 0
int isalnum(int c)	如果 c 是数字或字母，则返回 1，否则返回 0
int isxdigit(int c)	如果 c 是十六进制数字字符，则返回 1，否则返回 0
int islower(int c)	如果 c 是小写字母，则返回 1，否则返回 0
int isupper(int c)	如果 c 是大写字母，则返回 1；否则返回 0
int isspace(int c)	如果 c 是空白字符：换行符（'\n'）、空格符（' '）、换页符（'\f'）、回车符（'\r'）、水平制表符（'\t'）或垂直制表符（'\v'），则返回 1，否则返回 0
int iscntrl(int c)	如果 c 是控制字符，如换行符（'\n'）、换页符（'\f'）、回车符（'\r'）、水平制表符 \v'）、垂直制表符（'\v'）、alert（'\a'）或退格（'\b'），则返回 1，否则返回 0
int ispunct(int c)	如果 c 是除空格，数字或字母以外的打印字符，则返回 1，否则返回 0
int isprint(int c)	如果 c 是包含空格（' '）的打印字符，则返回 1，否则返回 0
int isgraph(int c)	如果 c 是除空格（' '）之外的打印字符，则返回 1，否则返回 0

其中函数 isdigit 确定其参数是否为数字（0～9），函数 isalpha 确定其参数是大写字母（A～Z）还是小写字母（a～z），函数 isalnum 确定其参数是大写、小写字母还是数字，函数 isxdigit 确定其参数是否为十六进制数字（A～F，a～f，0～9）。具体用法可参考如下示例：

【实例 13.6】　字符函数（实例位置：资源包\Code\13\06）

```
01    void setup () {
02        Serial.begin (9600);
03        Serial.print ("According to isdigit:\r");
04        Serial.print (isdigit( '8' ) ? "8 is a": "8 is not a");
05        Serial.print (" digit\r" );
06        Serial.print (isdigit( '8' ) ?"# is a": "# is not a") ;
07        Serial.print (" digit\r");
08        Serial.print ("\rAccording to isalpha:\r" );
09        Serial.print (isalpha('A' ) ?"A is a": "A is not a");
10        Serial.print (" letter\r");
11        Serial.print (isalpha('A' ) ?"b is a": "b is not a");
12        Serial.print (" letter\r");
13        Serial.print (isalpha('A') ?"& is a": "& is not a");
14        Serial.print (" letter\r");
15        Serial.print (isalpha( 'A' ) ?"4 is a":"4 is not a");
```

```
16      Serial.print (" letter\r");
17      Serial.print ("\rAccording to isalnum:\r");
18      Serial.print (isalnum( 'A' ) ?"A is a" : "A is not a" );
19
20      Serial.print (" digit or a letter\r" );
21      Serial.print (isalnum( '8' ) ?"8 is a" : "8 is not a" ) ;
22      Serial.print (" digit or a letter\r");
23      Serial.print (isalnum( '#' ) ?"# is a" : "# is not a" );
24      Serial.print (" digit or a letter\r");
25      Serial.print ("\rAccording to isxdigit:\r");
26      Serial.print (isxdigit( 'F' ) ?"F is a" : "F is not a" );
27      Serial.print (" hexadecimal digit\r" );
28      Serial.print (isxdigit( 'J' ) ?"J is a" : "J is not a" ) ;
29      Serial.print (" hexadecimal digit\r" );
30      Serial.print (isxdigit( '7' ) ?"7 is a" : "7 is not a" ) ;
31
32      Serial.print (" hexadecimal digit\r" );
33      Serial.print (isxdigit( '$' ) ? "$ is a" : "$ is not a" );
34      Serial.print (" hexadecimal digit\r" );
35      Serial.print (isxdigit( 'f' ) ? "f is a" : "f is not a");
36
37  }
38
39  void loop () {
40
41  }
```

结果如下：

```
According to isdigit:
8 is a digit
# is not a digit
According to isalpha:
A is a letter
b is a letter
& is not a letter
4 is not a letter
According to isalnum:
A is a digit or a letter

8 is a digit or a letter
# is not a digit or a letter
According to isxdigit:
F is a hexadecimal digit
J is not a hexadecimal digit
7 is a hexadecimal digit

$ is not a hexadecimal digit
f is a hexadecimal digit
```

函数 islower 判断其参数是否为小写字母（a～z），函数 isupper 判断其参数是否为大写字母（A～Z），具体用法可参考如下示例：

【实例 13.7】 字母判断（实例位置：资源包\Code\13\07）

```
01    int thisChar = 0xA0;
02
03    void setup () {
04        Serial.begin (9600);
05        Serial.print ("According to islower:\r") ;
06        Serial.print (islower( 'p' ) ? "p is a" : "p is not a" );
07        Serial.print ( " lowercase letter\r" );
08        Serial.print ( islower( 'P') ? "P is a" : "P is not a" );
09        Serial.print ("lowercase letter\r");
10        Serial.print (islower( '5' ) ? "5 is a" : "5 is not a" );
11        Serial.print ( " lowercase letter\r" );
12        Serial.print ( islower( '!' )? "! is a" : "! is not a") ;
13        Serial.print ("lowercase letter\r");
14
15        Serial.print ("\rAccording to isupper:\r") ;
16        Serial.print (isupper ( 'D' ) ? "D is a" : "D is not an" );
17        Serial.print ( " uppercase letter\r" );
18        Serial.print ( isupper ( 'd' )? "d is a" : "d is not an") ;
19        Serial.print ( " uppercase letter\r" );
20        Serial.print (isupper ( '8' ) ? "8 is a" : "8 is not an" );
21        Serial.print ( " uppercase letter\r" );
22        Serial.print ( islower( '$' )? "$ is a" : "$ is not an") ;
23        Serial.print ("uppercase letter\r ");
24    }
25
26    void setup () {
27
28    }
```

结果如下所示：

```
According to islower:
p is a lowercase letter
P is not a lowercase letter
5 is not a lowercase letter
! is not a lowercase letter

According to isupper:
D is an uppercase letter
d is not an uppercase letter
8 is not an uppercase letter
$ is not an uppercase letter
```

函数 isspace()判断其参数是否为空白字符，例如空格（' '），换页符（'\f'），换行符（'\n'），回车符（'\r'），水平制表符（'\t'）或垂直制表符（'\v'）。函数 iscntrl()判断其参数是否为控制字符，如水平制表符（'\t'），垂直制表符（'\v'），换页符（'\f'），alert（'\a'），退格符（'\b'），回车符（'\r'）或换行符（'\n'）。函数 ispunct()判断其参数是否是除空格、数字或字母以外的打印字符（例如$，#，（，），[，]，{，}，;，：或%）。函数 isprint()判断其参数是否为可以在屏幕上显示的字符（包括空格字符）；函数 isgraph()测试与 isprint()相同的字符，但不包括空格字符。具体用法可参考如下示例：

【实例 13.8】 　特殊字符判断（实例位置：资源包\Code\13\08）

```
01    void setup () {
02        Serial.begin (9600);
03        Serial.print ( " According to isspace:\rNewline ") ;
04        Serial.print (isspace( '\n' )? " is a" : " is not a" );
05        Serial.print ( " whitespace character\rHorizontal tab") ;
06        Serial.print (isspace( '\t' )? " is a" : " is not a" );
07        Serial.print ( " whitespace character\n") ;
08        Serial.print (isspace("%")? " % is a" : " % is not a" );
09
10        Serial.print ( " \rAccording to iscntrl:\rNewline") ;
11        Serial.print ( iscntrl( '\n' )?"is a" : " is not a" ) ;
12        Serial.print (" control character\r");
13        Serial.print (iscntrl( '$' ) ? " $ is a" : " $ is not a" );
14        Serial.print (" control character\r");
15        Serial.print ("\rAccording to ispunct:\r");
16        Serial.print (ispunct(';' ) ?"; is a" : "; is not a" ) ;
17        Serial.print (" punctuation character\r");
18        Serial.print (ispunct('Y' ) ?"Y is a" : "Y is not a" ) ;
19        Serial.print ("punctuation character\r");
20        Serial.print (ispunct('#' ) ?"# is a" : "# is not a" ) ;
21        Serial.print ("punctuation character\r");
22
23        Serial.print ( "\r According to isprint:\r");
24        Serial.print (isprint('$' ) ?"$ is a" : "$ is not a" );
25        Serial.print (" printing character\rAlert ");
26        Serial.print (isprint('\a' ) ?" is a" : " is not a" );
27        Serial.print (" printing character\rSpace ");
28        Serial.print (isprint(' ' ) ?" is a" : " is not a" );
29        Serial.print (" printing character\r");
30
31        Serial.print ("\r According to isgraph:\r");
32        Serial.print (isgraph ('Q' ) ?"Q is a" : "Q is not a" );
33        Serial.print ("printing character other than a space\rSpace ");
34        Serial.print (isgraph (' ') ?" is a" : " is not a" );
35        Serial.print ("printing character other than a space ");
36    }
37
38    void loop () {
39
40    }
```

结果如下：

```
According to isspace:
Newline is a whitespace character
Horizontal tab is a whitespace character
% is not a whitespace character
According to iscntrl:
Newline is a control character
$ is not a control character
According to ispunct:
; is a punctuation character
Y is not a punctuation character
# is a punctuation character
According to isprint:
$ is a printing character
Alert is not a printing character
Space is a printing character
According to isgraph:
Q is a printing character other than a space
Space is not a printing character other than a space
```

13.3.3 数学库

Arduino 数学库（math.h）包含了许多用于操作浮点数的有用的数学函数。

表 13.3 是 math.h 中可定义的宏。

表 13.3　Arduino 数学库中可定义的宏

宏	值	描　述
M_E	2.7182818284590452354	常数 e
M_LOG2E	1.4426950408889634074 /* log_2 e */	e 以 2 为底的对数
M_1_PI	0.31830988618379067154 /* 1/pi */	常数 1/pi
M_2_PI	0.63661977236758134308 /* 2/pi */	常数 2/pi
M_2_SQRTPI	1.12837916709551257390 /* 2/sqrt(pi) */	常数 2/sqrt(pi)
M_LN10	2.30258509299404568402 /* log_e 10 */	10 的自然对数
M_LN2	0.69314718055994530942 /* log_e 2 */	2 的自然对数

宏	值	描　述
M_LOG10E	0.43429448190325182765 /* log_10 e */	e 以 10 为底的对数
M_PI	3.14159265358979323846 /* pi */	常数 pi
M_PI_2	3.3V1.57079632679489661923 /* pi/2 */	常数 pi/2
M_PI_4	0.78539816339744830962 /* pi/4 */	常数 pi/4
M_SQRT1_2	0.70710678118654752440 /* 1/sqrt(2) */	常数 1/sqrt(2)
M_SQRT2	1.41421356237309504880 /* sqrt(2) */	2 的平方根
INFINITY	-	无穷大常量

除此之外，还有大量函数的别名，只要将()替换成 f 即可，例如：

☑　acos()：可写成 acosf。

☑　asin()：可写成 asinf。

☑　exp()：可写成 expf。

表 13.4 是数学库中常用的函数。

表 13.4　Arduino 数学库中常用函数

函　数	描　述
double acos (double __x)	acos()函数计算 x 的反余弦的主值。返回值在[0, pi]弧度的范围内。不在[-1, +1]范围内的参数会发生域错误
double asin (double __x)	asin()函数计算 x 的反正弦的主值。返回值在[-pi/2, pi/2]弧度的范围内。不在[-1, +1]范围内的参数会发生域错误
double atan (double __x)	atan()函数计算 x 的反正切的主值。返回值在[-pi/2, pi/2]弧度的范围内
double atan2 (double __y, double __x)	atan2()函数计算 y/x 的反正切的主值，使用两个参数的符号来确定返回值的象限。返回值在[-pi, +pi]弧度的范围内
double cbrt (double __x)	cbrt()函数返回 x 的立方根值
double ceil (double __x)	ceil()函数返回大于或等于 x 的最小整数值，以浮点数表示
static double copysign (double __x, double __y)	copysign()函数返回 x，但带有 y 的符号。即使 x 或 y 是 NaN 或 0，它们也可以工作
double cos(double __x)	cos()函数返回 x 的余弦，以弧度为单位
double cosh (double __x)	cosh()函数返回 x 的双曲余弦
double exp (double __x)	exp()返回 e 的 x 次幂的值
double fabs (double __x)	fabs()函数计算浮点数 x 的绝对值

函　　数	描　　述
double fdim (double __x, double __y)	fdim()函数返回 max(x - y, 0)。如果 x 或 y 或者两者都是 NaN，则返回 NaN
double floor (double __x)	floor()函数返回小于或等于 x 的最大整数值，以浮点数表示
double fma (double __x, double __y, double __z)	fma()函数执行浮点乘加，即运算(x × y) + z，但是中间结果不会四舍五入到目标类型。有时可以提高计算的精度
double fmax (double __x, double __y)	fmax()函数返回两个值 x 和 y 中较大的一个。如果一个参数是 NaN，则返回另一个参数。如果两个参数都是 NaN，则返回 NaN
double fmin (double __x, double __y)	fmin()函数返回两个值 x 和 y 中较小的一个。如果一个参数是 NaN，则返回另一个参数。如果两个参数都是 NaN，则返回 NaN
double fmod (double __x, double __y)	fmod()函数返回 x / y 的余数
double frexp (double __x, int * __pexp)	frexp()函数将浮点数分解为规格化分数和 2 的整次幂。它将整数存储在 pexp 指向的 int 对象中。如果 x 是一个正常的浮点数，则 frexp()函数返回值 v，使得 v 具有区间[1/2, 1)或 0 的量值，而 x 等于 v 乘以 2 的 pexp 次幂。如果 x 是 0，那么结果的两个部分都是 0。如果 x 不是有限数字，frexp()将按原样返回 x，并通过 pexp 存储 0。 注意：这个实现允许一个零指针作为指令来跳过存储指数
double hypot (double __x, double __y)	hypot()函数返回 sqrt(x×x + y×y)。这是一个边长为 x 和 y 的直角三角形的斜边的长度，或点(x, y)距离原点的距离。使用这个函数而不是直接使用公式是比较明智的，因为误差要小得多。x 和 y 没有下溢。如果结果在范围内，则不会溢出
static int isfinite (double __x)	如果 x 是有限的，isfinite()函数返回一个非零值：不是正或负无穷，也不是 NaN
int isinf (double __x)	如果参数 x 是正无穷大，则函数 isinf()返回 1；如果 x 是负无穷大，则返回-1，否则返回 0。 注意：GCC 4.3 可以用内联代码替换这个函数，这个代码对两个无穷大返回 1 (gcc bug #35509)
int isnan (double __x)	如果参数 x 表示"非数字"(NaN)对象，则函数 isnan()返回 1，否则返回 0
double ldexp (double __x, int __exp)	ldexp()函数将浮点数乘以 2 的整数次幂。它返回 x 乘以 2 的 exp 次幂的值
double log (double __x)	log()函数返回参数 x 的自然对数
double log10(double __x)	log10()函数返回参数 x 的对数，以 10 为基数
long lrint (double __x)	lrint()函数将 x 四舍五入到最近的整数，将中间情况舍入到偶数整数方向（例如，1.5 和 2.5 的值都舍入到 2）。这个函数类似于 rint()函数，但是它的返回值类型不同，并且有可能溢出 返回：四舍五入的长整数值。如果 x 不是有限数字或者溢出，则此实现返回 LONG_MIN 值(0x80000000)

函　　数	描　　述
long lround (double __x)	lround()将函数将 x 四舍五入到最近的整数，但中间情况不舍入到 0（不是到最近的偶数整数）。这个函数类似于 round()函数，但是它的返回值的类型是不同的，并且有可能溢出。返回：四舍五入的长整数值。如果 x 不是有限数字或者溢出，则此实现返回 LONG_MIN 值(0x80000000)
double modf (double __x, double * __iptr)	modf()函数将参数 x 分解为整数部分和小数部分，每个部分都与参数具有相同的符号。它在 iptr 指向的对象中将整数部分存储为 double modf()函数返回 x 的有符号小数部分。注意这个实现跳过零指针的写入。但是，GCC 4.3 可以用内联代码替换这个函数，不允许使用 NULL 地址来避免存储
float modff (float __x, float * __iptr)	modf()函数的别名
double pow (double __x, double __y)	pow()函数返回 x 的 y 次幂
double round (double __x)	round()函数将 x 四舍五入到最近的整数，但中间情况不舍入到 0（不是到最近的偶数整数）。不可能会溢出。注意四舍五入的值。如果 x 是整数或无穷大，则返回 x 本身。如果 x 是 NaN，则返回 NaN
int signbit (double __x)	如果 x 的值设置了符号位，signbit()函数将返回一个非零值。这与“x < 0.0”不同，因为 IEEE 754 浮点允许零署名。比较“-0.0 < 0.0”是错的，但“signbit (-0.0)”会返回一个非零值
double sin (double __x)	sin()函数返回 x 的正弦值，以弧度为单位
double sinh (double __x)	sinh()函数返回 x 的双曲正弦
double sqrt (double __x)	sqrt()函数返回 x 的非负平方根
double square (double __x)	square()函数返回 x * x。注意，此函数不属于 C 标准定义
double tan (double __x)	tan()函数返回 x 的正切值，以弧度为单位
double tanh (double __x)	tanh()函数返回 x 的双曲正切
double trunc (double __x)	trunc()函数将 x 四舍五入为最近的整数，不大于绝对值

在使用 Arduino 中的数学库时，可参考以下示例和表 13.4：

【实例 13.9】　数学库（实例位置：资源包\Code\13\09）

```
01    double double__x = 45.45 ;
02    double double__y = 30.20 ;
03
04    void setup() {
05        Serial.begin(9600);
06        Serial.print("cos num = ");
07        Serial.println (cos (double__x) );        // 返回 x 的余弦
08        Serial.print("absolute value of num = ");
09        Serial.println (fabs (double__x) );        // 浮点数的绝对值
```

```
10      Serial.print("floating point modulo = ");
11      Serial.println (fmod (double__x, double__y));          // 浮点模
12      Serial.print("sine of num = ");
13      Serial.println (sin (double__x) ) ;                    // 返回 x 的正弦值
14      Serial.print("square root of num : ");
15      Serial.println ( sqrt (double__x) );                   // 返回 x 的平方根
16      Serial.print("tangent of num : ");
17      Serial.println ( tan (double__x) );                    // 返回 x 的正切值
18      Serial.print("exponential value of num : ");
19      Serial.println ( exp (double__x) );                    // 函数返回 x 的指数值
20      Serial.print("cos num : ");
21
22      Serial.println (atan (double__x) );                    // x 的反正切
23      Serial.print("tangent of num : ");
24      Serial.println (atan2 (double__y, double__x) );        // y/x 的反正切
25      Serial.print("arc tangent of num : ");
26      Serial.println (log (double__x) ) ;                    // 自然对数 x
27      Serial.print("cos num : ");
28      Serial.println ( log10 (double__x));                   // x 的对数，以 10 为底
29      Serial.print("logarithm of num to base 10 : ");
30      Serial.println (pow (double__x, double__y) );          // x 对 y 的幂
31      Serial.print("power of num : ");
32      Serial.println (square (double__x));                   // x 的平方
33   }
34
35   void loop() {
36
37   }
```

运行结果如下：

```
cos num = 0.10
absolute value of num = 45.45
floating point modulo =15.25
sine of num = 0.99
square root of num : 6.74
tangent of num : 9.67
exponential value of num : ovf
cos num : 1.55
tangent of num : 0.59
arc tangent of num : 3.82
cos num : 1.66
logarithm of num to base 10 : inf
power of num : 2065.70
```

13.4　进阶函数库

13.3 节介绍了 Arduino 中相对基础的一些函数，本节将介绍 Arduino 中关于脉冲宽度调制、随机数、

中断、串口通信、I2C 通信和串行外设接口等有关的函数，这些函数在项目开发中，应用频率也比较高。

13.4.1　脉冲宽度调制

脉冲宽度调制（PWM）是用于改变脉冲串中的脉冲宽度的常用技术。PWM 有许多应用，如控制伺服电机和速度控制器、限制电机和 LED 的有效功率。本节介绍在 Arduino 中与 PWM 有关的函数。

analogWrite()函数可以将模拟值（PWM 波）写入引脚，它可用于以不同的亮度点亮 LED 或以各种速度驱动电机。在调用 analogWrite()函数之后，引脚将产生指定占空比的稳定方波，直到下一次调用 analogWrite()函数或在相同引脚上调用 digitalRead()函数或 digitalWrite()函数。大多数引脚上的 PWM 信号频率约为 490 Hz。在 Uno 和类似的板上，引脚 5 和 6 的频率约为 980Hz。Leonardo 上的引脚 3 和 11 也以 980Hz 运行。analogWrite()函数语法如下：

```
analogWrite ( pin , value ) ;
```

参数说明：
☑　Value：占空比，0（始终导通）～255（始终关断）。
在使用 PWM 控制 LED 时，可参考如下示例：

【实例 13.10】　脉冲宽度调制（实例位置：资源包\Code\13\10）

```
01  int ledPin = 9;              // LED 连接到数字引脚 9
02  int analogPin = 3;           // 电位计连接到模拟针脚 3
03  int val = 0;                 // 变量用来存储读取值
04
05  void setup() {
06      pinMode(ledPin, OUTPUT);  // 将管脚设置为输出
07  }
08
09  void loop() {
10      val = analogRead(analogPin);   // 读取输入引脚
11      analogWrite(ledPin, (val / 4)); // analogRead 值从 0～1023
12          // 模拟写入 0～255 的值
13  }
```

13.4.2　随机数

在 Python 中，可以通过 random 包获取随机数。在 Arduino 中，也可以通过封装好的 random()函数和 randomSeed(seed)函数获取随机数。

random()函数生成随机数是伪随机数，其语法如下：

```
long random(max)        // 它生成从 0 到最大的随机数
long random(min, max)   // 它生成从最小值到最大值的随机数
```

randomSeed(seed)函数可重置 Arduino 的伪随机数生成器。虽然 random()返回的数字的分布本质上

是随机的，但是顺序是可预测的，因此应该将发生器重置为某个随机值。具体语法如下：

```
randomSeed(analogRead(5)); // 使用模拟引脚 5 的噪声随机化
```

关于 random()函数和 randomSeed()函数，其使用示例如下：

【实例 13.11】　随机数（实例位置：资源包\Code\13\11）

```
01  long randNumber;
02
03  void setup() {
04      Serial.begin(9600);
05      // 如果模拟输入引脚 0 断开，随机模拟
06      // 噪声将导致对 randomSeed（）的调用生成
07      // 每次运行草图时都会有不同的种子编号
08      // randomSeed（）将重置随机函数
09      randomSeed(analogRead(0));
10  }
11
12  void loop() {
13      // 从 0～299 的随机数
14      Serial.print("random1=");
15      randNumber = random(300);
16      Serial.println(randNumber);          // 打印 0～299 的随机数
17      Serial.print("random2=");
18      randNumber = random(10, 20);         // 打印一个从 10～19 的随机数
19      Serial.println (randNumber);
20      delay(50);
21  }
```

13.4.3　中断

中断（interrupt）可以停止 Arduino 的当前工作，以便完成一些其他工作。中断在 Arduino 程序中非常有用，因为它有助于解决时序问题。中断的一个应用是读取旋转编码器或观察用户输入。一般情况下，ISR（Interrupt Service Routine，中断服务程序）应尽可能短且快，如果草图使用多个 ISR，则一次只能运行一个。其他中断将在当前完成之后执行，其顺序取决于它们的优先级。

通常，全局变量用于在 ISR 和主程序之间传递数据。为了确保在 ISR 和主程序之间共享的变量正确更新，一般将它们声明为 volatile。中断可分为硬件中断和软件中断。硬件中断响应外部发生的事件，例如，外部中断引脚变为高电平或低电平，大多数 Arduino 开发板设计了两个硬件中断（称为 interrupt0和 interrupt1）分别硬连接到数字 I/O 引脚 2 和 3。软件中断响应软件中发送的指令，Arduino 支持的唯一软件中断函数是 attachInterrupt()函数，其语法如下：

```
attachInterrupt(digitalPinToInterrupt(pin),ISR,mode);      // 适用于多数 Arduino 开发板
attachInterrupt(pin, ISR, mode) ;                          //仅适用于 Due 和 Zero 系列开发板
//argument pin: the pin number
//argument ISR: the ISR to call when the interrupt occurs;
```

```
//this function must take no parameters and return nothing.
    //This function is sometimes referred to as an interrupt service routine.
//argument mode: defines when the interrupt should be triggered.
```

参数说明：

☑　pin：引脚编号。

☑　ISR：中断发生时要调用的 ISR（中断服务程序，函数），此函数必须不带参数且不返回任何值。

☑　mode：定义何时触发中断。

以下三个常量一般被预定义为有效值：

☑　LOW：在引脚为低电平时触发中断。

☑　CHANGE：在引脚更改值时触发中断。

☑　FALLING：当引脚从高电平变为低电平时触发中断。

在使用中断时，可参考如下示例：

【实例 13.12】　中断（实例位置：资源包\Code\13\12）

```
01    int pin = 2;                        //将中断引脚定义为 2
02    volatile int state = LOW;           // 确保 ISR 之间共享变量
03    //主程序更新正确，声明它们为 volatile
04
05    void setup() {
06        pinMode(13, OUTPUT);            //将针脚 13 设置为输出
07        attachInterrupt(digitalPinToInterrupt(pin), blink, CHANGE);
08        //当引脚改变值时，中断将调用 blink 函数
09    }
10    void loop() {
11        digitalWrite(13, state);        //针脚 13 等于状态值
12    }
13
14    void blink() {
15        //ISR 函数
16        state = !state;                 //切换中断发生时的状态
17    }
```

13.4.4　串口通信

在很多时候，Arduino 需要和其他设备相互通信，而最常见最简单的方式就是串口通信。在 PC 机上最常见的串行通信协议是 RS-232 串行协议，而各种微控制器（单片机）上采用的是 TTL 串行协议，两者电平不同，需要经过相应电平转换才能进行相互通信。

在 Arduino Uno R3 开发板上，硬件串口位于 Rx（0）和 Tx（1）引脚上，Arduino 的 USB 口通过转换芯片与这两个引脚连接。该转换芯片通过 USB 接口在 PC 机上虚拟一个用于 Arduino 通信的串口，下载程序也是通过串口进行的。

在 Arduino 串口通信中主要使用的函数如下：

Serial.begin()：开启串口，通常置于 setup()函数中。

```
Serial.begin(speed)
Serial.begin(speed, config)
```

参数说明：

☑ speed：数值传输速度，一般取值 9600,115200 等。

☑ config：设置数据位、校验位和停止位。默认 SERIAL_8N1 表示 8 个数据位，无校验位，1 个停止位。

Serial.end()：关闭串口传输。此时串口 Rx 和 Tx 可以作为数字 IO 引脚使用。

```
Serial.end()
```

Serial.print()：串口输出数据，写入字符数据到串口。

```
Serial.print(val)
Serial.print(val, format)
```

参数说明：

☑ val：打印的值，任意数据类型。

☑ config：输出的数据格式。BIN(二进制)、OCT(八进制)、DEC(十进制)、HEX(十六进制)。对于浮点数，此参数指定要使用的小数位数。

Serial.println()：串口输出数据并换行。

```
Serial.println(val)
Serial.println(val, format)
```

参数说明：

☑ val：打印的值，任意数据类型。

☑ config：输出的数据格式。

Serial.available()：判断串口缓冲区的状态，返回从串口缓冲区读取的字节数。

```
Serial.available()
```

Serial.read()：读取串口数据，一次读一个字符，读完后删除已读数据。

```
Serial.read()
```

Serial.readBytes()：从串口读取指定长度的字符到缓存数组。

```
Serial.readBytes(buffer, length)
```

参数说明：

☑ buffer：缓存变量。

☑ length：设定的读取长度。

以下代码使 Arduino 在启动时发送 hello world：

【实例 13.13】 串口通信（实例位置：资源包\Code\13\13）

```
01  void setup() {
02      Serial.begin(9600);              //将串行库波特率设置为 9600
03      Serial.println("hello world");   //打印 hello world
04  }
05
06  void loop() {
07
08  }
```

将 Arduino 草图上传到 Arduino 后，打开 Arduino IDE 右上角的串口监视器，在串口监视器的顶部框中键入任意内容，然后按发送键或键盘上的 Enter 键，发送一系列字节到 Arduino。示例如下：

```
01  void setup() {
02      Serial.begin(9600);              //将串行库波特率设置为 9600
03  }
04
05  void loop() {
06      //如果可从中读取字节（字符）
07      if(Serial.available()) {
08          serial port
09          Serial.print("I received:");  //打印内容
10          Serial.write(Serial.read());  //发送读取的内容
11      }
12  }
```

Serial.print()函数和 Serial.println()函数发回实际的 ASCII 代码，而 Serial.write()函数返回实际的文本。

13.4.5　I2C 通信

内部集成电路（I2C）是用于微控制器和新一代专用集成电路之间的串行数据交换系统。通常当它们之间的距离很短（接收器和发射器在同一个印刷电路板上）时使用。通过两根导线建立连接。一个用于数据传输，另一个用于同步（时钟信号）。

I2C 总线由两个信号组成：SCL 和 SDA，SCL 是时钟信号，SDA 是数据信号。当前总线主机总是产生时钟信号。一些从设备可能迫使时钟变为低电平，以延迟主设备发送更多数据（或者在主设备尝试将数据发出之前请求更多的时间来准备数据），即"时钟伸展"。

不同 Arduino 扩展板的 I2C 引脚各不相同，具体如下：

☑ Uno, Pro Mini A4 (SDA), A5 (SCL)

☑ Mega, Due 20 (SDA), 21 (SCL)

☑ Leonardo, Yun 2 (SDA), 3 (SCL)

在使用 I2C 连接两个 Arduino 开发板时，通常是如下形式：

☑ Master Transmitter / Slave Receiver 主发射器/从接收器

☑ Master Receiver / Slave Transmitter 主接收器/从发射器

在主发射器中，以下函数用于初始化 Wire 库，并将 I2C 总线作为主器件或从器件加入，一般只被调用一次：

Wire.begin(地址)：示例中，地址是 7 位从地址，因为未指定主机，它将作为主机加入总线。

Wire.beginTransmission(地址)：开始向给定地址的 I2C 从设备发送数据。

Wire.write(值)：用于从主设备传输到从设备的队列字节（在 beginTransmission()和 endTransmission()之间的调用）。

Wire.endTransmission()：结束由 beginTransmission()开始的对从设备的传输，并传输由 wire.write()排队的字节。

具体用法如下：

【实例 13.14】 I2C 通信（实例位置：资源包\Code\13\14）

```
01   #include <Wire.h>              //包含导线库
02   //只运行一次
03   void setup() {
04       Wire.begin();             // 连接 i2c 总线作为主机
05   }
06   short age = 0;
07
08   void loop() {
09       Wire.beginTransmission(2);
10       // 传输到设备#2
11       Wire.write("age is = ");
12       Wire.write(age);          // 发送一个字节
13       Wire.endTransmission();   // 停止传输
14       delay(1000);
15   }
```

在从接收器中，使用以下函数：

Wire.begin（地址）：地址是 7 位从地址。

Wire.onReceive（收到的数据处理程序）：当从设备从主设备接收数据时调用的函数。

Wire.available()：返回 Wire.read()可用于检索的字节数，应在 Wire.onReceive()处理程序中调用。

具体用法如下：

```
01   #include <Wire.h> //包含 wire 库
02
03   // 仅运行一次
04   void setup() {
05       Wire.begin(2);            // 连接地址为 2 的 I2C 总线
06       Wire.onReceive(receiveEvent);  // 当主机发送任何东西时调用 receiveEvent
07       Serial.begin(9600);       // 开始串行输出以打印接收到的内容
08   }
09
10   void loop() {
11       delay(250);
```

```
12    }
13
14    //-----每当从主机接收到数据时, 此函数都将执行-----//
15    void receiveEvent(int howMany) {
16        // 循环所有, 排除最后一个
17        while (Wire.available()>1) {
18            char c = Wire.read();              // 接收字节作为字符
19            Serial.print(c);                   // 打印字符
20        }
21    }
```

在主接收器中, 主机被编程为请求, 然后读取从唯一寻址的从机 Arduino 发送的数据字节。常用 Wire.requestFrom(地址, 字节数)函数, 主设备用于请求从设备的字节, 使用函数 wire.available()和 wire.read()检索字节。

具体用法如下:

```
01    #include <Wire.h> //包含 wire 库
02    void setup() {
03        Wire.begin();                         // 连接 I2C 总线 (主地址可选)
04        Serial.begin(9600); // 开始串行输出
05    }
06
07    void loop() {
08        Wire.requestFrom(2, 1);               // 从设备 2 请求 1 字节
09        // 从机发送的数据可能少于请求的数量
10        while (Wire.available()) {
11            char c = Wire.read();             // 接收字节作为字符
12            Serial.print(c);                  // 打印字符
13        }
14        delay(500);
15    }
```

从发射器主要使用 Wire.onRequest (处理程序) 函数, 当主设备从此从设备请求数据时调用该函数。

具体用法如下:

```
01    #include <Wire.h>
02    void setup() {
03        Wire.begin(2);                        // 连接地址为 2 的 I2C 总线
04        Wire.onRequest(requestEvent);         // 注册事件
05    }
06
07    Byte x = 0;
08
09    void loop() {
10        delay(100);
11    }
12
13    // 每当主机请求数据时执行的函数
14    // 此函数注册为事件, 请参阅 setup()
```

```
15
16  void requestEvent() {
17      Wire.write(x);                  // 按照主机的预期，用 1 字节的消息响应
18      x++;
19  }
```

13.4.6 串行外设接口

串行外设接口（SPI）总线是一种串行通信系统，最多使用四根导线，通常为三根。分别用于数据接收、数据发送、同步和选择与之通信的设备。它是全双工连接，这意味着数据同时发送和接收。最大传输速度高于 I2C 通信系统。

SPI 使用以下四条线：

☑ SCK：由主机驱动的串行时钟。

☑ MOSI：由主机驱动的主输出/从输入。

☑ MISO：由主机驱动的主输入/从输出。

☑ SS：从机选择线。

在使用 SPI 时，常使用以下函数，且必须包括 SPI.h。

SPI.begin()：通过将 SCK，MOSI 和 SS 设置为输出来初始化 SPI 总线，将 SCK 和 MOSI 拉低，将 SS 拉高。

SPI.setClockDivider(分频器)：相对于系统时钟设置 SPI 时钟分频器。在基于 AVR 的板上，可用的分频器为 2、4、8、16、32、64 或 128。默认设置为 SPI_CLOCK_DIV4，它将 SPI 时钟设置为系统时钟的四分之一（对于 20 MHz 的电路板为 5 MHz）。

Divider：它可以是（SPI_CLOCK_DIV2、SPI_CLOCK_DIV4、SPI_CLOCK_DIV8、SPI_CLOCK_DIV16、SPI_CLOCK_DIV32、SPI_CLOCK_DIV64、SPI_CLOCK_DIV128）。

SPI.transfer(val)：SPI 传输基于同时发送和接收，接收的数据在 receivedVal 中返回。

SPI.beginTransaction(SPISettings(speedMaximum，dataOrder，dataMode))：speedMaximum 是时钟，dataOrder(MSBFIRST 或 LSBFIRST)，dataMode(SPI_MODE0，SPI_MODE1，SPI_MODE2 或 SPI_MODE3)。

SPI.attachInterrupt(handler)：当从设备从主设备接收数据时调用的函数。

SPI 中有四种操作模式如下：

☑ 模式 0（默认值）：时钟通常为低电平（CPOL = 0），数据在从低电平到高电平（前沿）（CPHA = 0）的转换时采样。

☑ 模式 1：时钟通常为低电平（CPOL = 0），数据在从高电平到低电平（后沿）（CPHA = 1）的转换时采样。

☑ 模式 2：时钟通常为高电平（CPOL = 1），数据在从高电平到低电平（前沿）（CPHA = 0）的转换时采样。

☑ 模式 3：时钟通常为高电平（CPOL = 1），数据在从低电平到高电平（后沿）（CPHA = 1）的转换时采样。

将两块 Arduino UNO R3 开发板连接在一起，以其中一个作为主机，另一个作为从机。分别将两块开发板的以下同名引脚连接在一起：

☑ SS：引脚 10。

☑ MOSI：引脚 11。

☑ MISO：引脚 12。

☑ SCK：引脚 13。

☑ GND：Vin 左侧引脚。

具体接线如图 13.8 所示。

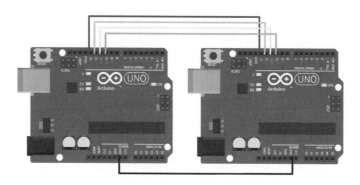

图 13.8　Arduino SPI 接线

当 SPI 为主机时，其示例如下：

【实例 13.15】　串行外设接口（实例位置：资源包\Code\13\15）

```
01   #include <SPI.h>
02
03   void setup (void) {
04       Serial.begin(115200);              // 将 usart 的波特率设置为 115200
05       digitalWrite(SS, HIGH);            // 禁用从属选择
06       SPI.begin ();
07       SPI.setClockDivider(SPI_CLOCK_DIV8);
08   }
09
10   void loop (void) {
11       char c;
12       digitalWrite(SS, LOW);             // 启用从属选择
13       // 发送测试字符串
14       for (const char * p = "Hello, world!\r" ; c = *p; p++) {
15           SPI.transfer (c);
16           Serial.print(c);
17       }
18       digitalWrite(SS, HIGH);            // 禁用从属选择
19       delay(2000);
20   }
```

当 SPI 为从机时，其示例如下：

```
01    #include <SPI.h>
02    char buff [50];
03    volatile byte indx;
04    volatile boolean process;
05
06    void setup (void) {
07        Serial.begin (115200);
08        pinMode(MISO, OUTPUT);          // 必须在主机上发送，以便将其设置为输出
09        SPCR |= _BV(SPE);               // 在从属模式下打开 SPI
10        indx = 0;                       // 缓冲区清空
11        process = false;
12        SPI.attachInterrupt();          // 打开中断
13    }
14    // SPI 中断程序
15    ISR (SPI_STC_vect) {
16        byte c = SPDR;                  // 从 SPI 数据寄存器读取字节
17        if (indx < sizeof buff) {
18            buff [indx++] = c;          // 在数组 buff 的下一个索引中保存数据
19            if (c == '\r')              // 检查单词的结尾
20                process = true;
21        }
22    }
23
24    void loop (void) {
25        if (process) {
26            process = false;            // 重置进程
27            Serial.println (buff);      // 在串行监视器上打印阵列
28            indx= 0;                    // 重置按钮为零
29        }
30    }
```

13.5   与树莓派通信

除 PC 外，树莓派也可使用 Arduino IDE 工具，可以通过 USB 线和杜邦线等实现树莓派与 Arduino 之间的通信，达到通过树莓派控制 Arduino 各引脚的效果。

13.5.1   树莓派安装 Arduino IDE

在树莓派中安装 Arduino IDE 工具非常简单，在终端直接执行以下命令即可：

```
sudo apt-get install arduino
```

需要提前配置好镜像源，否则下载过程非常慢。树莓派使用的镜像为桌面版本。
安装完成后，在"主菜单→编程"下即可看见 Arduino IDE 工具，如图 13.9 所示。

除此之外，也可使用 13.2.1 节中给的地址，将适合树莓派版本的 Arduino 包下载并解压，运行文件夹内的 install.sh 文件即可。

安装完成后，打开 IDE 工具，如果界面为英文，可在 File→Preferences 中，更改 Editor language 为简体中文，保存并重启 IDE 工具。随后将 Arduino 扩展板通过 USB 线连接到树莓派上，再在"工具"栏下选择"串口"，如图 13.10 所示。

图 13.9　树莓派下 Arduino IDE 工具

图 13.10　选择开发板和串口

最后选择"文件→示例→01.Basics"中的 Blink 示例程序进行测试，直接点击"上传按钮"（向右的箭头，树莓派 IDE 中翻译为"下载"）上传程序到 Arduino 即可。上传完成后，状态栏将提示对应信息，同时可看到开发板上的 RX 和 TX 两个 LED 闪烁。

13.5.2　通过 USB 进行通信

如果树莓派使用的镜像不是桌面版，可通过以下命令查看是否检测到 Arduino 开发板：

ls /dev/tty*

结果如图 13.11 所示，如果在最后几项找到/dev/ttyACM0 文件，即证明检测到了 Arduino 开发板。

图 13.11　检测 Arduino 开发板

如果使用的树莓派镜像为无桌面版本，可先通过 PC 中的 Arduino IDE 工具将代码上传到 Arduino 中，具体代码如下：

【实例 13.16】 树莓派与 Arduino 通过 USB 通信（实例位置：资源包\Code\13\16）

```
01  void setup()
02  {
03    Serial.begin(9600);
04  }
05  void loop()
06  {
07    if ( Serial.available())
08    {
09      if('s' == Serial.read())
10        Serial.println("Hello Raspberry,I am Arduino.");
11    }
12  }
```

先点击工具栏中 按钮进行验证，如果成功编译，再点击 按钮将代码上传到 Arduino 中，然后再通过 USB 线将 Arduino 接入树莓派中即可。

树莓派要成功与 Arduino 进行通信，应先安装 Python3 再安装 GPIO 模块，具体方法请参考前面部分章节。最后安装 serial 包用于串口通信和 USB 通信：

```
sudo apt-get install python-serial
```

新建一个 serial_test.py 文件，在其中引入 serial 包，并进行串口通信，具体代码如下：

```
01  import serial                                        # 引入 serial 包
02
03
04  ser = serial.Serial('/dev/ttyACM0', 9600, timeout=1)   # 打开端口
05
06
07  def main_loop():
08      """主循环，打印读取到的数据"""
09      while True:
10          str_hello = "Hello Arduino,I am   Raspberry."
11          b_hello = bytes(str_hello, encoding='utf-8')   # 字符串转为字节
12          ser.write(b_hello)                             # 发送数据
13          response = ser.readall()                       # 读取返回值
14          print('接收到的返回数据是：', response)
15
16
17  if __name__ == '__main__':
18      try:
19          main_loop()
20      except KeyboardInterrupt:
21          print("程序结束！")
22      finally:
23          ser.close()
```

在终端中使用以下命令运行 serial_test.py 文件，树莓派发送指定的字节数据到 Arduino，且读取 Arduino 返回的数据并在控制台打印出来：

```
sudo python3 serial_test.py
```

结果如图 13.12 所示。

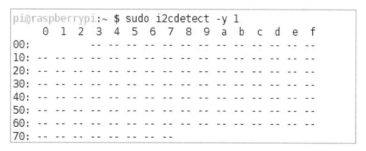

图 13.12　树莓派与 Arduino 通信结果

13.5.3　通过 I2C 进行通信

I2C 总线具有主设备和从设备的概念，主设备用来控制总线，可以连接多个从设备，每个从设备都有自己的地址。如果要使用树莓派和 Arduino 通过 I2C 进行通信，需要先在"首选项→Raspberry Pi Configuration"中的 Interface 栏内启动 I2C 功能。Raspberry Pi OS 系统默认安装了 i2c-tools 工具包，可以使用以下命令查看已连接的 I2C 地址：

```
sudo i2cdetect -y 1
```

如果未安装 i2c-tools 工具包，可执行以下命令安装：

```
sudo apt-get install i2c-tools
```

当没有设备连接到树莓派上时，使用 I2C 工具是查看不到任何地址的，如图 13.13 所示。

```
pi@raspberrypi:~ $ sudo i2cdetect -y 1
     0  1  2  3  4  5  6  7  8  9  a  b  c  d  e  f
00:          -- -- -- -- -- -- -- -- -- -- -- -- --
10: -- -- -- -- -- -- -- -- -- -- -- -- -- -- -- --
20: -- -- -- -- -- -- -- -- -- -- -- -- -- -- -- --
30: -- -- -- -- -- -- -- -- -- -- -- -- -- -- -- --
40: -- -- -- -- -- -- -- -- -- -- -- -- -- -- -- --
50: -- -- -- -- -- -- -- -- -- -- -- -- -- -- -- --
60: -- -- -- -- -- -- -- -- -- -- -- -- -- -- -- --
70: -- -- -- -- -- -- -- -- --
```

图 13.13　无 I2C 地址输出

为了能够让树莓派识别出 Arduino，还需通过 Arduino IDE 工具将如下代码上传至 Arduino：

【实例 13.17】　树莓派与 Arduino 通过 I2C 通信（实例位置：资源包\Code\13\17）

```
01  #include <Wire.h>
02  void setup() {
03    Wire.begin(8);
```

```
04      }
05      void loop() {
06      }
```

其中 Wire.begin(8)里的 8 是设定 arduino 的从机地址，可从 0～255 随意设置。程序上传到 Arduino 后，切断树莓派的电源，将树莓派和 Arduino 两块开发板的 SDA 和 SCL 连接到一起，并将任一 GND 也连接在一起，使两个设备共地。本书使用的 Arduino 型号为 Arduino Uno R3，所以需要提供稳定的 5V 电压，可暂时使用树莓派的 5V 输出引脚供电，将其接到 Arduino 的 5V 引脚即可。若树莓派的负载较多，导致其不能提供稳定的 5V 电压，为安全起见，最好使用单独的电源给 Arduino 供电。具体接线如图 13.14 所示。

接线完成后启动树莓派，再次检测 I2C 地址，结果如图 13.15 所示，其中 08 就是 I2C 地址，即代表和树莓派连接成功。

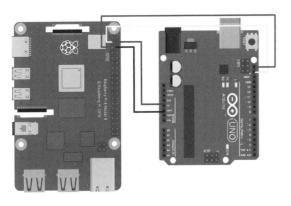

图 13.14　树莓派与 Arduino 使用 I2C 通信接线图　　　　图 13.15　有 I2C 地址输出

树莓派与 Arduino 成功连接后，使用树莓派通过 I2C 发送随机数给 Arduino，Arduino 收到后再把这个数通过 PWM 点亮外接的 LED 指示灯。

首先需要切断树莓派和 Arduino 的电源，通过 Arduino IDE 工具将以下代码上传到 Arduino 中：

```
01      #include <Wire.h>
02
03      int a;
04
05      void setup() {
06        Wire.begin(8);
07        Wire.onReceive(receiveEvent);
08        Serial.begin(9600);
09        pinMode(11,OUTPUT);
10      }
11
12      void loop() {
13        delay(100);
14      }
15
16
```

```
17   void receiveEvent(int howMany)
18   {
19     while (Wire.available())
20     {
21       a = Wire.read();
22       analogWrite(11,a);
23       Serial.println(a);
24     }
25   }
```

上传完成后，恢复与树莓派的接线并在 Arduino 的 11 号引脚外接一个 LED，在树莓派中新建一个 i2c_test.py 文件，具体代码如下：

```
01   import smbus
02   import time
03   import random
04
05
06   bus = smbus.SMBus(1)
07
08
09   def main_loop():
10       """主循环，发送数据"""
11       while True:
12           value = random.randint(0, 255)        # 产生随机数，范围 0～255
13           print('value; ', value)
14           bus.write_byte(0x08, value)           # 向地址 8 发送数据
15           time.sleep(0.5)                       # 延时 0.5s
16
17
18   if __name__ == '__main__':
19       try:
20           main_loop()
21       except KeyboardInterrupt:
22           print("程序结束！")
```

运行程序，就可以看到 LED 的亮度随机变化。

13.6　使用 Python 控制 Arduino

Arduino 开发的门槛虽然很低，但其众多陌生的 API 和开发环境仍然让软件工程师难以快速上手，如果没有 C 或 C++语言基础更是令人摸不着头脑。那么，能不能在树莓派上使用 Python 语言来控制 Arduino 呢？答案是可以的，只需要借助 Python 的第三方库——PyFirmata 即可实现，本章将简单介绍 PyFirmata 的使用方法。

13.6.1 使用 PyFirmata 简单控制 Arduino

在使用 PyFirmata 前，需要先理解嵌入式系统和上位机使用的协议——Firmata 中间协议。该协议默认使用串口通道，Firmata 作为中间件，对"下层"（指嵌入式系统，如 Arduino）和"上层"（指上位机，如树莓派）都引出了编程接口，即在使用 Firmata 时，在嵌入式系统也是需要编程的。Arduino 提供了一个全面将数字、模拟以及伺服（Servo）、脉宽调制（PWM）导出给 Firmata 的标准应用实现，只需通过 Arduino IDE 工具上传指定的代码到 Arduino 中即可使用 Python 控制 Arduino 实现上述功能。

Arduino IDE 工具提供了 Firmata，选择"文件→示例→Firmata→StandardFirmata"，将其上传到 Arduino 中。再将 Arduino 通过 USB 线与树莓派连接，随后打开树莓派，可通过以下命令查看是否检测到了 Arduino：

```
ls /dev/tty*
```

如果在最右侧显示出 ttyACM0 文件，证明检测到了 Arduino。接下来使用以下命令安装 PyFirmata 包：

```
pip3 install pyfirmata
```

安装完成后，就可以使用 Python 代码控制 Arduino 了，具体代码如下：

【实例 13.18】 PyFirmata 简单使用（实例位置：资源包\Code\13\18）

```
01    from time import sleep
02
03    from pyfirmata import Arduino, util
04
05
06    board = Arduino('/dev/ttyACM0')
07
08
09    def main_loop():
10        """主循环"""
11        while True:
12            board.digital[13].write(0)    # 向端口 13 写入低电平 0    代表灭灯
13            sleep(1)
14            board.digital[13].write(1)    # 向端口 13 写入高电平 1    代表亮灯
15            sleep(1)
16
17
18    if __name__ == '__main__':
19        try:
20            main_loop()
21        except KeyboardInterrupt:
22            print("程序结束！")
```

运行程序，等待几秒钟，Arduino 板载的 LED 将每隔 1s 钟点亮一次，每次点亮时间为 1s。

13.6.2　控制 Arduino 的数字输出

在 13.6.1 节中就已经通过 Arduino 的数字引脚输出了数字信号，但其使用的是 board.digital[13].write(1) 向 Arduino 的 13 号引脚输出一个高电平，也可以先定义好输出的信号、引脚编号和输出信息，再调用 write() 方法写入低电平或者高电平，具体代码如下：

【实例 13.19】　输出数字信号（实例位置：资源包\Code\13\19）

```
01    from time import sleep
02
03    from pyfirmata import Arduino, util
04
05
06    board = Arduino('/dev/ttyACM0')
07
08
09    def main_loop():
10        """主循环"""
11        # 获取 Arduino13 号引脚
12        # d：表示数字信号
13        # 13：表示引脚编号
14        # o：表示输出
15        pin_13 = board.get_pin('d:13:o')
16        while True:
17            pin_13.write(0)    # 写入低电平
18            sleep(1)
19            pin_13.write(1)    # 写入高电平
20            sleep(1)
21
22
23    if __name__ == '__main__':
24        try:
25            main_loop()
26        except KeyboardInterrupt:
27            print("程序结束！")
```

这里用到了 PyFirmata.Arduino 中的 get_pin() 方法，可以获取 Arduino 对应的引脚，且可以设置数字信号和输入输出等信息。例如，要使 Arduino 的第 13 号引脚输出数字信号，就可写为 get_pin('d:13:o')，其中各参数如下：

☑ d：表示数字信号。

☑ 13：表示引脚编号。

☑ o：表示输出。

运行程序，其结果应与上一节一致，等待几秒钟，Arduino 板载的 LED 将每隔 1s 钟点亮一次，每次点亮时间为 1s。

13.6.3 控制 Arduino 的 PWM 输出

get_pin('d:13:o')可以向 Arduino 的 13 号引脚输出数字信号，如果要输出 PWM 信号，只需将 get_pin('d:13:o')中的 o 换为 p 即→get_pin('d:13:p')。本节要向 Arduino 的 10 号引脚输出一段 PWM 信号，所以可写为 get_pin('d:10:p')。

在开始编码前，保持 Arduino 与树莓派的连接（通过 USB 线），切断树莓派的电源，在 Arduino 的 10 号引脚上外接一个 LED，为了安全起见还需串联一个 270Ω 的电阻，随后再为树莓派接通电源开机。可以使用如下代码控制 Arduino 的 10 号引脚输出 PWM 信号，来改变 LED 的亮度：

【实例 13.20】　输出 PWM 信号（实例位置：资源包\Code\13\20）

```
01  from pyfirmata import Arduino, util
02
03
04  board = Arduino('/dev/ttyACM0')
05
06
07  def main_loop():
08      """主循环"""
09      # 获取 Arduino10 号引脚
10      # d：表示数字信号
11      # 10：表示引脚编号
12      # p：表示输出 PWM 信号
13      pin_10 = board.get_pin('d:10:p')
14      while True:
15          duty = int(input("请输入亮度 0~100："))
16          pin_10.write(duty)   # 写入数值
17
18
19  if __name__ == '__main__':
20      try:
21          main_loop()
22      except KeyboardInterrupt:
23          print("程序结束！")
```

运行程序，在终端输入具体的数值并按 Enter 键，Arduino 10 号引脚上的 LED 亮度发生相应的变化。

如果需要使用 Arduino 控制伺服电机，则伺服电机必须使用外置电源，且要保证与 Arduino 共地，然后才可以使用 get_pin('d:10:p')方法。PyFirmata 包为了简化用法，将 p 换为 s 来控制电机，例如 get_pin('d:10:s')，最后调用 write()方法控制伺服电机转动具体的角度。具体代码如下：

【实例 13.21】　控制伺服电机（实例位置：资源包\Code\13\21）

```
01  from pyfirmata import Arduino, util
02
03
04  board = Arduino('/dev/ttyACM0')
05
06
07  def main_loop():
08      """主循环"""
09      # 获取 Arduino10 号引脚
10      # d：表示数字信号
11      # 10：表示引脚编号
12      # s：表示伺服电机
13      pin_10 = board.get_pin('d:10:s')
14      while True:
15          angle = int(input("请输入转动的角度 0～180："))
16          pin_10.write(angle)  # 写入数值
17
18
19  if __name__ == '__main__':
20      try:
21          main_loop()
22      except KeyboardInterrupt:
23          print("程序结束！")
```

运行程序，在终端输入转动的角度，舵机将会做出相应的变化。例如输入 0 或 180 将向两边转动，输入 90 将转动到中间位置。

13.6.4　读取 Arduino 的数字输入

由于 Firmata 中间协议不允许直接读取 Arduino 输入引脚的值，所以 PyFirmata 包会创建一个单独的 Iterator 线程来监视 Arduino 的输入引脚，并通过以下代码管理读数：

```
ite = util.Iterator(board)
ite.start()
```

需使用以下命令，启用报告指定引脚信号的功能：

```
pin_num.enable_reporting()
```

本节以一个按钮开关来演示树莓派读取 Arduino 的数字输入信号，在开始接线前切断树莓派的电源，保持 Arduino 与树莓派的连接（USB 线），Arduino 上的接线如图 13.16 所示。

图 13.16 中使用的电阻为 1kΩ，可根据颜色区分。接线完成后，为树莓派通电，使用如下代码即可读取 Arduino 的 7 号引脚的数字信号：

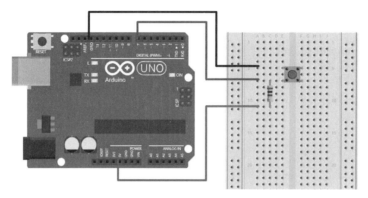

图 13.16　读取 Arduino 数字输入信号的接线

【实例 13.22】　读取数字信号（实例位置：资源包\Code\13\22）

```
01    import time
02
03    from pyfirmata import Arduino, util
04
05
06    board = Arduino('/dev/ttyACM0')
07
08    # 获取 Arduino7 号引脚
09    # d：表示数字信号
10    # 7：表示引脚编号
11    # i：表示输入
12    pin_7 = board.get_pin('d:7:i')
13
14    ite = util.Iterator(board)   # 管理读数
15    ite.start()
16
17    pin_7.enable_reporting()   # 启用报告功能
18
19    def main_loop():
20        """主循环"""
21
22        while True:
23            state = pin_7.read()   # 读取数据
24            if not state:
25                print("按钮被按下")
26            time.sleep(0.5)
27
28
29    if __name__ == '__main__':
30        try:
31            main_loop()
32        except KeyboardInterrupt:
33            print("程序结束！")
```

运行程序，等待大概 3s 后，每按下一次按钮，就能在控制台看到一条输出信息。

13.6.5　读取 Arduino 的模拟输入

读取 Arduino 的模拟输入的方法基本与读取数字输入类似，同样必须借助 Iterator 才能实现。只不过接线的引脚从数字信号引脚变为了模拟信号引脚，本节使用一个 10kΩ 的电位器，具体接线如图 13.17 所示。

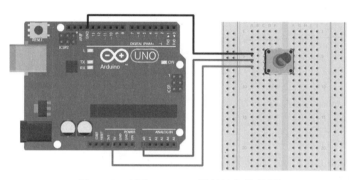

图 13.17　读取 Arduino 模拟输入接线图

接线完成后，为树莓派通电，使用如下代码即可读取 Arduino 上 0 号模拟引脚的信号：

【实例 13.23】　读取模拟信号（实例位置：资源包\Code\13\23）

```
01   import time
02
03   from pyfirmata import Arduino, util
04
05
06   board = Arduino('/dev/ttyACM0')
07
08   # 获取 Arduino0 号引脚
09   # d：表示数字信号
10   # 0：表示引脚编号
11   # i：表示输入
12   pin_0 = board.get_pin('a:0:i')
13
14   ite = util.Iterator(board)              # 管理读数
15   ite.start()
16
17   pin_0.enable_reporting()                # 启用报告功能
18
19   def main_loop():
20       """主循环"""
21
22       while True:
23           value = pin_0.read()            # 读取数据
24           if value != None:
```

```
25              voltage = value * 5.0
26              print("读数为：", voltage)
27          time.sleep(1)
28
29
30  if __name__ == '__main__':
31      try:
32          main_loop()
33      except KeyboardInterrupt:
34          print("程序结束！")
```

运行程序，旋转电位器，将在终端打印出 0～5 的值。

13.7 小   结

本章先对 Arduino 做了简单的介绍，并与树莓派进行了对比，然后介绍了 Arduino 开发时必要的一些应用。随后介绍了 Arduino 常用的一些函数库，例如 I/O 函数、字符函数、数学库、脉冲宽度调制、随机数、中断、串口通信、I2C 通信和串行外设接口等。接下来介绍了 Arduino 与树莓派通信的两种方法，第一种是在树莓派上安装 Arduino IDE 工具，并通过 USB 接口与树莓派连接，第二种是使用 I2C 进行通信。本章最后介绍了使用 Python 控制 Arduino 的方法，使用 PyFirmata 简单控制 Arduino、控制 Arduino 输出数字信号和控制 Arduino 输出 PWM 信号。通过本章的内容，读者在开发项目的过程中，可以将 Arduino 和树莓派联动起来。

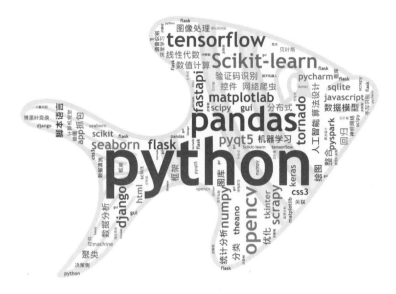

第 4 篇　项目实战

本篇使用树莓派完成一些常用的软件项目，例如家居控制、智能音箱、智能 Android TV 和个人博客网站。同时，使用树莓派制作类似智能小车的硬件项目。读者通过本篇的学习，可以使用树莓派研发一些高级的应用，并加深对软件和硬件项目的实际开发流程的理解。

第 14 章

项 目 实 践

树莓派除了可以连接传感器做一些硬件项目，还可以用作服务器，例如控制家里的智能家居、开发一个智能音箱、电视盒子或使用 Django 框架搭建一个用于外网访问的个人博客网站等。本章将介绍在树莓派上开发一些有趣的软件项目。

14.1 家 居 控 制

每天清晨六点半，电饭煲自动开启煮饭，它要在主人七点起床前，准备好当日的早餐。空调也在悄悄地运转，只为给你一个舒适的空间。转眼到了你起床的时间，窗帘早已拉开八分之三，轻音乐缓缓地飘进房间，揉开惺忪的双眼，34℃的水在等待着你去洗脸，吃完丰盛的早餐，你开始了新的一天。

14.1.1　Home Assistant 安装

Home Assistant 是一个成熟完整的基于 Python 的智能家居系统，设备支持度高，支持自动化（Automation）、群组化（Group）和 UI 定制化（Theme）等高度自定义设置。它有庞大的社群基础，且不断在更新。

树莓派有多种方式安装 HomeAssistant，对于初学者，本书推荐使用官方镜像进行安装。镜像地址为 https://www.home-assistant.io/hassio/installation/。

打开镜像网址，根据树莓派设备的型号进行下载，可通过以下命令来查看系统位数：

```
getconf LONG_BIT
```

一般情况下，选择官方推荐的 32 位进行下载。下载完成后解压文件，安装资源包中的 Win32Diskimager 或 Etcher 镜像烧录工具，并通过读卡器将内存卡插入电脑中，打开该软件再选择镜像文件，如图 14.1 所示。

图 14.1　Win32Diskimager 使用

随后单击"写入"按钮，在弹窗中选择 YES，等待一段时间后，就可以将镜像信息写入内存卡中。

📢**注意**

> 如果想要使用 HomeAssistant 做智能音箱项目，内存卡尽量选用 32GB。在使用 Etcher 时，无须解压镜像文件。

如果要设置 WIFI 连接，需要在内存卡的根目录下新建一个 CONFIG 文件夹，进入该文件夹，再新建一个 network 文件夹。进入 network 文件夹，再新建一个 my-network 文件，该文件没有任何后缀，最后通过 Notepad++软件打开该文件，填入以下代码：

```
[connection]
id=my-network
# uuid 可在 https://www.uuidgenerator.net/生成
uuid=710c67ce-82ec-4714-8733-55d8c76567fe
type=802-11-wireless

[802-11-wireless]
mode=infrastructure
ssid=WIFI 名称
# WIFI 如果被隐藏，取消下行注释
#hidden=true

[802-11-wireless-security]
auth-alg=open
# 加密方式
key-mgmt=wpa-psk
psk=WIFI 密码

[ipv4]
method=auto

[ipv6]
addr-gen-mode=stable-privacy
method=auto
```

如果要设置静态 IP，可将[ipv4]部分的代码替换为以下形式：

```
[ipv4]
method=manual
# 静态 IP 地址/子网前缀位数，一般为 24;网关的 IP 地址
address=192.168.1.111/24;192.168.1.1
# DNS 服务器和备用 DNS 服务器
dns=8.8.8.8;8.8.4.4;
```

如果为树莓派插入网线，可不必配置上方 WIFI 信息，直接将内存卡插入树莓派中，插入网线。然后启动树莓派，等待 60min 左右，视具体的网络情况而定。如果可以使用浏览器成功访问 http://homeassistant.local:8123 或 http://树莓派 IP 地址:8123，就表示 Home Assistant 安装成功。

除上述使用镜像安装系统外，也可以采用手动的安装方式。由于手动安装的方式需要下载大量的文件以及依赖，所以国内的用户最好将系统源和 pip 源换为国内源。

在开始安装前，首先需要更新 Raspbian 系统：

```
sudo apt-get update
sudo apt-get upgrade -y
```

执行以下命令安装依赖：

```
sudo apt-get install python3 python3-dev python3-venv python3-pip libffi-dev libssl-dev
```

再添加一个 homeassistant 账号，只用于执行 Home Assistant Core，命令如下：

```
sudo useradd -rm homeassistant -G dialout,gpio,i2c
```

其中 dialout 用于 Z-Wave 和 Zigbee 控制器，gpio 用于树莓派接口，i2c 为常规接口。接下来为 homeassistant 设置用户密码，命令如下：

```
sudo passwd homeassistant
```

创建一个 Home Assistant Core 的安装目录，并将所有者更改为 homeassistant 账户，命令如下：

```
cd /srv
sudo mkdir homeassistant
sudo chown homeassistant:homeassistant homeassistant
```

创建一个 Home Assistant Core 的虚拟环境，虚拟环境的名字是 homeassistant，命令如下：

```
sudo -u homeassistant -H -s
cd /srv/homeassistant
python3 -m venv .
source bin/activate
```

激活虚拟环境后，显示类似(homeassistant) homeassistant@raspberrypi:/srv/homeassistant $的信息，然后安装所需的 Python 包，命令如下：

```
python3 -m pip install wheel
```

安装 homeassistant，命令如下：

```
pip3 install homeassistant
```

安装完成后，运行 hass 启动 homeassistant，命令如下：

```
hass
```

第一次启动时会下载大量的依赖，大约会持续 20min 左右，直到输出如图 14.2 所示的最后一行信息，或者可通过 IP 地址加 8123 端口访问 Home Assistant 主页，安装才算完成。

```
2020-05-13 09:55:14 INFO (SyncWorker_3) [homeassistant.util.package] Attempting install of brother==0.1.14
2020-05-13 10:03:10 INFO (SyncWorker_14) [homeassistant.util.package] Attempting install of hass-nabucasa==0.34.2
2020-05-13 10:08:25 INFO (SyncWorker_16) [homeassistant.loader] Loaded camera from homeassistant.components.camera
2020-05-13 10:08:25 INFO (SyncWorker_15) [homeassistant.loader] Loaded google_assistant from homeassistant.components.google_assistant
2020-05-13 10:08:25 INFO (SyncWorker_8) [homeassistant.loader] Loaded homekit from homeassistant.components.homekit
2020-05-13 10:08:25 INFO (SyncWorker_13) [homeassistant.loader] Loaded media_player from homeassistant.components.media_player
2020-05-13 10:08:25 INFO (SyncWorker_10) [homeassistant.util.package] Attempting install of HAP-python==2.8.2
2020-05-13 10:08:46 INFO (SyncWorker_12) [homeassistant.util.package] Attempting install of fnvhash==0.1.0
2020-05-13 10:08:53 INFO (SyncWorker_6) [homeassistant.util.package] Attempting install of base36==0.1.1
2020-05-13 10:09:03 INFO (MainThread) [homeassistant.setup] Setting up mobile_app
2020-05-13 10:09:03 INFO (MainThread) [homeassistant.setup] Setup of domain mobile_app took 0.0 seconds.
2020-05-13 10:09:03 INFO (SyncWorker_1) [homeassistant.loader] Loaded notify from homeassistant.components.notify
2020-05-13 10:09:03 ERROR (MainThread) [homeassistant.setup] Unable to set up dependencies of default_config. Setup failed for dependenc
ies: cloud
2020-05-13 10:09:03 ERROR (MainThread) [homeassistant.setup] Setup failed for default_config: Could not set up all dependencies.
2020-05-13 10:09:03 INFO (MainThread) [homeassistant.setup] Setting up notify
2020-05-13 10:09:03 INFO (MainThread) [homeassistant.setup] Setup of domain notify took 0.0 seconds.
2020-05-13 10:09:03 INFO (MainThread) [homeassistant.components.notify] Setting up notify.mobile_app
2020-05-13 10:09:03 INFO (SyncWorker_5) [homeassistant.util.package] Attempting install of mutagen==1.44.0
2020-05-13 10:09:23 INFO (SyncWorker_4) [homeassistant.loader] Loaded google_translate from homeassistant.components.google_translate
2020-05-13 10:09:23 INFO (SyncWorker_2) [homeassistant.util.package] Attempting install of gTTS-token==1.1.3
2020-05-13 10:09:33 INFO (MainThread) [homeassistant.setup] Setting up tts
2020-05-13 10:09:33 INFO (SyncWorker_15) [homeassistant.components.tts] Create cache dir /home/homeassistant/.homeassistant/tts
2020-05-13 10:09:33 INFO (MainThread) [homeassistant.setup] Setup of domain tts took 0.0 seconds.
2020-05-13 10:09:33 INFO (MainThread) [homeassistant.bootstrap] Home Assistant initialized in 1208.49s
2020-05-13 10:09:33 INFO (MainThread) [homeassistant.core] Starting Home Assistant
2020-05-13 10:09:33 INFO (MainThread) [homeassistant.core] Timer:starting
2020-05-13 10:09:33 INFO (SyncWorker_18) [homeassistant.components.zeroconf] Starting Zeroconf broadcast
```

图 14.2　安装 Home Assistant

14.1.2　命令行基础操作

通过快捷键 Ctrl+C 退出程序，再次启动时只需执行以下命令：

```
# 切换到 homeassistant 账户
sudo -u homeassistant -H -s
# 进入虚拟环境所在的目录
cd /srv/homeassistant
# 激活虚拟环境
source bin/activate
# 启动 hass
(homeassistant) $ hass
```

启动后在浏览器中访问 http://树莓派 IP 地址:8123 即可。如果要更新 Home Assistant，可在激活虚拟环境后，执行以下命令：

```
pip3 install --upgrade homeassistant
```

还可以将其设置为开机自启动，命令如下：

```
cd /etc/init.d/
sudo nano hass-daemon
```

在打开的文件中添加以下代码：

【实例 14.1】　　hass 自启动（实例位置：资源包\Code\14\01）

```sh
#!/bin/sh
### BEGIN INIT INFO
# Provides:          hass
# Required-Start:    $local_fs $network $named $time $syslog
# Required-Stop:     $local_fs $network $named $time $syslog
# Default-Start:     2 3 4 5
# Default-Stop:      0 1 6
# Description:       Home\ Assistant
### END INIT INFO

# /etc/init.d Service Script for Home Assistant
# Created with: https://gist.github.com/naholyr/4275302#file-new-service-sh
PRE_EXEC="cd /srv/homeassistant; python3 -m venv .; source bin/activate;"
# Typically /usr/bin/hass
HASS_BIN="hass"
RUN_AS="homeassistant"
PID_DIR="/var/run/hass"
PID_FILE="$PID_DIR/hass.pid"
CONFIG_DIR="/var/opt/homeassistant"
LOG_DIR="/var/log/homeassistant"
LOG_FILE="$LOG_DIR/home-assistant.log"
FLAGS="-v --config $CONFIG_DIR --pid-file $PID_FILE --log-file $LOG_FILE --daemon"


start() {
  create_piddir
  if [ -f $PID_FILE ] && kill -0 $(cat $PID_FILE) 2> /dev/null; then
    echo 'Service already running' >&2
    return 1
  fi
  echo -n 'Starting service… ' >&2
  local CMD="$PRE_EXEC $HASS_BIN $FLAGS"
  su -s /bin/bash -c "$CMD" $RUN_AS
  if [ $? -ne 0 ]; then
    echo "Failed" >&2
  else
    echo 'Done' >&2
  fi
}

stop() {
  if [ ! -f "$PID_FILE" ] || ! kill -0 $(cat "$PID_FILE") 2> /dev/null; then
    echo 'Service not running' >&2
    return 1
```

```
   fi
   echo -n 'Stopping service... ' >&2
   kill $(cat "$PID_FILE")
   while ps -p $(cat "$PID_FILE") > /dev/null 2>&1; do sleep 1;done;
   rm -f $PID_FILE
   echo 'Done' >&2
}

install() {
   echo "Installing Home Assistant Daemon (hass-daemon)"
   update-rc.d hass-daemon defaults
   create_piddir
   mkdir -p $CONFIG_DIR
   chown $RUN_AS $CONFIG_DIR
   mkdir -p $LOG_DIR
   chown $RUN_AS $LOG_DIR
}

uninstall() {
   echo "Are you really sure you want to uninstall this service? The INIT script will"
   echo -n "also be deleted! That cannot be undone. [yes|No] "
   local SURE
   read SURE
   if [ "$SURE" = "yes" ]; then
       stop
       remove_piddir
       echo "Notice: The config directory has not been removed"
       echo $CONFIG_DIR
       echo "Notice: The log directory has not been removed"
       echo $LOG_DIR
       update-rc.d -f hass-daemon remove
       rm -fv "$0"
       echo "Home Assistant Daemon has been removed. Home Assistant is still installed."
   fi
}

create_piddir() {
   if [ ! -d "$PID_DIR" ]; then
       mkdir -p $PID_DIR
       chown $RUN_AS "$PID_DIR"
   fi
}

remove_piddir() {
   if [ -d "$PID_DIR" ]; then
       if [ -e "$PID_FILE" ]; then
           rm -fv "$PID_FILE"
       fi
       rmdir -v "$PID_DIR"
   fi
}

case "$1" in
```

```
start)
    start
    ;;
stop)
    stop
    ;;
install)
    install
    ;;
uninstall)
    uninstall
    ;;
restart)
    stop
    start
    ;;
*)
    echo "Usage: $0 {start|stop|restart|install|uninstall}"
esac
```

然后将脚本设置为可执行，命令如下：

```
sudo chmod +x /etc/init.d/hass-daemon
```

注册自启动程序，命令如下：

```
sudo service hass-daemon install
```

最后需要重启树莓派才能生效。

14.1.3　基础配置

在通过 hass 命令启动成功后，通过浏览器输入网址 http://树莓派 ip:8123，即可访问 Home Assistant，第一次访问时需要创建账户，如图 14.3 所示。

图 14.3　创建 Home Assistant 账户

然后设置地理位置和时区海拔信息，如图 14.4 所示。

图 14.4　设置信息

Home Assistant 会扫描家里接入网络的智能设备，稍后再设置它们，如图 14.5 所示。

图 14.5　选择集成

最后进入 Home Assistant 的主页，如图 14.6 所示。

图 14.6　Home Assistant 主页

14.1.4 接入设备

Home Assistant 目前支持接近 2000 种设备的接入，具体操作方法可以参考官方的组件配置说明。本节以常见的一种免驱 USB 摄像头为例。

首先开启"首选项→Raspberry Pi Configuration"下的树莓派摄像头服务，配置摄像头，直至可以在浏览器中通过 http://IP 地址:8081/访问摄像头拍摄的内容。然后再回到浏览器的 Home Assistant 主页，选择左侧的"开发者工具"，选中，"信息"栏后可查看 configuration.yaml 配置文件的路径 /home/homeassistant/.homeassistant，如图 14.7 所示。

图 14.7 configuration.yaml 配置文件路径

然后再打开一个使用 pi 用户登录的窗口，在命令行终端中修改 Home Assistant 的配置文件，命令如下：

```
sudo nano /home/homeassistant/.homeassistant/configuration.yaml
```

在文件的最后添加如下代码：

```
camera:
  - platform: mjpeg
    mjpeg_url: IP 地址:8081
    name: pi_camera
```

添加完成后，保存并退出，返回浏览器中的 Home Assistant 主页，选择左下角的用户头像信息，在右侧选择高级模式并将其开启，如图 14.8 所示。

图 14.8　开启高级模式

　　然后通过左侧边栏的"配置"选项，在右侧底部选择"服务器控制"选项，单击"检查配置"按钮来查看配置是否有效，如图 14.9 所示。

图 14.9　检查配置

　　接下来，在下方选择"重启服务"。重启完成后，返回概览页面，即可查看到摄像头信息，如图 14.10 所示。

图 14.10　查看摄像头信息

为了接入更多的设备，在开发者工具中找到 Integrations 集成，查看对应的文档即可。

14.1.5　绑定微信小程序

通过 github 中的 molohub 项目，将 Home Assistant 作为一个微信的小程序，让 Home Assiatant 不再需要各种复杂的内网穿透和映射，就可以远程访问。

首先需要通过以下网址下载该项目：

```
https://codeload.github.com/haoctopus/molohub/zip/master
```

下载完成后解压压缩包，得到一个 molohub-master 文件夹，然后将该文件夹中的 molohub 文件夹上传到树莓派的 home/pi 目录下。上传成功后，在/home/homeassistant/.homeassistant 文件夹内新建一个 custom_components 文件夹，命令如下：

```
cd /home/homeassistant/.homeassistant
sudo mkdir custom_components
```

将 home/pi 下的 molohub 文件夹移动到 custom_components 中：

```
cd ~
sudo mv molohub /home/homeassistant/.homeassistant/custom_components/
```

然后打开/home/homeassistant/.homeassistant/configuration.yaml 配置文件，命令如下：

```
sudo nano /home/homeassistant/.homeassistant/configuration.yaml
```

在文件的末尾添加一个实例：

```
molohub:
  dismissable: true   # 默认状态下忽略按钮不可用，添加此行激活或忽略按钮
```

配置完成后，保存并退出，重启 Home Assistant 服务。然后访问 https://www.molo.cn/选择微信登录，就会自动启动小程序。在重启完成后，左侧的通知中心出现一条信息，在其中选择 WeChat 跳转到带有小程序二维码的页面，扫描该二维码将 Home Assistant 与小程序绑定，以后就可以通过小程序控制家里设备。

注意

如果出现的二维码不全，导致不能绑定微信，表明现在暂时不能绑定微信小程序，可使用其他的方式绑定 HomeAssistant，或等待该作者更新。之前已经绑定的用户可以正常使用。

14.1.6　安装 Hass.io 组件

使用 Hass.io 组件可以更加便捷地扩展 Home Assistant。如果直接按照官方的教程刷入 HassIO 的镜像，那么可以忽略本节，因为该镜像中自带了 Hass.io 组件。本节面向的是使用树莓派官方的 Raspbian 镜像，并已完成手动安装 Home Assistant，且想要在 Home Assistant 上使用 Hass.io 组件的读者。

首先需要执行以下命令安装 Hass.io 所需的 docker-ce 等依赖：

```
sudo -i
apt-get install software-properties-common
apt-get update
apt-get install -y apparmor-utils apt-transport-https avahi-daemon ca-certificates curl dbus jq network-manager socat
curl -fsSL get.docker.com | sh
```

其中，最后一步安装时间较长，请耐心等待。然后安装 Hass.io，命令如下：

```
curl -sL https://raw.githubusercontent.com/home-assistant/supervised-installer/master/installer.sh | bash -s -- -m raspberrypi4-64
```

注意

这里的-m raspberrypi4-64 需要根据树莓派的型号更改，例如树莓派 3 可以使用-m raspberrypi3 或-m raspberrypi3-64。

如果上述命令不能成功安装，也可使用以下方法手动安装：

```
wget https://code.aliyun.com/neroxps/hassio_install/raw/master/install.sh
chmod u+x install.sh
./install.sh
```

在执行安装脚本的过程中，会依次询问以下几个问题：

（1）是否将系统源切换为清华源？默认为 yes 即可。

（2）选择添加到 docker 用户组的用户。按需选择，这里为[1]: pi。

（3）是否需要替换 docker 默认源？默认为 yes 即可。

（4）请选择设备类型。按需选择，这里所使用的为树莓派 4B，所以选择的是[10]：raspberrypi4。

（5）是否设置 hassio 数据保存路径？按 Enter 键选择默认路径即可。

经过一段时间，提示安装成功后，还需要将其添加到 Home Assistant 中，执行以下命令打开配置文件：

```
sudo nano /home/homeassistant/.homeassistant/configuration.yaml
```

在该配置文件的末尾追加两行 discovery:和 hassio:配置信息，具体样式如图 14.11 所示。

图 14.11　配置 Hass.io 组件

添加完成后，保存并退出。重新启动 Home Assistant，并重新注册用户，在 Home Assistant 的主界面就能看到添加的 Hass.io 组件信息，如图 14.12 所示。

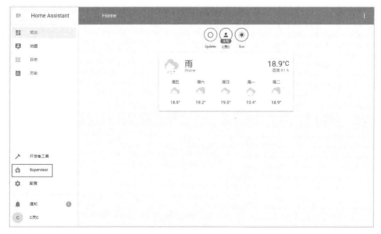

图 14.12　Hass.io 组件

14.2 智 能 音 箱

用户：孙悟空

音箱：大圣的大名谁人不知、谁人不晓？

用户：今天天气

音箱：深圳多云，预计 27~32℃，现在 27℃。风力强劲，要不是我这么胖早被吹走啦！天热得就像一个蒸笼，我就像笼里的包子一样，不断地呼着热气！

用户：讲个笑话

音箱：一天，公孙策说："包大人您英明睿智，断案无数，从未出错；展护卫他武艺高强，缉凶无数，从未失手。要是您与展护卫合体，那该会是怎样的存在啊？"包大人想了想，道："黑猫警长！"

14.2.1 wukong-robot 安装

本节将使用一个简单、灵活和优雅的中文语音对话机器人/智能音箱项目—wukong-robot，项目地址为 https://github.com/wzpan/wukong-robot，通过该项目可以在树莓派上快速打造个性化的智能音箱，该项目具有以下优点：

- ☑ 模块化。功能插件、语音识别、语音合成、对话机器人都做到了高度模块化，第三方插件单独维护，方便继承和开发自己的插件。
- ☑ 中文支持。集成百度、科大讯飞、阿里、腾讯等多家中文语音识别和语音合成技术，且可以继续扩展。
- ☑ 对话机器人支持。支持基于 AnyQ 的本地对话机器人，并支持接入图灵机器人、Emotibot 等在线对话机器人。
- ☑ 全局监听，离线唤醒。支持 Muse 脑机唤醒，及无接触的离线语音指令唤醒。
- ☑ 灵活可配置。支持定制机器人名字，支持选择语音识别和合成的插件。
- ☑ 智能家居。支持和 mqtt、Home Assistant 等智能家居协议联动，支持语音控制智能家电。
- ☑ 后台配套支持。提供配套后台，可实现远程操控、修改配置和日志查看等功能。
- ☑ 开放 API。可利用后端开放的 API，实现更丰富的功能。
- ☑ 安装简单，支持更多平台。相比 dingdang-robot，舍弃了 PocketSphinx 的离线唤醒方案，安装变得更加简单，代码量更少，更易于维护并且能在 Mac 以及更多 Linux 系统中运行。

在开始安装前需要确保已经安装 Python3，若没安装请参考前面章节的教程完成安装。首先需要执行以下命令将该项目克隆到本地：

```
cd ~
```

```
git clone https://github.com/wzpan/wukong-robot.git
```

然后安装 sox，ffmpeg 和 pyaudio 等依赖，命令如下：

```
sudo apt-get install portaudio19-dev python-pyaudio python3-pyaudio sox pulseaudio libsox-fmt-all ffmpeg
pip3 install pyaudio
```

进入克隆下来的悟空项目，安装该项目的依赖，命令如下：

```
cd wukong-robot
pip3 install -r requirements.txt
```

接下来手动编译 snowboy，生成_snowboydetect.so 文件，以支持更多的平台：

```
wget http://hahack-1253537070.file.myqcloud.com/misc/swig-3.0.10.tar.gz
tar xvf swig-3.0.10.tar.gz
cd swig-3.0.10
sudo apt-get -y update
sudo apt-get install -y libpcre3 libpcre3-dev
./configure --prefix=/usr --without-clisp --without-maximum-compile-warnings
make
sudo make install
sudo install -v -m755 -d /usr/share/doc/swig-3.0.10
sudo cp -v -R Doc/* /usr/share/doc/swig-3.0.10
sudo apt-get install -y libatlas-base-dev
```

然后构建 snowboy，命令如下：

```
wget http://hahack-1253537070.file.myqcloud.com/misc/snowboy.tar.bz2        # 使用 fork 出来的版本以确保接口兼容
tar -xvjf snowboy.tar.bz2
cd snowboy/swig/Python3
make
# 例: cp _snowboydetect.so ~/wukong-robot/snowboy/
cp _snowboydetect.so <wukon-robot 的根目录/snowboy/>
```

也可以通过以下网址下载并使用预编译好的 so 文件 http://hahack-1253537070.file.myqcloud.com/misc/snowboy-pi/_snowboydetect.so。

编译完成后，还需要安装第三方技能插件库 wukong-contrib，命令如下：

```
mkdir $HOME/.wukong
cd $HOME/.wukong
git clone http://github.com/wzpan/wukong-contrib.git contrib
pip3 install -r contrib/requirements.txt
```

安装完成后，为树莓派连接音箱和麦克风（推荐新手使用免驱的 USB 麦克风，虽然拾音效果稍差，但设置方便），并调试使其可以正常输入、输出声音。然后在 wukong-robot 项目文件夹下执行以下命令即可成功运行项目：

```
python3 wukong.py
```

第一次启动时将提示是否要在用户目录下创建一个配置文件，输入 y 即可，然后通过唤醒词"孙悟空"唤醒 wukong-robot 进行交互，也可以通过浏览器打开"IP 地址:5000"，访问该项目的客户端页面。由于麦克风接在树莓派上，和 PC 上收录到的声音差异非常大，所以存在可能唤不醒的情况，因此需要在树莓派上重新录制唤醒词，具体方法参见 14.2.2 节。如果不想自己录制唤醒词，可修改~/.wukong路径下的 config.yml 配置文件，命令如下：

```
sudo nano ~/.wukong/config.yml
```

编辑配置文件中的 howword、/do_not_bother/on_hotword 和/do_not_bother/off_hotword，在.pmdl 前添加_pi，具体信息如下：

```
# snowboy 离线唤醒
# https://snowboy.kitt.ai/dashboard
# 建议到 https://snowboy.kitt.ai/hotword/32768
# 使用相同环境录入你的语音，以提升唤醒成功率和准确率
hotword: 'wukong_pi.pmdl'              # 唤醒词模型，如要自定义请放到 $HOME/.wukong 目录中
sensitivity: 0.4                       # 灵敏度

# 勿扰模式，该时间段内自动进入睡眠，避免监听
do_not_bother:
    enable: false                      # 开启勿扰模式
    since: 23                          # 开始时间
    till: 9                            # 结束时间，如果比 since 小表示第二天
    on_hotword: '悟空别吵_pi.pmdl'      # 通过这个唤醒词可切换勿扰模式。默认是"悟空别吵"
    off_hotword: '悟空醒醒_pi.pmdl'      # 通过这个唤醒词可切换勿扰模式。默认是"悟空醒醒"
```

如果该方法也不能唤醒，则必须在树莓派上录制属于你的唤醒词。

14.2.2　更新唤醒词

该项目默认的唤醒词使用的是作者的声音模型，由于不同的人发声不同，且麦克风在树莓派上收录的声音与其他客户端收录的声音差异非常大，因此必须录制专属唤醒词，该唤醒词也可以设置为其他词汇。

首先，需要为树莓派连接好麦克风和音箱，这里采用的是 8.5 节中所使用的 ReSpeaker 2-Mics Pi HAT 麦克风阵列收录声音，连接完成后可以测试能否正常输入、输出声音，再使用以下命令录制三段属于自己的唤醒词，每录制完一段使用 Ctrl+C 快捷键终止即可，也可使用-d 参数指定时间：

```
cd $HOME
arecord a.wav
arecord b.wav
arecord c.wav
```

录制完成后，使用"aplay 文件名"命令播放录制的三段音频，确认无误后访问 snowboy 官网 https://snowboy.kitt.ai/dashboard，注册并登录成功后，搜索唤醒词，例如"孙悟空"，在搜索结果中可以看到有一个"孙悟空 pi"的选项，若没有可重新创建，此选项即为在树莓派上使用的唤醒词"孙悟

空"，选择该选项，如图 14.13 所示。

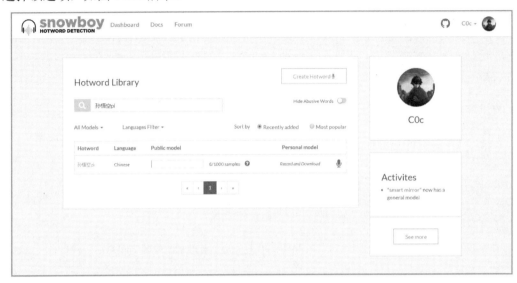

图 14.13　选择唤醒词"孙悟空"

可以看到该选项中已经收录了 8 个声音模型，收录满 1000 个就可以训练出通用模型。选择该选项进入词汇的详细信息页面，在该页面中单击 Record and download the model 按钮，然后按照操作步骤选择 Record my voice 按钮记录你的声音，就会弹出声音记录页面，如图 14.14 所示。

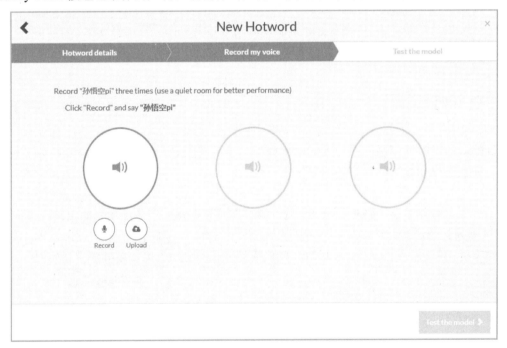

图 14.14　记录声音页面

在这里单击页面中的麦克风图像就可以录制声音，推荐提前录制好声音并确认无误后，上传声音文件。

上传三个声音文件后，Test the model 按钮会变成绿色，如图 14.15 所示，单击该按钮进入声音模型测试页面。

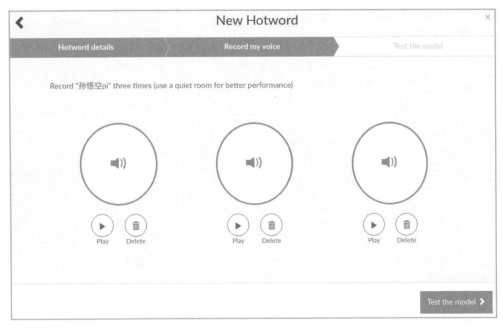

图 14.15　上传全部声音文件

在该页面中选择性别、年龄区间并调整背景噪声，如图 14.16 所示。

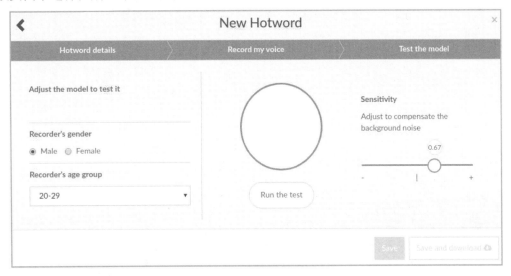

图 14.16　模型录制者一般信息

然后单击 Run the test，并说"孙悟空"，直至模型成功识别为止。如果一直不能识别，需要重新录制声音，再生成模型；如果成功识别了模型，下方的 Save 和 Save and download 按钮就会变绿，点击 Save and download 按钮即可下载 pmdl 格式的声音模型文件。

将获取的 pmdl 声音模型文件保存在上节新建的.wukong 隐藏文件夹内，地址为~/.wukong，然后在该模型的路径内，使用如下命令复制文件并重命名为 sunwukong_pi.pmdl：

```
cd ~/Downloads/
cp 孙悟空 pi ~/.wukong/sunwukong_pi.pmdl
cd ~/.wukong/
ls
```

然后修改~/.wukong/config.yml 配置文件，命令如下：

```
nano ~/.wukong/config.yml
```

在 config.yml 配置文件中一共有三个唤醒词模型需要更改：

（1）hotword：全局唤醒词，默认为"孙悟空"（wukong.pmdl）。

（2）/do_not_bother/on_hotword：让 wukong-robot 进入勿扰模式的唤醒词，默认为"悟空别吵"（悟空别吵.pmdl）。

（3）/do_not_bother/off_hotword：让 wukong-robot 结束勿扰模式的唤醒词，默认为"悟空醒醒"（悟空醒醒.pmdl）。

将 hotword 更改为刚复制进来的模型 sunwukong_pi.pmdl，如图 14.17 所示。

除此之外，还可以借助 wukong.py 的 train 命令进行训练，首先需要到 snowboy 官网的个人中心，获取 snowboy_token，如图 14.18 所示。

图 14.17　更改 hotword　　　　　　　　　　图 14.18　获取 snowboy_token

然后在~/.wukong/config.yml 配置文件内，将 snowboy_token 更改为刚获取到的 token，再使用如下命令录制三段包含唤醒词的语音：

```
cd $HOME
arecord a.wav
arecord b.wav
arecord c.wav
```

接下来先进入 wukong-robot 项目的文件夹内，使用如下命令训练唤醒词，并生成声音模型：

```
python3 wukong.py train $HOME/a.wav $HOME/b.wav $HOME/c.wav $HOME/.wukong/mywords.pmdl
```

其中 mywords.pmdl 是要生成的 pmdl 格式模型的名字，也可以换成其他名字，但要避免使用中文，生成后的模型自动保存在.wukong 隐藏文件夹内，只需修改 config.yml 配置文件即可。

14.3　Android TV

近几年，各大电视厂商都推出了可以联网的智能电视，相对于传统电视，其片源与质量更加丰富，并且可以随时点播喜欢的内容，更重要的一点是这些电视大部分内置了 Android TV 系统，用户可根据自己的需求自行安装安卓软件。本节将在树莓派上安装一个 Android TV 系统，将树莓派变成一个可以操控的电视盒子。

14.3.1　Android TV 简介

Android TV 是 Google 推出的专为数字媒体播放器（如数字电视机）设计的 Android 分支版本。它提供一套以内容发现、语音搜索为特色的用户界面，能够集成来自不同媒体服务和应用的内容，并能够与 Google 的其他产品联动，例如 Google 智能助理、Google Cast、Google 知识图谱。

我们可以在树莓派中安装已经集成好的 Android TV 系统，项目地址为 https://konstakang.com/devices/rpi4/LineageOS16.0/。该地址为树莓派 4B 版本的项目，如果使用的是树莓派 3，只需将网址中的 rpi4 改为 rpi3 即可。该项目完美地支持以下功能：

☑ 音频（HDMI、3.5mm 音响、usb 麦克风、蓝牙扬声器/耳机等）。

☑ 蓝牙。

☑ 相机（使用官方 Pi 相机模块和 UVC USB 网络摄像头）。

☑ 通用输入、输出。

☑ GPS（使用外部 USB 模块，例如 U-Blox 7）。

☑ 以太网络。

☑ HDMI 显示。

☑ I2C。

☑ 红外遥控器（使用外部 GPIO 红外模块，例如 TSOP4838）。

☑ RTC（使用外部 GPIO I2C 模块，例如 DS3231）。

☑ 串行控制台（使用外部 GPIO 串行控制台适配器，例如 PL2303）。

☑ SPI。

☑ 触摸屏/多点触摸（例如 7 英寸官方显示屏）。

☑ USB（鼠标、键盘、存储设备等）。

☑ 无线上网。

☑ 无线网络共享。

由于该项目使用的是 Google 的 SwiftShader 软件渲染器，使用未驱动显卡而是使用 CPU 来渲染图形，所以不适合硬件视频解码和编码、硬件加速图形（V3D）和图形密集型的游戏应用等。同时也需要保证树莓派的内存至少为 2GB 来运行本系统。

14.3.2 安装方法

首先需要下载镜像文件，如图 14.19 所示，目前最新的版本为 20200212。

单击链接会自动跳转到下载页面，如图 14.20 所示，单击页面中绿色的下载按钮会先选择物理距离最近的镜像文件地址，再单击出现的绿色按钮就会自动下载镜像文件

图 14.19　镜像文件链接　　　　　　　　　　　　　图 14.20　下载镜像文件

下载完镜像文件压缩包，由于该文件压缩率比较大，可以使用 MD5 文件校验工具，校验压缩包是否完整，校验结果如果与图 14.19 中 md5 对应的校验码一致，即为完整压缩包。再使用 balenaEtcher 工具将镜像写入 FAT32 格式的内存卡中。写入完成后，如果 balenaEtcher 自动弹出了内存卡，还需将内存卡插回电脑中，因为镜像未占用全部的存储空间，使用 DiskGenius 分区工具（该工具也可将内存卡格式化为 FAT32 格式）划分未使用的内存卡空间，以增加 Android TV 系统存储空间的容量。

打开分区工具后，选择内存卡的主分区，再右击选择扩容分区，如图 14.21 所示。

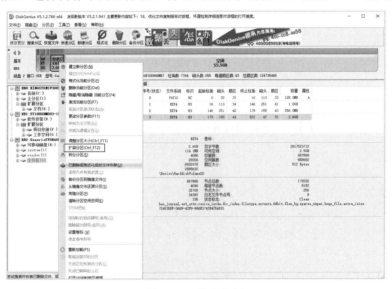

图 14.21　扩容分区

在弹出的页面中先确认需要扩容的分区是否正确，再单击开始按钮，如图 14.22 所示，几秒钟就能完成分区的扩容。

图 14.22 开始扩容

扩容结束后，弹出内存卡，将其插入树莓派中，为树莓派接上鼠标、键盘、显示器以及散热设备，显示器要选择靠近电源一侧的 0 号接口，该接口为默认接口，如果开机后屏幕一直显示七彩斑斓的页面，原因很可能是选择了 1 号接口。由于该版本的镜像使用的分辨率为 1280×720，所以使用的显示器也需要支持该分辨率。然后启动树莓派，开机会默认加载配置文件，此时只需耐心等待即可，经过一段时间后，就会进入 Android TV 的配置界面，主要配置以下几个选项：

（1）语言：可通过按住鼠标或使用键盘的上下方向键，以及触屏操作来选择"简体中文"。

（2）日期和时间：选择当前的时区（东 8 区）、日期和时间。

（3）位置服务：按需更改，也可默认。

（4）Lineageos 功能：默认即可。

（5）保护您的平板电脑：设置密码，可跳过。

随后便会进入桌面，通过单击屏幕顶部可滑出状态栏，用鼠标左键长按 WLAN 按钮即可进入无线网设置页面，输入密码连接无线网络，若提示网络不可用，忽略即可。从屏幕底部向上滑动即可显示全部应用。

将存储设备插入树莓派的 USB 接口上，这样就可以为其扩充存储空间，也可以进行文件传递，通过该设备可以将 TV 版的 apk 应用传入系统内，并进行安装。如果要接入音响等音频设备可插入树莓派的3.5mm 音频孔，再长按键盘的 F5 键重启系统即可。使用键盘操控系统时，一些常见的快捷键如下：

☑ F1 =主页。

☑ F2 =返回。

☑ F3 =多任务。

☑ F4 =菜单。

☑ F5 =电源。

☑ F11 =调低音量。

☑ F12 =调高音量。

可以在设置中根据需求更改相关的配置，这里不一一列举。安装应用后，就可以播放视频了，如图 14.23 所示。

图 14.23 Android TV 播放视频

14.4 个人博客网站

本节将使用树莓派作为服务器，搭建一个可用于外网访问的个人博客网站，以此来熟悉 Web 应用的部署流程。本节所使用的开源项目地址为 https://github.com/liangliangyy/DjangoBlog。

14.4.1 安装依赖

首先，通过 git 命令将 DjangoBlog 项目从 GitHub 上克隆下来，命令如下：

```
cd ~
git clone https://github.com/liangliangyy/DjangoBlog.git
```

再使用以下命令安装项目的依赖环境：

```
sudo apt install python3-dev python3-pip python-pip memcached -y        # 安装 pip 和 memcached
sudo apt install supervisor -y
sudo apt install nginx -y
sudo apt-get install python-dev default-libmysqlclient-dev              # 安装 mysqlclient 依赖
```

然后创建一个 Python 的虚拟环境，命令如下：

```
cd ~
mkdir PythonVenv
cd PythonVenv/
python3 -m venv djangoblog
source djangoblog/bin/activate
```

通过 source 和 active 命令，可以激活虚拟环境。激活后，虚拟环境的名称会在命令行最前方的括号内显示，例如(Djangoblog) pi@raspberrypi:~ $。在虚拟环境中进入 DjangoBlog 项目，并安装该项目的依赖，命令如下：

```
cd ~/DjangoBlog/
pip install -Ur requirements.txt
```

依赖安装完后，使用 deactive 命令即可退出虚拟环境：

```
deactivate
```

14.4.2 数据库配置

数据库的安装与配置参见 5.3 节，安装完成后需要打开/etc/mysql/conf.d/mysql.cnf 配置文件，修改默认字符集，命令如下：

```
sudo nano /etc/mysql/conf.d/mysql.cnf
```

删除该文件的[mysql]行并添加如下内容：

```
[mysqld]
character-set-server=utf8mb4
collation-server=utf8mb4_unicode_ci

[client]
default-character-set = utf8mb4

[mysql]
default-character-set = utf8mb4
```

退出并保存，重启数据库服务，执行如下命令：

```
sudo /etc/init.d/mysql restart
```

接下来就可以登录数据库并创建用户和数据了，执行如下命令：

```
mysql -uroot -p                          # 进入 mysql 终端
CREATE USER 'djangoblog'@'localhost' IDENTIFIED BY '换成你要设置的密码';
CREATE DATABASE 'djangoblog' /*!40100 DEFAULT CHARACTER SET utf8mb4 COLLATE utf8mb4_unicode_ci */;
GRANT all ON djangoblog.* TO 'djangoblog'@'localhost';
FLUSH PRIVILEGES;
exit                                     # 退出
```

接下来修改项目的 DjangoBlog/settings.py 中的 DATABASES 配置，命令如下：

```
DATABASES = {
    'default': {
        'ENGINE': 'django.db.backends.mysql',
        'NAME': 'djangoblog',
        'USER': 'djangoblog',
        'PASSWORD': '你刚设置的密码',
        'HOST': 'localhost',
        'PORT': 3306,
        'OPTIONS': {'charset': 'utf8mb4'},
    }
}
```

然后在虚拟环境中执行数据库迁移，命令如下：

```
cd ~
source PythonVenv/djangoblog/bin/activate
cd DjangoBlog/
./manage.py makemigrations
./manage.py migrate
```

注意

如果报'Specified key was too long; max key length is 767 bytes'错误，可尝试升级 MariaDB 或 MySQL 版本。

继续执行以下命令创建超级用户：

```
./manage.py createsuperuser
```

创建过程中会询问以下几个问题，根据实际情况输入即可：

（1）用户名: c0c

（2）电子邮件地址: coc@cocpy.com

（3）Password:

（4）Password (again):

收集静态文件，命令如下：

```
./manage.py collectstatic --no-input
./manage.py compress --force
```

尝试启动网站，虚拟环境下执行命令：

```
./manage.py runserver
```

如果没有显示报错信息，可以使用浏览器打开 http://127.0.0.1:8000/查看效果，如图 14.24 所示。还可以访问 http://127.0.0.1:8000/admin/进入控制台。

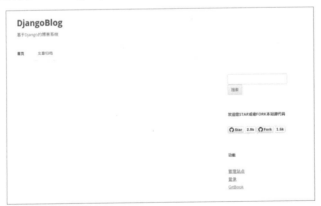

图 14.24　运行测试

14.4.3　Gunicorn 配置

Gunicorn（Green Unicorn）是一个 UNIX 下的 WSGI HTTP 服务器，是一个移植自 Ruby 的 Unicorn 项目的 pre-fork worker 模型，既支持 eventlet，也支持 greenlet。在管理 worker 时，Gunicorn 使用了 pre-fork 模型，即一个 master 进程管理多个 worker 进程，所有请求和响应均由 worker 处理。

在虚拟环境中执行以下命令安装 Gunicorn：

```
source ~/PythonVenv/djangoblog/bin/activate
pip install gunicorn
```

安装成功后，使用 deactivate 命令退出虚拟环境，在终端编辑配置文件，命令如下：

```
deactivate
nano ~/gunicorn_start.sh
```

添加如下内容：

【实例 14.2】　Gunicorn 配置（实例位置：资源包\Code\14\02）

```
NAME="DjangoBlog"
DJANGODIR=/home/pi/DjangoBlog                        # Django 项目文件夹
USER=pi                                              # 用户
GROUP=pi                                             # 用户组
NUM_WORKERS=1                                         # Gunicorn 生成多少个工作进程
DJANGO_SETTINGS_MODULE=DjangoBlog.settings           # Django 使用的配置文件
DJANGO_WSGI_MODULE=DjangoBlog.wsgi                    # WSGI 模块名称

echo "Starting $NAME as 'whoami'"

# 激活虚拟环境步骤
cd $DJANGODIR
source /home/pi/PythonVenv/djangoblog/bin/activate
export DJANGO_SETTINGS_MODULE=$DJANGO_SETTINGS_MODULE
export PYTHONPATH=$DJANGODIR:$PYTHONPATH

# 如果运行目录不存在，则创建
RUNDIR=$(dirname $SOCKFILE)
test -d $RUNDIR || mkdir -p $RUNDIR

# 启动 Django Unicorn
# 要在管理器下运行的程序不应对自身进行后台监控（不要使用--daemon）
exec /home/pi/PythonVenv/djangoblog/bin/gunicorn   ${DJANGO_WSGI_MODULE}:application \
--name $NAME \
--workers $NUM_WORKERS \
--user=$USER --group=$GROUP \
--log-level=debug \
```

```
--log-file=-
```

修改完成后，可将 DjangoBlog/settings.py 中的 DEBUG 设置修改为 DEBUG=False。增加 gunicorn_start.sh 文件的可执行权限，命令如下：

```
chmod +x gunicorn_start.sh
```

执行该文件，检查配置是否正确，命令如下：

```
./gunicorn_start.sh
```

如果看到类似下面的输出，说明配置成功，按 Ctrl+C 快捷键终止。

```
[2020-05-30 10:48:01 +0800] [19371] [INFO] Starting gunicorn 20.0.4
[2020-05-30 10:48:01 +0800] [19371] [DEBUG] Arbiter booted
[2020-05-30 10:48:01 +0800] [19371] [INFO] Listening at: http://127.0.0.1:8000 (19371)
[2020-05-30 10:48:01 +0800] [19371] [INFO] Using worker: sync
[2020-05-30 10:48:01 +0800] [19417] [INFO] Booting worker with pid: 19417
[2020-05-30 10:48:01 +0800] [19371] [DEBUG] 1 workers
```

14.4.4　Nginx 配置

Nginx（发音为"engine x"）是一个高性能的 HTTP 和反向代理服务器，也是一个 IMAP/POP3/SMTP 代理服务器，在 14.4.1 节添加依赖处已经安装完成，在终端中执行以下命令删除默认配置：

```
sudo rm /etc/nginx/sites-enabled/default
sudo nano /etc/nginx/sites-enabled/djangoblog.com.conf
```

添加如下内容：

【实例 14.3】　Nginx 配置（实例位置：资源包\Code\14\03）

```
server {

    listen 80;
    server_name www.cocpy.com;                    # 服务器名，可设置为域名
    root /home/pi/DjangoBlog/;

    access_log /var/log/nginx/django_access.log;
    error_log /var/log/nginx/django_error.log;

    location /static/ {
        alias /home/pi/DjangoBlog/collectedstatic/;
        expires max;
        access_log          off;
        log_not_found       off;
    }
    location /media {
```

```
    # 静态文件配置
    alias /home/pi/DjangoBlog/uploads/;
    expires max;
}
location ~ \.py$ {
    return 403;
}

location / {
    proxy_set_header X-Real-IP $remote_addr;
    proxy_set_header X-Forwarded-For $proxy_add_x_forwarded_for;
    proxy_set_header Host $http_host;
    proxy_set_header X-NginX-Proxy true;
    proxy_redirect off;
    if (!-f $request_filename) {
        proxy_pass http://127.0.0.1:8000;
        break;
    }
}
}
```

保存并退出，重启 nginx，命令如下：

```
sudo /etc/init.d/nginx restart
```

14.4.5　Supervisor 配置

Supervisor 是用 Python 开发的通用进程管理程序，能将一个普通的命令行进程变为后台 daemon，并监控进程状态，异常退出时能自动重启。它通过 fork/exec 方式把这些被管理的进程当作 Supervisor 的子进程来启动，这样只要在 Supervisor 的配置文件中，把要管理的进程的可执行文件的路径写进去即可。当子进程退出的时候，父进程可以准确获取子进程退出的信息，可以选择是否重新启动和报警。

在终端执行以下命令创建配置文件：

```
sudo nano /etc/supervisor/conf.d/djangoblog.conf
```

添加如下内容：

【实例 14.4】　Supervisor 配置（实例位置：资源包\Code\14\04）

```
program:djangoblog]
command = /home/pi//gunicorn_start.sh
user = pi
autostart=true
autorestart=true

redirect_stderr = true
stdout_logfile = /var/log/djangoblog.log
```

```
stderr_logfile=/var/log/djangoblog.err
```

保存成功后，执行以下命令重启：

```
sudo supervisorctl update
sudo supervisorctl reload
sudo /etc/init.d/memcached restart && sudo /etc/init.d/nginx restart
```

14.4.6　内网穿透

如果在终端执行./gunicorn_start.sh 命令可以启动项目，但只能在同一个局域网内访问。如果想从公网访问博客网站，就需要将 80 端口映射出去，可以借助内网穿透软件 ngrok 来实现，具体配置信息参考 5.2.2 节的配置。安装并认证完成后，在安装目录执行以下命令即可成功将 80 端口映射出去：

```
./ngrok http 80
```

映射成功后还需要安装 ufw 工具管理端口，命令如下：

```
# 安装 ufw
apt-get installufw
# 启用 ufw
ufw enable
ufw default deny
```

执行以下命令开启一些常用的端口：

```
ufw allow 22
ufw allow 80
ufw allow 3306
ufw allow 5900
```

成功开启端口后，通过 Ngrok 返回的网址信息在浏览器上访问刚刚搭建的基于 Django 的博客网站，也可以访问 https://www.lylinux.net/预览效果。

14.5　小　　结

本章偏向于树莓派的软件项目，其一为在树莓派上搭建 Home Assistant，再通过 Home Assistant 接入家里的智能设备，打造属于自己的智能家居平台。其二为把树莓派改装成对话机器人，可进行一些简单的对话。其三为在树莓派上安装 Android TV 系统，使树莓派成为电视盒子。最后在树莓派上搭建博客网站，并通过内网穿透等技术从外网访问。

第 15 章

智 能 小 车

随着电子技术、计算机技术和制造技术的飞速发展，智能车已被广泛地应用于工农业生产中。同时，人们对智能车控制系统性能的要求越来越高。在本章中，我们将使用树莓派配合硬件制作一个智能小车，使其具有实时图像传输、自动循迹、智能避障、遥控控制和各种客户端控制等功能。

15.1 开 发 准 备

在项目开始之前，需要先明确智能小车要实现的具体功能、开发环境，并准备用于开发智能小车的相关配件。

15.1.1 需求分析

智能小车具备以下功能：
- ☑ 使用蜂鸣器发出声音。
- ☑ 检测按键是否被按下。
- ☑ 实现前进、后退、左转、右转和停止等基本运动。
- ☑ 自动循迹前进。
- ☑ 自动躲避障碍物。
- ☑ 使用超声波测距并避障。
- ☑ 红外遥控器控制。
- ☑ 实时图像传输。
- ☑ WIFI 客户端控制。

15.1.2 开发环境

本项目的软件开发及运行环境如下：

☑ 操作系统：Raspberry Pi OS。

☑ 虚拟环境：Python 3.7.3。

☑ 开发工具：Thonny。

除此之外，可以在 Windows 上完成编码，测试时上传到树莓派上即可。

15.1.3 硬件清单

在此项目中，主要使用了底层板、顶层板、锂电池、电机、电压表、树莓派主板、扩展板、红外循迹模块、红外避障模块、超声波模块、面包板（选配）、二维云台（选配）和若干螺丝、铜柱、螺母等硬件以及各型号螺丝刀等工具，可以直接在网上购买成品的小车套餐。本章选用的是创乐博旗舰店的小车套餐。当然也可以自行购买配件，再进行组装和焊接，这样成本更低。本章使用的硬件如下：

☑ 树莓派 4B×1。

☑ 树莓派 4B 散热片 ×3（选配）。

☑ 带孔位的亚克力板 ×2。

☑ 65mm 橡胶车轮 ×4。

☑ 双轴直流减速电机（焊接 20cm 线） ×4。

☑ 亚克力电机固定片 ×4。

☑ 循迹模块 ×3。

☑ 红外避障模块 ×2。

☑ 超声波模块 ×1。

☑ 舵机（含底板与顶板） ×1。

☑ 舵机云台模块 ×1。

☑ 云台固定板 ×1。

☑ 电压表 ×1。

☑ 7.4V 可充电锂电池。

☑ 树莓派专用转接板 ×1。

☑ M2 螺丝及螺母 ×4。

☑ M3*6 螺丝 ×4。

☑ M3*8 螺丝 ×28。

☑ M3*10 螺丝 ×14。

☑ M3*25 螺丝及配对螺母 ×8。

☑ M3*10+6 铜柱 ×4。

☑ M3*10 通孔铜柱 ×6。

☑ M3*25 通孔铜柱 ×17。

☑ M3*40 通孔铜柱 ×4。

☑ 3PIN 母对母 30cm 杜邦线 ×3。

☑ 3PIN 母对母 20cm 杜邦线 ×2。

☑ 4PIN 母对母 20cm 杜邦线 ×1。

☑ 40PIN 母对母排线 ×1。

☑ 长扎带 ×2。

☑ 小块面包板 ×1（选配）。

☑ T 形扩展板 ×1（选配）。

☑ 双面胶若干（选配）。

15.1.4 项目预览

本项目可以实现小车自动循迹的功能，如图 15.1 和 15.2 所示。

图 15.1 循迹前   图 15.2 循迹后

还可以通过计算机和手机等客户端进行控制，如图 15.3 和 15.4 所示。

图 15.3 计算机控制   图 15.4 手机控制

除此之外，还有红外自动避障和超声波避障等功能，如图 15.5 和 15.6 所示。

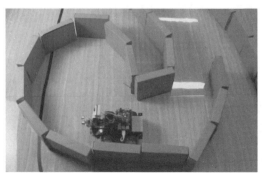

图 15.5 避障前   图 15.6 避障后

15.2　硬件安装

我们需要将 15.1.3 节介绍的小车配件组装在一起。主要包括：底层板、顶层板、锂电池、电机、电压表、树莓派主板、扩展板、红外循迹模块、红外避障模块、超声波模块、面包板（选配）、二维云台（选配）等配件。

15.2.1　底盘

本节使用的硬件如下：

- ☑ 带孔位的亚克力板 ×2。
- ☑ 65mm 橡胶车轮 ×4。
- ☑ 双轴直流减速电机（焊接 20cm 线）×4。
- ☑ 亚克力电机固定片 ×4。
- ☑ M3*25 螺丝及配对螺母 ×8。

首先准备两块一模一样的亚克力板并打好孔位，撕下保护膜，如图 15.7 所示。

其中一块用于小车的底盘，可连接 4 个车轮、若干传感器和供电锂电池，另一块则用来连接树莓派主板、转接板、面包板、云台和若干传感器模块。这两块亚克力板虽然重合后一模一样，但是它们自身并不是镜面对称的，在本书中我们以图 15.7 中红框标记的位置（彩色图像见资源包）来区分亚克力板的左右，将其左右摆正后，对着我们的一面即为正面，另一面则为反面。

在亚克力底板上找到 8 个电机固定口，用于固定电机，如图 15.8 所示。

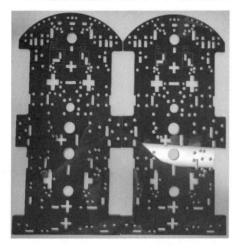

图 15.7　亚克力板

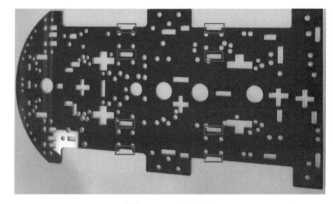

图 15.8　电机固定口

找到固定口后，还需要 8 个配套的亚克力电机固定片，可将其插入接口处固定电机，如图 15.9 所示。

由于电机安装在底盘下，所以需要把亚克力板翻转过来，使其反面对着我们，然后从正面插入两个电机固定片。把电机放置在两个电机固定片的中间，并确保红线朝上、黑线朝下、黄色突起部分朝小车外侧。最后使用 M3 螺丝穿过电机固定片和电机，在另一侧拧紧完成电机的固定，如图 15.10 所示。由于亚克力材料强度有限，拧太紧可能会导致电机固定片或底盘损坏，或者电机齿轮组转动异常。

图 15.9　电机固定片

图 15.10　固定电机

安装完成后，再以同种方式安装其余电机，确保红线朝上、黑线朝下、黄色突起部分朝小车外侧，最后把电机线通过底盘上的圆孔穿透到底盘正面，如图 15.11 所示。

随后把 4 个橡胶车轮安装在 4 个电机的输出轴上，注意不要让固定螺丝卡到车轮，如图 15.12 所示。

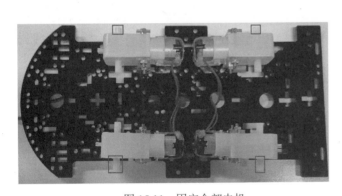

图 15.11　固定全部电机

图 15.12　安装车轮

至此，底盘部分基本安装完成。

15.2.2　循迹模块

本节使用的硬件如下：

☑　循迹模块 ×3。

☑　M3*8 螺丝 ×12。

☑　M3*25 通孔铜柱 ×9。

循迹传感器利用不同颜色的物体对红外光的反射能力不同这个原理制成，白色对红外光的反射能力最强，而黑色对红外光的反射能力最弱。当循迹模块（见图 15.13）在黑线上的时候蓝色指示灯灭，而不在黑线上的时候蓝色指示灯亮起。

如果要判断寻迹小车的运动方向是偏左还是偏右，就需要 3 个这样的模块，当偏离到黑线的左边时，左边的模块和中间的模块蓝色指示灯亮，右边的指示灯灭。同理，当偏离到黑线右边时，右边和中间的模块蓝色指示灯亮，左边的指示灯灭。

首先将一个 M3 螺丝从循迹模块的反面（没有电位器那面）穿入，再拧入 M3 通孔铜柱中，可在安装完成后再进行紧固，如图 15.14 所示。在此项目中，通孔铜柱的主要作用是在两端配合螺丝把各类元件固定在亚克力板的孔位上。

图 15.13　循迹模块

图 15.14　循迹模块与铜柱

在安装好的底盘上方找到三个平行的用于固定铜柱和循迹模块孔位，用三个 M3 螺丝固定铜柱，需要保证循迹模块的探头朝前，接口朝后，如图 15.15 所示。

在底盘上固定循迹模块后可适当地进行加固，确保三个模块紧贴在一起。由于树莓派和转接板需要固定在上层的亚克力板上，所以还需要使用通孔铜柱和螺丝将这两块亚克力板连接起来。在底盘上找到对应的 6 个孔位，再使用螺丝将通孔铜柱预先固定在底盘上，以免后续安装其他传感器占用了位置，如图 15.16 所示。

图 15.15　固定循迹模块

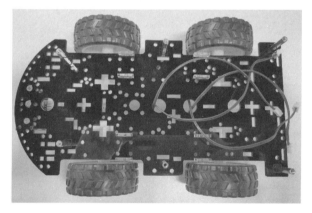

图 15.16　固定两层板连接的铜柱

15.2.3 电池

本节使用的硬件如下：

☑ 7.4V 可充电锂电池。

☑ 长扎带 ×2。

由于树莓派需要固定在小车上并可以自由移动，所以需要配置一个可充电的锂电池（见图 15.17）为树莓派、电机和传感器供电。条件允许的情况下，也可单独为树莓派配备一个移动电源。

由于电池的形状以及尺寸各不相同，所以此处使用扎带固定，在底盘的如下红框位置穿入两条扎带，如图 15.18 所示。读者可根据需要自行选择其他位置。

图 15.17　电池

图 15.18　扎带位置

然后把电池放在上面，电池尾端不要超出小车，锁紧扎带，将多余的扎带剪掉，如图 15.19 所示。

图 15.19　固定电池

至此，底盘上的元件全部安装完成，接线将在所有硬件安装完成后进行。后续需连接电压表。在电池工作时，如果电压低于 6.8V，需要为其充电。在充电过程中，禁止启动树莓派。

15.2.4 主板

本节使用的硬件如下：

- ☑ 树莓派 4B × 1。
- ☑ 树莓派 4B 散热片 × 3（选配）。
- ☑ M3*10 + 6 铜柱 × 2。
- ☑ M3*8 螺丝 × 4。
- ☑ M3*25 通孔铜柱 × 4。

底盘上的硬件完成后，使用另一块亚克力板，用于固定树莓派 4B 主板。在亚克力板上找到图 15.20 中标记的 4 处位置，并放置一个 M3 螺丝。

图 15.20 中的 4 处位置对应树莓派的 4 个孔位，树莓派 4B 自带的孔位在初次使用时需要用 M3 螺丝扩粗。GPIO 接口两边的孔位使用 M3 螺丝和铜柱固定，另一侧下方也使用铜柱，但上方要连接转接板，需要使用 M3*10+6mm 螺纹的铜柱固定，如图 15.21 所示。GPIO 接口侧未使用这种铜柱固定是因为转接板与树莓派的所有 GPIO 接口直接相连。

图 15.20　树莓派固定的位置

图 15.21　树莓派与铜柱

最后将树莓派固定在顶板上画出的 4 个位置处，并确保网线接口朝向左侧，如图 15.22 所示。

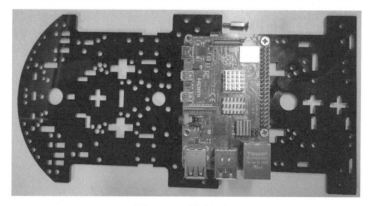

图 15.22　固定主板

15.2.5 转接板

本节使用的硬件如下：

☑ 树莓派专用转接板 ×1。

☑ M3*10+6 铜柱 ×2。

☑ M3*8 螺丝 ×4。

由于树莓派小车的舵机驱动非常频繁，需要控制额外的 4 台电机，还需要为其供电，因此选择一块转接板完成这些功能，如图 15.23 所示。

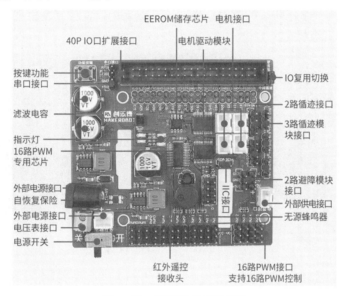

图 15.23 树莓派专用转接板

开始安装前，先确定转接板上是否带有红外遥控接收头和 IO 复用切换跳线帽，若没有，则需要自行安装。然后将转接板背后的 40PIN 排母对准树莓派的 40PIN GPIO 接口按压下去，随后使用两个 M3 螺丝将转接板固定在树莓派使用的两个 M3*10+6 的铜柱上，如图 15.24 所示。

图 15.24 固定转接板

15.2.6　电压表

本节使用的硬件如下：

☑　电压表 ×1。

☑　M3*6 螺丝 ×4。

☑　M3*10 通孔铜柱 ×2。

在这个项目中，由于使用的元器件非常多，电路中电流比较大，长时间工作可能出现电压过低的情况，因此需要使用一个电压表监控电路中的电压，如图 15.25 所示。

首先使用两个 M3 螺丝从电压表的两端穿透过去，然后用铜柱拧紧，再使用两个 M3 螺丝将其固定在顶板上，并保证电压表的小数点部分朝外，如图 15.26 所示。

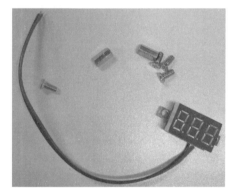

图 15.25　电压表

图 15.26　电压表在顶板的位置

然后把电压表的两个接线连接在图 15.23 中转接板的电压表接口上，先使用一字螺丝刀拧松，再把导线接入进去，需要对照转接板上正负极的指示位置连接，一般正极在右侧，接红色导线，负极在左侧，接黑色导线，如图 15.27 所示，为使接线美观，可以在铜柱处稍微缠绕一些多余的线。

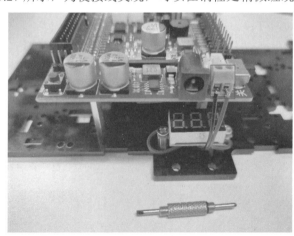

图 15.27　连接电压表

15.2.7 红外模块

本节使用的硬件如下：
- ☑ 红外避障模块 ×2。
- ☑ M3*8 螺丝 ×4。
- ☑ M3*10 通孔铜柱 ×2。

为了实现小车的自动避障功能，需要使用两个红外避障模块。该模块的发射管一直在发射红外光，距离障碍物越近，反射的红外光越强，在 DO 引脚上就会输出低电平，绿色指示灯亮。

避障模块原则上可以安装在车头的任意位置处，但为了保护避障模块，一般安装在图 15.28 中框选的位置处。

先使用两个 M3 螺丝把铜柱固定在顶板上，再使用两个 M3 螺丝固定避障模块，并将两个避障模块向外侧转动一定的角度，如图 15.29 所示。

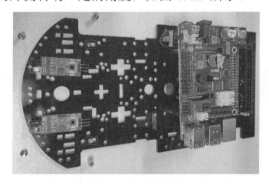
图 15.28 避障模块位置

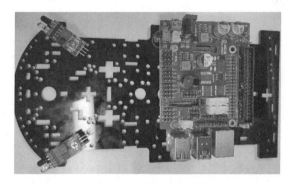
图 15.29 固定避障模块

15.2.8 超声波模块

本节使用的硬件如下：
- ☑ 超声波模块 ×1。
- ☑ 舵机（含底板与顶板） ×1。
- ☑ M3*8 螺丝 ×4。
- ☑ M3*10 通孔铜柱 ×2。

在此项目中使用了超声波模块，为了使该模块更加灵活，能够转动一定的角度，将超声波模块固定在舵机的顶板上。首先将零散的舵机配件组装起来，如图 15.30 所示。

在图 15.30 中，左侧为舵机底板，右侧带引脚的为舵机的顶板，首先将舵机线穿进底板，并在有字的一侧伸出，然后再使用附带的两个自攻螺丝拧紧固定即可，如图 15.31 所示。

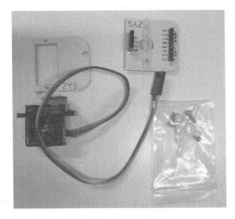

图 15.30　舵机

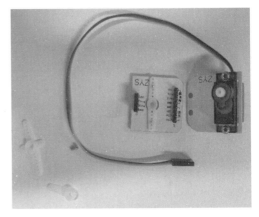

图 15.31　舵机与底板

　　组装完底板后，在固定舵机底板的另一侧插入两个 M3 螺丝，用于铜柱连接，然后将舵机与顶板组装起来，保证针脚多的一侧在 M3 螺丝的上方，如图 15.32 所示。

　　然后用一个 M2 螺丝在图 15.32 框选位置处固定舵机的输出轴与顶板，再将 HC-SR04 超声波模块按照引脚顺序，插入顶板即可，如图 15.33 所示。

图 15.32　舵机与顶板

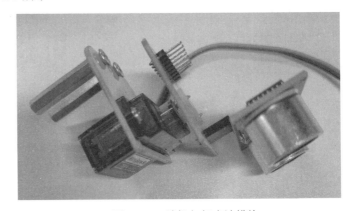

图 15.33　舵机与超声波模块

　　最后将连接超声波模块与舵机的铜柱固定在顶板车头位置处即可，如图 15.34 所示，固定完成后，如图 15.35 所示。

图 15.34　超声波模块位置

图 15.35　固定超声波模块

15.2.9 面包板

本节使用的硬件如下：
- ☑ 小块面包板 ×1。
- ☑ T 形扩展板 ×1。
- ☑ 40PIN 母对母排线 ×1。
- ☑ 双面胶若干。

为了以后做其他实验方便，在车尾部搭载一块面包板，并搭配一个 T 形扩展板，如图 15.36 所示。

最后用双面胶把面包板固定在小车尾部，再使用 40PIN 的排线将 T 形扩展板与转接板的 40 个 GPIO 接口连接即可（可在树莓派底部走线），如图 15.37 所示。

图 15.36　T 形扩展板与小面包板

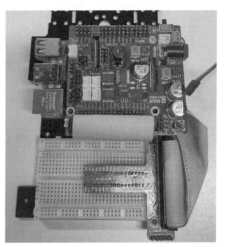

图 15.37　固定面包板

15.2.10 云台

本节使用的硬件如下：
- ☑ 舵机云台模块 ×1。
- ☑ 云台固定板 ×1。
- ☑ M2 螺丝及螺母 ×4。
- ☑ M3*40 通孔铜柱 ×4。
- ☑ M3*10 螺丝 ×8。

如果需要小车实时传递图像信息，可以选配一块带舵机的摄像头模块（云台）。首先使用 4 个 M2 螺丝及螺母把舵机模块固定在云台固定板上，并保证舵机线朝向车头，即从固定板的 4 个圆孔侧伸出。然后再使用 4 个 M3 螺丝从固定板的最外侧 4 个孔位穿出，并使用 M3 的通孔铜柱拧紧，如图 15.38 所示。

接下来使用 4 个 M3 螺丝通过通孔铜柱把舵机模块固定在图 15.38 所框的 4 处红色位置,也可自己选择其他适当的位置。最后把摄像头模块通过舵机上的卡扣卡住,再将摄像头的连接线插在任一 USB 接口上即可,如图 15.39 所示。

图 15.38　舵机与固定板　　　　　　　　　图 15.39　固定云台

15.2.11　连接底层板和顶层板

本节使用的硬件如下:

☑　3PIN 母对母 30cm 杜邦线 ×3。

☑　M3*10 螺丝 ×6。

现在所有的硬件已经安装完成,接下来只需要把小车的底盘和顶板通过铜柱连接在一起即可。由于底盘上还安装了一组循迹模块,为了后续接线的方便,可暂时先将循迹模块的 VCC、GND 和 DO 引脚接入母对母杜邦线,并保证带有铁片的一侧朝外,再把杜邦线穿过底盘的圆孔,如图 15.40 所示。

把小车的顶板和底盘对扣在一起,使底盘上的电源线、电机线和传感器线穿过顶板,用 6 个 M3 螺丝在顶板上拧入底盘上对应的 6 个铜柱即可,如图 15.41 所示。底盘上的铜柱也可根据实际情况自行更改位置,但要保证小车的稳定性,至少需使用 6 个铜柱。

图 15.40　暂时连接循迹模块　　　　　　　图 15.41　连接底层板和顶层板

15.2.12　接线

本节使用的硬件如下：

☑　3PIN 母对母 20cm 杜邦线 ×2。

☑　4PIN 母对母 20cm 杜邦线 ×1。

连接底层板和顶层板后，把小车上的所有传感器、电源线和电机线连接在树莓派的转接板上。转接板的具体引脚可查看图 15.23。

在图 15.23 中可以找到 4 个电机接口，其中各接口的对应关系如下：

☑　右上角：对应小车的左前电机。

☑　右下角：对应小车的右前电机。

☑　左上角：对应小车的左后电机。

☑　左下角：对应小车的右后电机。

图 15.42　连接电机线和电源线

按照对应关系依次将 4 根电机线插入相应的接口，再将锂电池的电源线对照正负极插入图 15.23 中的右侧外部供电接口，如图 15.42 所示，插入电源前要确保转接板的开关处于关闭状态。

图 15.23 中，转接板的右侧有一排 3 路循迹模块接口，在每一组接口中都有 5V、GND 和一个 GPIO 引脚，从下至上使用的 GPIO 引脚分别为：GPIO13、GPIO19 和 GPIO26，其中各循迹模块对应的接线分别如下：

☑　小车左侧的循迹模块：接在使用 GPIO13 号引脚的一组循迹模块中。

☑　小车中间的循迹模块：接在使用 GPIO19 号引脚的一组循迹模块中。

☑　小车右侧的循迹模块：接在使用 GPIO26 号引脚的一组循迹模块中。

注意

在接线过程中，传感器与转接板上每组循迹模块的引脚要一一对应，即 VCC 对应着 5V，GND 对应着 GND，DO 对应着 GPIO 接口。

循迹模块接线完成后，使用两条 3PIN 母对母杜邦线连接避障模块。在图 15.23 中，可以在转接板上循迹模块的左侧找到两路避障模块的接口，在每一组接口中都有 5V、GND 和一个 GPIO 引脚，从左至右使用的 GPIO 引脚分别为：GPIO12 和 GPIO16，其中各避障模块对应的接线分别如下：

☑　小车左侧的避障模块：接在使用 GPIO12 号引脚的一组避障模块中。

☑　小车右侧的避障模块：接在使用 GPIO16 号引脚的一组避障模块中。

现在，小车的传感器中只差超声波传感器尚未完成接线。使用一条 4PIN 的母对母杜邦线插在超声波传感器所在的舵机顶板超声波接口位置处，另一侧连接转接板 2 路循迹接口使用的 GPIO20 和 GPIO21 引脚的一组循迹接口中，并确保各引脚一一对应。

最后再将超声波的舵机接在转接板下方一排 16 路 PWM 接口的 0 号接口（最左侧），云台的最下方舵机接在 1 号接口，上方舵机接在 2 号接口，如图 15.43 所示。

接线完成后，使用扎带整理杜邦线。至此，小车的硬件全部装配完成，如图 15.44 所示。

图 15.43　接线

图 15.44　硬件安装

15.3　烧　录　镜　像

硬件安装完成后，由于树莓派还未安装操作系统，此时小车不能正常工作。即使安装了 Raspbian
系统，如果环境依赖配置错误，小车也不能正常运行，所以此处选择把一个各种环境依赖已经配置好
了的镜像文件烧录进一张 16GB 的 SD 卡中。

首先下载资源包，在资源包中找到"树莓派 4 小车镜像"文件的压缩包，将其解压后是一个 img
镜像，然后通过读卡器把 SD 卡接入电脑，再打开资源包中的 win32diskimager 镜像烧录工具，安装并
启动。

打开 win32diskimager 镜像烧录工具后，选择 img 镜像文件，再选择 SD 卡，单击"写入"，在弹
出的窗口中选择 YES，大约 13min 后将镜像信息写入 SD 卡中，如图 15.45 所示。

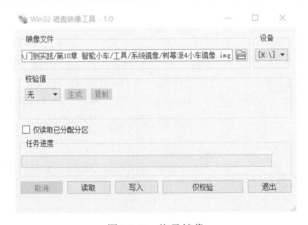

图 15.45　烧录镜像

注意

如果要删除 SD 卡内的镜像信息，可以使用资源包中的 UltraISO 软件。

镜像烧录进 SD 卡后，将其插入树莓派中（芯片侧对准开发板），开启转接板上的电源开关为树莓派开机，过一段时间后，使用电脑连接树莓派分享出来的热点 CLB－PI4，密码为 12345678（电脑需要配备无线网卡）。然后通过 VNC 软件使用静态 IP 地址 12.3.141.1，默认用户名 pi，默认登录密码 raspberry 即可成功连接，如图 15.46 所示。

图 15.46　VNC 登录

15.4　控 制 实 验

在前几节中，我们介绍了如何把传感器、电机和主板等配件组装到小车上，并烧录系统，接下来通过这些传感器完成一些控制实验，例如控制蜂鸣器、按键检测、实现基本运动、自动循迹、自动避障、超声单方向/多方向高避障、红外控制和 WIFI 控制等。

15.4.1　控制蜂鸣器

我们使用的树莓派转接板（见图 15.23）带有一个无源蜂鸣器，使用树莓派的 11 号物理引脚。该蜂鸣器的使用基本与 7.2.2 节类似，首先还是初始化一个 PWM 对象，然后改变频率，再延长对应的时间即可。新建一个 passive_buzzer.py 文件，具体代码如下：

【实例 15.1】 控制蜂鸣器（实例位置：资源包\Code\15\01）

```
01   import RPi.GPIO as GPIO
02   import time
03
04
05   Buzzer = 11
06
07   CL = [0, 131, 147, 165, 175, 196, 211, 248]              # 低音 C 频率
08
09   CM = [0, 262, 294, 330, 350, 393, 441, 495]              # 中央 C 频率
10
11   CH = [0, 525, 589, 661, 700, 786, 882, 990]              # 高音 C 频率
12
13   song_1 = [CM[3], CM[5], CM[6], CM[3], CM[2], CM[3], CM[5], CM[6], # 第一首曲谱
14            CH[1], CM[6], CM[5], CM[1], CM[3], CM[2], CM[2], CM[3],
15            CM[5], CM[2], CM[3], CM[3], CL[6], CL[6], CL[6], CM[1],
16            CM[2], CM[3], CM[2], CL[7], CL[6], CM[1], CL[5]]
17
18   beat_1 = [1, 1, 3, 1, 1, 3, 1, 1,                        # 第一首曲子的节拍,1 表示 1/8 拍
19            1, 1, 1, 1, 1, 1, 3, 1,
20            1, 3, 1, 1, 1, 1, 1, 1,
21            1, 2, 1, 1, 1, 1, 1, 1,
22            1, 1, 3]
23
24   song_2 = [CM[1], CM[1], CM[1], CL[5], CM[3], CM[3], CM[3], CM[1], # 第二首曲谱
25            CM[1], CM[3], CM[5], CM[5], CM[4], CM[3], CM[2], CM[2],
26            CM[3], CM[4], CM[4], CM[3], CM[2], CM[3], CM[1], CM[1],
27            CM[3], CM[2], CL[5], CL[7], CM[2], CM[1]]
28
29   beat_2 = [1, 1, 2, 2, 1, 1, 2, 2,                        # 第二首曲子的节拍,1 表示 1/8 拍
30            1, 1, 2, 2, 1, 1, 3, 1,
31            1, 2, 2, 1, 1, 2, 2, 1,
32            1, 2, 2, 1, 1, 3]
33
34
35   def setup():
36       """初始化"""
37       GPIO.setwarnings(False)
38       GPIO.setmode(GPIO.BOARD)                             # 设置编号方式
39       GPIO.setup(Buzzer, GPIO.OUT)                         # 设置为输出模式
40       global Buzz                                          # 分配一个全局变量替换 GPIO.PWM
41       Buzz = GPIO.PWM(Buzzer, 440)                         # 初始化一个频率为 440Hz 的 PWM 对象
42       Buzz.start(50)                                       # 以 50%的占空比启动蜂鸣器的引脚
43
44
45   def loop():
```

```
46          """主循环"""
47          while True:
48              print('\n      Playing song 1...')
49              for i in range(1, len(song_1)):          # 播放第一首曲子
50                  Buzz.ChangeFrequency(song_1[i])       # 改变歌曲音符的频率
51                  time.sleep(beat_1[i] * 0.5)           # 延迟音符* 0.5s
52              time.sleep(1)                             # 等待下一首歌曲
53
54              print('\n\n      Playing song 2...')
55              for i in range(1, len(song_2)):          # 播放第二首曲子
56                  Buzz.ChangeFrequency(song_2[i])       # 改变歌曲音符的频率
57                  time.sleep(beat_2[i] * 0.5)           # 延迟音符* 0.5s
58
59
60      def destory():
61          """释放资源"""
62          Buzz.stop()                                   # 停止蜂鸣器
63          GPIO.output(Buzzer, 1)                        # 将蜂鸣器引脚设置为高电平
64          GPIO.cleanup()                                # 释放引脚
65
66
67      if __name__ == '__main__':                        # 程序启动入口
68          setup()
69          try:
70              loop()
71          except KeyboardInterrupt:                     # 使用 Ctrl + C 快捷键终止程序
72              destory()
```

使用 Python3 运行程序，转接板上的蜂鸣器将循环播放第一首曲子和第二首曲子。

15.4.2 按键检测

在某些时候，不希望输入完运行命令小车就立刻执行该程序，而是待小车的测试环境准备就绪后，再执行该程序。为了实现这类需求，使用转接板上的功能按键（图 15.23 中左上角），通过检测该按键的电平高低判断是否被按下。

该功能按键使用的引脚为 GPIO19，为了更加直观地显示按键是否按下，使用转接板上的两个功能指示灯，红色和绿色指示灯使用的引脚分别为 GPIO5 和 GPIO6。在程序启动后，先让红色指示灯点亮，当按键按下时，熄灭红色指示灯，点亮绿色指示灯；当松开按键时，熄灭绿色指示灯，点亮红色指示灯。新建一个 button_detect.py 文件，具体代码如下：

【实例 15.2】   检测按键是否被按下（实例位置：资源包\Code\15\02）

```
01      import RPi.GPIO as GPIO
02      import time
03
04
```

```
05    BtnPin = 19
06    Gpin = 5
07    Rpin = 6
08
09
10    def setup():
11        """初始化"""
12        GPIO.setwarnings(False)
13        GPIO.setmode(GPIO.BCM)                                    # 设置编号方式
14        GPIO.setup(Gpin, GPIO.OUT)                               # 将绿色 LED 引脚模式设置为输出
15        GPIO.setup(Rpin, GPIO.OUT)                               # 将红色 LED 引脚模式设置为输出
16        GPIO.setup(BtnPin, GPIO.IN, pull_up_down=GPIO.PUD_UP)    # 设置 BtnPin 的模式输入,
                                                                   # 并上拉至高电平（3.3V）
17
18
19    def keyscan():
20        """主循环"""
21        while True:
22            if GPIO.input(BtnPin):                               # 监听 BtnPin 是否为高电平
23                time.sleep(0.01)                                 # 持续时间, 去抖动
24                if GPIO.input(BtnPin):                           # 再次监听 BtnPin 是否为高电平
25                    GPIO.output(Rpin, 1)                         # Rpin 引脚输出高电平
26                    GPIO.output(Gpin, 0)                         # Gpin 引脚输出低电平
27            elif not GPIO.input(BtnPin):
28                time.sleep(0.01)
29                if not GPIO.input(BtnPin):
30                    while GPIO.input(BtnPin):
31                        pass
32                    GPIO.output(Rpin, 0)
33                    GPIO.output(Gpin, 1)
34
35
36    if __name__ == '__main__':                                   # 程序入口
37        setup()
38        try:
39            keyscan()
40        except KeyboardInterrupt:                                # 使用 Ctrl + C 快捷键终止程序
41            GPIO.cleanup()                                       # 释放引脚
```

在使用功能按键时，需要拔下图 15.23 中最右侧 IO 复用切换的黄色跳线帽，使用 Python3 运行程序，转接板上的红色指示灯点亮，按下按键后，绿色指示灯点亮，松开按键后，红色指示灯再次点亮。

15.4.3　实现基本运动

本节实现小车的基本运动：前进、后退、原地左转、原地右转和停止。在转接板上使用两块 TB729A1 芯片驱动小车，这两块芯片的接线方式一样，在每个芯片中，其 PWMA 和 PWMB 接口使用的引脚分别为 GPIO18 和 GPIO23，AIN1、AIN2、BIN1 和 BIN2 接口使用的引脚分别为 GPIO22、GPIO27、GPIO24

和 GPIO23。

在 AIN1、AIN2、BIN1 和 BIN2 四个接口中，AIN1 和 AIN2 是一对，BIN1 和 BIN2 是一对，每个接口上的电平只能为 HIGH 或者 LOW。在一对接口中，不能两个都是 HIGH 或者 LOW，停止除外。把小车看作一个整体，不同接口的电平为 HIGH 时，小车整体有不同的运动方向，具体如下：

- ☑ 当 AIN1 接口的电平为 HIGH 时，小车整体向左边前进。
- ☑ 当 AIN2 接口的电平为 HIGH 时，小车整体向左边后退。
- ☑ 当 BIN1 接口的电平为 HIGH 时，小车整体向右边前进。
- ☑ 当 BIN2 接口的电平为 HIGH 时，小车整体向右边后退。

所以小车的 5 种运动形式各接口的电平如下：

- ☑ 前进：AIN1 和 BIN1 接口的电平为 HIGN，其余为 LOW。
- ☑ 后退：AIN2 和 BIN2 接口的电平为 HIGN，其余为 LOW。
- ☑ 原地左转：AIN2 和 BIN1 接口的电平为 HIGN，其余为 LOW。
- ☑ 原地右转：AIN1 和 BIN2 接口的电平为 HIGN，其余为 LOW。
- ☑ 停止：都为 LOW。

为了驱动小车的四个电机，还需要借助 PWM 功能来实现，通过控制频率间接地控制车速，time.sleep()方法传入的时间，就是小车运行的时间。新建一个 basic_movement.py 文件，具体代码如下：

【实例 15.3】　基本运动（实例位置：资源包\Code\15\03）

```
01    import RPi.GPIO as GPIO
02    import time
03
04
05    PWMA = 18
06    AIN1 = 22
07    AIN2 = 27
08
09    PWMB = 23
10    BIN1 = 25
11    BIN2 = 24
12                                                    # 运动方向
13
14
15    def t_up(speed,t_time):
16        """前进"""
17        L_Motor.ChangeDutyCycle(speed)
18        GPIO.output(AIN2, False)
19        GPIO.output(AIN1, True)                      # 左前
20
21        R_Motor.ChangeDutyCycle(speed)
22        GPIO.output(BIN2, False)
23        GPIO.output(BIN1, True)                      # 右前
24        time.sleep(t_time)
25
26
```

```
27    def t_down(speed,t_time):
28        """后退"""
29        L_Motor.ChangeDutyCycle(speed)
30        GPIO.output(AIN2, True)                    # 左后
31        GPIO.output(AIN1, False)
32
33        R_Motor.ChangeDutyCycle(speed)
34        GPIO.output(BIN2, True)                    # 右后
35        GPIO.output(BIN1, False)
36        time.sleep(t_time)
37
38
39    def t_left(speed,t_time):
40        """原地左转"""
41        L_Motor.ChangeDutyCycle(speed)
42        GPIO.output(AIN2, True)                    # 左后
43        GPIO.output(AIN1, False)
44
45        R_Motor.ChangeDutyCycle(speed)
46        GPIO.output(BIN2, False)
47        GPIO.output(BIN1, True)                    # 右前
48        time.sleep(t_time)
49
50
51    def t_right(speed,t_time):
52        """原地右转"""
53        L_Motor.ChangeDutyCycle(speed)
54        GPIO.output(AIN2, False)
55        GPIO.output(AIN1, True)                    # 左前
56
57        R_Motor.ChangeDutyCycle(speed)
58        GPIO.output(BIN2, True)                    # 右后
59        GPIO.output(BIN1, False)
60        time.sleep(t_time)
61
62
63    def t_stop(t_time):
64        """停止"""
65        L_Motor.ChangeDutyCycle(0)
66        GPIO.output(AIN2, False)
67        GPIO.output(AIN1, False)
68
69        R_Motor.ChangeDutyCycle(0)
70        GPIO.output(BIN2, False)
71        GPIO.output(BIN1, False)
72        time.sleep(t_time)
73
74
75    def setup():
```

```
76          """初始化"""
77          GPIO.setwarnings(False)                          # 忽略警告
78          GPIO.setmode(GPIO.BCM)                           # 设置编号方式
79          GPIO.setup(AIN2, GPIO.OUT)                       # 设置为输出模式
80          GPIO.setup(AIN1, GPIO.OUT)
81          GPIO.setup(PWMA, GPIO.OUT)
82
83          GPIO.setup(BIN1, GPIO.OUT)
84          GPIO.setup(BIN2, GPIO.OUT)
85          GPIO.setup(PWMB, GPIO.OUT)
86
87          global L_Motor                                   # 设置全局变量
88          L_Motor = GPIO.PWM(PWMA, 100)                    # 初始化一个频率为 100Hz 的 PWM 实例
89          L_Motor.start(0)                                 # 启用 PWM
90
91          global R_Motor
92          R_Motor = GPIO.PWM(PWMB, 100)
93          R_Motor.start(0)
94
95
96   def loop():
97          """主循环"""
98          while True:
99              t_up(50, 3)
100             t_down(50, 3)
101             t_left(50, 3)
102             t_right(50, 3)
103             t_stop(3)
104
105
106  def destory():
107         """释放资源"""
108         L_Motor.stop()                                   # 停止 PWM 实例
109         R_Motor.stop()
110         GPIO.cleanup()                                   # 释放引脚
111
112
113  if __name__ == '__main__':                              # 程序入口
114      setup()
115      try:
116          loop()
117      except KeyboardInterrupt:                           # 使用 Ctrl + C 快捷键终止程序
118          destory()
```

　　运行程序，小车将前进 3s、后退 3s、左转 3s、右转 3s 和停止 3s，并往复循环。如果小车未按指定的方向运行，很可能是电机接线错误。由于运动时电路中电流比较大，如果电池电压过低，会导致树莓派重启。

15.4.4 自动循迹

在小车底盘部分配置了三个循迹模块，本实验使用左右两个模块（在交叉的黑线上使用中间模块），使用的引脚分别为 GPIO13 和 GPIO26。该模块的一个探头发射红外线，另一个探头接收红外线。如果接收到了返回的信号，DO 引脚输出高电平，模块上的两个绿色指示灯全部点亮；如果接收不到返回的信号，DO 引脚输出低电平，则只有一个指示灯点亮。

不能接收到返回的信号一般有如下三种情况：

☑ 正常检测到了黑线。

☑ 该模块的灵敏度太高，通过旋转模块上的电位器调节灵敏度即可。

☑ 超出该模块的检测范围，一般在 3cm 左右。

因此，通过检测左右循迹模块返回电平的高低即可判断小车当前是否偏离了轨迹。例如，左右循迹模块都未检测到信号，此时表示小车在轨迹内，继续执行即可。如果左侧的循迹模块检测到了黑线，DO 引脚输出高电平，两个绿色指示灯都点亮，表示小车偏右，需要向左转动。如果都检测到了黑线，就表示选用的黑线过宽，小车会停止运动。

新建一个 tracking.py 文件，因为小车需要运动，所以要实现小车的基本运动代码。还可以把功能按键的代码集成进来，用于控制程序何时执行，但需要注意拔下转接板的黄色跳线帽。具体代码如下：

【实例 15.4】 自动循迹（实例位置：资源包\Code\15\04）

```
01   import RPi.GPIO as GPIO
02   import time
03
04
05   T_SensorRight = 26
06   T_SensorLeft = 13
07
08   PWMA = 18
09   AIN1 = 22
10   AIN2 = 27
11
12   PWMB = 23
13   BIN1 = 25
14   BIN2 = 24
15
16   BtnPin = 19
17   Gpin = 5
18   Rpin = 6
19
20
21   def t_up(speed,t_time):
22       """前进"""
23       L_Motor.ChangeDutyCycle(speed)
```

```
24        GPIO.output(AIN2, False)
25        GPIO.output(AIN1, True)                          # 左前
26
27        R_Motor.ChangeDutyCycle(speed)
28        GPIO.output(BIN2, False)
29        GPIO.output(BIN1, True)                          # 右前
30        time.sleep(t_time)
31
32
33    def t_down(speed,t_time):
34        """后退"""
35        L_Motor.ChangeDutyCycle(speed)
36        GPIO.output(AIN2, True)                           # 左后
37        GPIO.output(AIN1, False)
38
39        R_Motor.ChangeDutyCycle(speed)
40        GPIO.output(BIN2, True)                           # 右后
41        GPIO.output(BIN1, False)
42        time.sleep(t_time)
43
44
45    def t_left(speed,t_time):
46        """原地左转"""
47        L_Motor.ChangeDutyCycle(speed)
48        GPIO.output(AIN2, True)                           # 左后
49        GPIO.output(AIN1, False)
50
51        R_Motor.ChangeDutyCycle(speed)
52        GPIO.output(BIN2, False)
53        GPIO.output(BIN1, True)                           # 右前
54        time.sleep(t_time)
55
56
57    def t_right(speed,t_time):
58        """原地右转"""
59        L_Motor.ChangeDutyCycle(speed)
60        GPIO.output(AIN2, False)
61        GPIO.output(AIN1, True)                           # 左前
62
63        R_Motor.ChangeDutyCycle(speed)
64        GPIO.output(BIN2, True)                           # 右后
65        GPIO.output(BIN1, False)
66        time.sleep(t_time)
67
68
69    def t_stop(t_time):
70        """停止"""
71        L_Motor.ChangeDutyCycle(0)
72        GPIO.output(AIN2, False)
```

```
73        GPIO.output(AIN1, False)
74
75        R_Motor.ChangeDutyCycle(0)
76        GPIO.output(BIN2, False)
77        GPIO.output(BIN1, False)
78        time.sleep(t_time)
79
80
81    def setup():
82        """初始化"""
83        GPIO.setwarnings(False)                                      # 忽略警告
84        GPIO.setmode(GPIO.BCM)                                       # 设置编号方式
85
86        GPIO.setup(Gpin, GPIO.OUT)                                   # 将绿色 LED 引脚模式设置为输出
87        GPIO.setup(Rpin, GPIO.OUT)                                   # 将红色 LED 引脚模式设置为输出
88        GPIO.setup(BtnPin, GPIO.IN, pull_up_down=GPIO.PUD_UP)        # 设置 BtnPin 的模式输入，并上拉至
                                                                       # 高电平（3.3V）
89        GPIO.setup(T_SensorRight, GPIO.IN)                           # 设置为输入模式
90        GPIO.setup(T_SensorLeft, GPIO.IN)
91
92        GPIO.setup(AIN2, GPIO.OUT)                                   # 设置为输出模式
93        GPIO.setup(AIN1, GPIO.OUT)
94        GPIO.setup(PWMA, GPIO.OUT)
95
96        GPIO.setup(BIN1, GPIO.OUT)
97        GPIO.setup(BIN2, GPIO.OUT)
98        GPIO.setup(PWMB, GPIO.OUT)
99
100       global L_Motor                                               # 设置全局变量
101       L_Motor = GPIO.PWM(PWMA, 100)                                # 初始化一个频率为 100Hz 的 PWM 实例
102       L_Motor.start(0)                                             # 启用 PWM
103
104       global R_Motor
105       R_Motor = GPIO.PWM(PWMB, 100)
106       R_Motor.start(0)
107
108
109   def destory():
110       """释放资源"""
111       L_Motor.stop()                                               # 停止 PWM 实例
112       R_Motor.stop()
113       GPIO.cleanup()                                               # 释放引脚
114
115
116   def keyscan():
117       """按键开关"""
118       while not GPIO.input(BtnPin):                                # 监听 BtnPin 是否为低电平
119           pass
120       while GPIO.input(BtnPin):         # 监听 BtnPin 是否为高电平，低→高，按键按下，程序往下执行
```

```
121             time.sleep(0.01)
122             val = GPIO.input(BtnPin)
123             if val:
124                 GPIO.output(Rpin, 1)
125                 while not GPIO.input(BtnPin):
126                     GPIO.output(Rpin, 0)
127             else:
128                 GPIO.output(Rpin, 0)
129
130
131 def loop():
132     """主循环"""
133     while True:
134         SR = GPIO.input(T_SensorRight)      # 右探头，检测到黑线时，接收不到信号，输出高电平
135         SL = GPIO.input(T_SensorLeft)       # 左探头，检测到黑线时，接收不到信号，输出高电平
136         if SL == False and SR == False:     # 都未检测到黑线，小车在黑线两侧
137             print("t_up")
138             t_up(50, 0)                     # 前进
139         elif SL == True and SR == False:    # 左侧检测到黑线，小车偏右，需要左转
140             print("Left")
141             t_left(50, 0)                   # 左转
142         elif SL == False and SR == True:    # 右侧检测到黑线，小车偏左，需要右转
143             print("Right")
144             t_right(50, 0)                  # 右转
145         else:
146             t_stop(0)                       # 停止
147
148
149 if __name__ == '__main__':
150     setup()
151     keyscan()
152     try:
153         loop()
154     except KeyboardInterrupt:               # 使用 Ctrl + C 快捷键终止程序
155         destory()
```

运行程序，功能按键的红色指示灯点亮，将小车放在黑线上，按功能按键后，小车沿着黑线运动。

15.4.5　自动避障

避障模块的原理基本与循迹模块类似，区别在于循迹模块需一直接收信号，避障模块相反，接收到信号就代表检测到了障碍物。在顶板上使用左右两个红外避障模块，其使用的引脚分别为 GPIO12 和 GPIO16。该模块的一个探头发射红外线，另一个探头接收红外线。如果接收到了返回的信号，就代表检测到障碍物，OUT 引脚输出低电平，模块上的两个绿色指示灯全部点亮。如果接收不到返回的信号，代表未检测到障碍物，或者红外线被吸收，OUT 引脚输出高电平，只有一个指示灯点亮。

为了使探测范围达到最大，将小车放置在无障碍物的环境内，顺时针旋转避障传感器模块的电位

器，当两个绿色指示灯都亮时，再逆时针旋转电位器至刚好一个指示灯亮，此时的探测范围最大。

> **注意**
>
> 避障模块的灵敏度并非越高越好，要根据实际情况调节。如果灵敏度调节过高小车运行时电压过低，避障模块的指示灯就会闪烁，导致小车无规则运动。

新建一个 avoid.py 文件，其代码基本与 tracking.py 文件类似，集成了基本运动代码和功能按键代码，需要拔下转接板的黄色跳线帽。具体代码如下：

【实例 15.5】 红外自动避障（实例位置：资源包\Code\15\05）

```
01   import RPi.GPIO as GPIO
02   import time
03
04
05   A_SensorRight = 16
06   A_SensorLeft = 12
07
08   PWMA = 18
09   AIN1 = 22
10   AIN2 = 27
11
12   PWMB = 23
13   BIN1 = 25
14   BIN2 = 24
15
16   BtnPin = 19
17   Gpin = 5
18   Rpin = 6
19
20
21   def t_up(speed,t_time):
22       """前进"""
23       L_Motor.ChangeDutyCycle(speed)
24       GPIO.output(AIN2, False)
25       GPIO.output(AIN1, True)          # 左前
26
27       R_Motor.ChangeDutyCycle(speed)
28       GPIO.output(BIN2, False)
29       GPIO.output(BIN1, True)          # 右前
30       time.sleep(t_time)
31
32
33   def t_down(speed,t_time):
34       """后退"""
35       L_Motor.ChangeDutyCycle(speed)
36       GPIO.output(AIN2, True)          # 左后
```

```
37          GPIO.output(AIN1, False)
38
39          R_Motor.ChangeDutyCycle(speed)
40          GPIO.output(BIN2, True)                          # 右后
41          GPIO.output(BIN1, False)
42          time.sleep(t_time)
43
44
45      def t_left(speed,t_time):
46          """原地左转"""
47          L_Motor.ChangeDutyCycle(speed)
48          GPIO.output(AIN2, True)                          # 左后
49          GPIO.output(AIN1, False)
50
51          R_Motor.ChangeDutyCycle(speed)
52          GPIO.output(BIN2, False)
53          GPIO.output(BIN1, True)                          # 右前
54          time.sleep(t_time)
55
56
57      def t_right(speed,t_time):
58          """原地右转"""
59          L_Motor.ChangeDutyCycle(speed)
60          GPIO.output(AIN2, False)
61          GPIO.output(AIN1, True)                          # 左前
62
63          R_Motor.ChangeDutyCycle(speed)
64          GPIO.output(BIN2, True)                          # 右后
65          GPIO.output(BIN1, False)
66          time.sleep(t_time)
67
68
69      def t_stop(t_time):
70          """停止"""
71          L_Motor.ChangeDutyCycle(0)
72          GPIO.output(AIN2, False)
73          GPIO.output(AIN1, False)
74
75          R_Motor.ChangeDutyCycle(0)
76          GPIO.output(BIN2, False)
77          GPIO.output(BIN1, False)
78          time.sleep(t_time)
79
80
81      def setup():
82          """初始化"""
83          GPIO.setwarnings(False)                          # 忽略警告
84          GPIO.setmode(GPIO.BCM)                           # 设置编号方式
85
```

```
86      GPIO.setup(Gpin, GPIO.OUT)                          # 将绿色 LED 引脚模式设置为输出
87      GPIO.setup(Rpin, GPIO.OUT)                          # 将红色 LED 引脚模式设置为输出
88      GPIO.setup(BtnPin, GPIO.IN, pull_up_down=GPIO.PUD_UP)
                                                            # 设置 BtnPin 的模式输入，并上拉至高电平（3.3V）
89      GPIO.setup(A_SensorRight, GPIO.IN)                  # 设置为输入模式
90      GPIO.setup(A_SensorLeft, GPIO.IN)
91
92      GPIO.setup(AIN2, GPIO.OUT)                          # 设置为输出模式
93      GPIO.setup(AIN1, GPIO.OUT)
94      GPIO.setup(PWMA, GPIO.OUT)
95
96      GPIO.setup(BIN1, GPIO.OUT)
97      GPIO.setup(BIN2, GPIO.OUT)
98      GPIO.setup(PWMB, GPIO.OUT)
99
100     global L_Motor                                      # 设置全局变量
101     L_Motor = GPIO.PWM(PWMA, 100)                       # 初始化一个频率为 100Hz 的 PWM 实例
102     L_Motor.start(0)                                    # 启用 PWM
103
104     global R_Motor
105     R_Motor = GPIO.PWM(PWMB, 100)
106     R_Motor.start(0)
107
108
109 def destory():
110     """释放资源"""
111     L_Motor.stop()                                      # 停止 PWM 实例
112     R_Motor.stop()
113     GPIO.cleanup()                                      # 释放引脚
114
115
116 def keyscan():
117     """按键开关"""
118     while not GPIO.input(BtnPin):                       # 监听 BtnPin 是否为低电平
119         pass
120     while GPIO.input(BtnPin):              # 监听 BtnPin 是否为高电平，低→高，按键按下，程序往下执行
121         time.sleep(0.01)
122         val = GPIO.input(BtnPin)
123         if val:
124             GPIO.output(Rpin, 1)
125             while not GPIO.input(BtnPin):
126                 GPIO.output(Rpin, 0)
127         else:
128             GPIO.output(Rpin, 0)
129
130
131 def loop():
132     """主循环"""
133     while True:
```

```
134         SR_2 = GPIO.input(A_SensorRight)            # 右探头，检测到障碍物时，输出低电平
135         SL_2 = GPIO.input(A_SensorLeft)             # 左探头，检测到障碍物时，输出低电平
136         if SL_2 == True and SR_2 == True:           # 都未检测障碍物
137             print("t_up")
138             t_up(50, 0)                             # 前进
139         elif SL_2 == True and SR_2 == False:        # 右侧检测到障碍物
140             print("Left")
141             t_left(50, 0)                           # 左转
142         elif SL_2 == False and SR_2 == True:        # 左侧检测到障碍物
143             print("Right")
144             t_right(50, 0)                          # 右转
145         else:                                       # 两边都检测到障碍物
146             t_stop(0.3)                             # 停止前进
147             t_down(50, 0.4)                         # 后退一定的距离
148             t_left(50, 0.5)                         # 左转
149
150
151  if __name__ == '__main__':
152      setup()
153      keyscan()
154      try:
155          loop()
156      except KeyboardInterrupt:                       # 使用 Ctrl + C 快捷键终止程序
157          destory()
```

运行程序，功能按键的红色指示灯点亮，按功能按键，小车将向前继续运动，当左侧避障模块检测到障碍物时，传感器的两个绿色指示灯点亮，传感器接收到红外信号，OUT 引脚输出低电平，向右转动。当两侧的传感器都检测到障碍物时，小车停止前进，在 0.3s 后，后退 0.4s 并左转 0.5s。

15.4.6　超声单方向避障

在小车项目中，使用了一个 HC-SR04 超声波模块，其主要作用是测距。由于在 8.4.3 节已经详细地介绍了该传感器，所以这里不做详细介绍。在该项目中，超声波模块的 Trig 引脚和 Echo 引脚使用的 GPIO 引脚分别为 20 和 21。

测量距离时，先向 Trig 引脚输入至少 10μs 的触发信号，该传感器模块发出 8 个 40kHz 周期电平并检测回波。一旦检测到回波信号 Echo 引脚将输出高电平回响信号，其脉冲宽度与所测的距离成正比。通过发射信号和返回信号的时间间隔，根据声音在空气中的传播速度，计算传感器到障碍物的距离。

新建一个 ultrasonic_ranging.py 文件，在其中集成 basic_movement.py 文件中的基本运动方法和 button_detect.py 文件中的按键检测方法（下方代码已省略），然后检测到障碍物的距离，如果距离小于 60cm，自动避障；反之，继续前进，具体代码如下：

【实例 15.6】　超声单方向避障（实例位置：资源包\Code\15\06）

```
01   import time
02
```

```
03   import RPi.GPIO as GPIO
04
05
06   PWMA = 18
07   AIN1 = 22
08   AIN2 = 27
09
10   PWMB = 23
11   BIN1 = 25
12   BIN2 = 24
13
14   BtnPin = 19
15   Gpin = 5
16   Rpin = 6
17
18   TRIG = 20
19   ECHO = 21
20
21
22   def t_up(speed,t_time):
23       """前进"""
24       # 省略
25
26   def t_down(speed,t_time):
27       """后退"""
28       # 省略
29
30   def t_left(speed,t_time):
31       """原地左转"""
32       # 省略
33
34   def t_right(speed,t_time):
35       """原地右转"""
36       # 省略
37
38   def t_stop(t_time):
39       """停止"""
40       # 省略
41
42
43   def keyscan():
44       """按键开关"""
45       # 省略
46
47
48   def setup():
49       """初始化"""
50       GPIO.setwarnings(False)              # 忽略警告
51       GPIO.setmode(GPIO.BCM)               # 设置编号方式
```

```
52
53      GPIO.setup(TRIG, GPIO.OUT)                              # 输出超声波信号
54      GPIO.setup(ECHO, GPIO.IN)                               # 输入超声波信号
55
56      GPIO.setup(Gpin, GPIO.OUT)                              # 将绿色 LED 引脚模式设置为输出
57      GPIO.setup(Rpin, GPIO.OUT)                              # 将红色 LED 引脚模式设置为输出
58      GPIO.setup(BtnPin, GPIO.IN, pull_up_down=GPIO.PUD_UP)       # 设置 BtnPin 的模式输入,
                                                                # 并上拉至高电平（3.3V）
59
60      GPIO.setup(AIN2, GPIO.OUT)                              # 设置为输出模式
61      GPIO.setup(AIN1, GPIO.OUT)
62      GPIO.setup(PWMA, GPIO.OUT)
63
64      GPIO.setup(BIN1, GPIO.OUT)
65      GPIO.setup(BIN2, GPIO.OUT)
66      GPIO.setup(PWMB, GPIO.OUT)
67
68      global L_Motor                                          # 设置全局变量
69      L_Motor = GPIO.PWM(PWMA, 100)                           # 初始化一个频率为 100Hz 的 PWM 实例
70      L_Motor.start(0)                                        # 启用 PWM
71
72      global R_Motor
73      R_Motor = GPIO.PWM(PWMB, 100)
74      R_Motor.start(0)
75
76
77  def destroy():
78      """释放资源"""
79      L_Motor.stop()                                          # 停止 PWM 实例
80      R_Motor.stop()
81      GPIO.cleanup()                                          # 释放引脚
82
83
84  def distance():
85      """计算距离"""
86      GPIO.output(TRIG, 0)                                    # 重置
87      time.sleep(0.000002)
88      GPIO.output(TRIG, 1)                                    # 发射 10μs 的超声波信号
89      time.sleep(0.00001)
90      GPIO.output(TRIG, 0)                                    # 结束发射
91
92      while GPIO.input(ECHO) == 0:
93          pass
94      time1 = time.time()                                     # 开始时间
95      while GPIO.input(ECHO) == 1:                            # 监测接收引脚电平变化
96          pass
97      time2 = time.time()                                     # 结束时间
98      during = time2 - time1                                  # 获得时间差
99      return during * 340 / 2 * 100                           # 返回计算的距离
```

```
100
101
102  def loop():
103      """主循环"""
104      while True:
105          dis = distance()                    # 计算距离
106          if dis < 60:
107              while dis < 60:                 # 自动避障
108                  t_down(50, 0.5)
109                  t_right(50, 0.1)
110                  dis = distance()            # 重新计算距离
111          else:
112              t_up(50, 0)                     # 前进
113          print(dis, 'cm')
114
115
116  if __name__ == '__main__':                  # 程序入口
117      setup()
118      t_stop(.1)
119      keyscan()
120      try:
121          loop()
122      except KeyboardInterrupt:               # 使用 Ctrl + C 快捷键终止程序
123          destroy()
```

运行程序，按功能按键，超声波传感器将检测与障碍的距离，如果该距离小于 60cm，小车后退 0.5s，向右转弯，重新计算距离。如果该距离大于 60cm，小车继续向前运动。

15.4.7 超声多方向避障

在实际应用中，如果超声波模块只能检测前方障碍物距离是不够的，通常还需要检测左右两侧障碍物的距离。为实现这一需求，可以把超声波模块固定在舵机上，通过控制舵机旋转指定的角度，就可以令超声波模块旋转，等其完成测距后，再旋转到其他方向测距。

该项目使用的转接板配置了 16 路舵机的接口和 PCA9685 驱动芯片，为了使 Python 更加方便地驱动该模块，可以执行以下命令安装 PCA9685 库：

```
sudo pip3 install adafruit-blinka
sudo pip3 install adafruit-circuitpython-pca9685
sudo pip3 install adafruit-circuitpython-servokit
```

 注意

使用网线将树莓派连接至网络，或者从 pypi.org 官网手动下载安装包，再上传到树莓派，离线安装。

新建一个 ultrasonic_servo.py 文件，在代码中引入 PCA9685 库，初始化一个 PWM 实例，通过 servo_0.angle 方法使指定接口的舵机旋转一定角度（本项目超声波模块使用的是 0 号接口舵机），具体代码如下：

【实例 15.7】　超声多方向避障（实例位置：资源包\Code\15\07）

```
01    import time
02
03    import RPi.GPIO as GPIO
04    # sudo pip3 install adafruit-blinka
05    # sudo pip3 install adafruit-circuitpython-pca9685
06    # sudo pip3 install adafruit-circuitpython-servokit
07    from adafruit_pca9685 import PCA9685
08    from board import SCL, SDA
09    import busio
10    from adafruit_motor import servo
11
12    PWMA = 18
13    AIN1 = 22
14    AIN2 = 27
15
16    PWMB = 23
17    BIN1 = 25
18    BIN2 = 24
19
20    BtnPin= 19
21    Gpin = 5
22    Rpin = 6
23
24    TRIG = 20
25    ECHO = 21
26
27    i2c_bus = busio.I2C(SCL, SDA)
28    pwm = PCA9685(i2c_bus)                          # 使用默认地址初始化 PWM 设备
29
30    pwm.frequency = 50                              # 将频率设置为 50 Hz
31
32    servo_0 = servo.Servo(pwm.channels[0])
33
34
35    def t_up(speed,t_time):
36        """前进"""
37        L_Motor.ChangeDutyCycle(speed)
38        GPIO.output(AIN2, False)
39        GPIO.output(AIN1, True)                      # 左前
40
41        R_Motor.ChangeDutyCycle(speed)
42        GPIO.output(BIN2, False)
43        GPIO.output(BIN1, True)                      # 右前
```

```
44          time.sleep(t_time)
45
46
47    def t_down(speed,t_time):
48        """后退"""
49        L_Motor.ChangeDutyCycle(speed)
50        GPIO.output(AIN2, True)              # 左后
51        GPIO.output(AIN1, False)
52
53        R_Motor.ChangeDutyCycle(speed)
54        GPIO.output(BIN2, True)              # 右后
55        GPIO.output(BIN1, False)
56        time.sleep(t_time)
57
58
59    def t_left(speed,t_time):
60        """原地左转"""
61        L_Motor.ChangeDutyCycle(speed)
62        GPIO.output(AIN2, True)              # 左后
63        GPIO.output(AIN1, False)
64
65        R_Motor.ChangeDutyCycle(speed)
66        GPIO.output(BIN2, False)
67        GPIO.output(BIN1, True)              # 右前
68        time.sleep(t_time)
69
70
71    def t_right(speed,t_time):
72        """原地右转"""
73        L_Motor.ChangeDutyCycle(speed)
74        GPIO.output(AIN2, False)
75        GPIO.output(AIN1, True)              # 左前
76
77        R_Motor.ChangeDutyCycle(speed)
78        GPIO.output(BIN2, True)              # 右后
79        GPIO.output(BIN1, False)
80        time.sleep(t_time)
81
82
83    def t_stop(t_time):
84        """停止"""
85        L_Motor.ChangeDutyCycle(0)
86        GPIO.output(AIN2, False)
87        GPIO.output(AIN1, False)
88
89        R_Motor.ChangeDutyCycle(0)
90        GPIO.output(BIN2, False)
91        GPIO.output(BIN1, False)
92        time.sleep(t_time)
```

```
93
94
95    def keyscan():
96        """按键开关"""
97        while not GPIO.input(BtnPin):                 # 监听 BtnPin 是否为低电平
98            pass
99        while GPIO.input(BtnPin):                     # 监听 BtnPin 是否为高电平，低→高，按键按下，程序往下执行
100           time.sleep(0.01)
101           val = GPIO.input(BtnPin)
102           if val:
103               GPIO.output(Rpin, 1)
104               while not GPIO.input(BtnPin):
105                   GPIO.output(Rpin, 0)
106           else:
107               GPIO.output(Rpin, 0)
108
109
110   def setup():
111       """初始化"""
112       GPIO.setwarnings(False)                       # 忽略警告
113       GPIO.setmode(GPIO.BCM)                        # 设置编号方式
114
115       GPIO.setup(TRIG, GPIO.OUT)                    # 输出超声波信号
116       GPIO.setup(ECHO, GPIO.IN)                     # 输入超声波信号
117
118       GPIO.setup(Gpin, GPIO.OUT)                    # 将绿色 LED 引脚模式设置为输出
119       GPIO.setup(Rpin, GPIO.OUT)                    # 将红色 LED 引脚模式设置为输出
120       GPIO.setup(BtnPin, GPIO.IN, pull_up_down=GPIO.PUD_UP)
                                                        # 设置 BtnPin 的模式输入，并上拉至高电平（3.3V）
121
122       GPIO.setup(AIN2, GPIO.OUT)                    # 设置为输出模式
123       GPIO.setup(AIN1, GPIO.OUT)
124       GPIO.setup(PWMA, GPIO.OUT)
125
126       GPIO.setup(BIN1, GPIO.OUT)
127       GPIO.setup(BIN2, GPIO.OUT)
128       GPIO.setup(PWMB, GPIO.OUT)
129
130       global L_Motor                               # 设置全局变量
131       L_Motor = GPIO.PWM(PWMA, 100)                # 初始化一个频率为 100Hz 的 PWM 实例
132       L_Motor.start(0)                             # 启用 PWM
133
134       global R_Motor
135       R_Motor = GPIO.PWM(PWMB, 100)
136       R_Motor.start(0)
137
138
139   def destroy():
140       """释放资源"""
```

```
141          L_Motor.stop()                              # 停止 PWM 实例
142          R_Motor.stop()
143          GPIO.cleanup()                              # 释放引脚
144
145
146   def distance():
147          """计算距离"""
148          GPIO.output(TRIG, 0)
149          time.sleep(0.000002)
150          GPIO.output(TRIG, 1)
151          time.sleep(0.00001)
152          GPIO.output(TRIG, 0)
153
154          while GPIO.input(ECHO) == 0:
155              pass
156          time1 = time.time()                         # 开始时间
157          while GPIO.input(ECHO) == 1:                 # 监测接收引脚电平变化
158              pass
159          time2 = time.time()                         # 结束时间
160          during = time2 - time1                      # 获得时间差
161          return during * 340 / 2 * 100                # 返回计算的距离
162
163
164   def front_detection():
165          """检测前方到障碍物的距离"""
166          servo_0.angle = 90                           # 舵机转到 90°
167          time.sleep(0.5)
168          dis_f = distance()
169          return dis_f
170
171
172   def left_detection():
173          """检测左侧到障碍物的距离"""
174          servo_0.angle = 180                          # 如果舵机装反, 此处可改为 0
175          time.sleep(0.5)
176          dis_l = distance()                           # 检测到障碍物的距离
177          return dis_l
178
179
180   def right_detection():
181          """检测右侧到障碍物的距离"""
182          servo_0.angle = 0                            # 如果舵机装反, 此处可改为 180
183          time.sleep(0.5)
184          dis_r = distance()                           # 检测到障碍物的距离
185          return dis_r
186
187
188   def loop():
189          """主循环"""
```

```
190    while True:
191        dis1 = front_detection()                        # 检测前方到障碍物的距离
192        if dis1 < 60:                                    # 自动避障
193            t_stop(0.2)
194            t_down(50, 0.5)                              # 后退 0.5s
195            print("t_down")
196            t_stop(0.2)
197            dis2 = left_detection()                      # 检测左侧到障碍物的距离
198            dis3 = right_detection()                     # 检测右侧到障碍物的距离
199            if dis2 < 60 and dis3 < 60:
200                t_left(50, 1)
201                print("t_left")
202            elif dis2 > dis3:                            # 左侧距离大，向左转
203                t_left(50, 0.3)
204                print("t_left")
205                t_stop(0.1)
206            else:                                        # 右侧距离大，向右转
207                t_right(50, 0.3)
208                print("t_right")
209                t_stop(0.1)
210        else:
211            t_up(60, 0)                                  # 前进
212            print("t_up")
213        print(dis1, 'cm')
214
215
216 if __name__ == "__main__":                              # 程序入口
217     setup()
218     keyscan()
219     try:
220         loop()
221     except KeyboardInterrupt:                           # 使用" Ctrl + C"快捷键终止程序
222         destroy()
```

运行程序，按下功能键，小车自动检测前方是否有障碍物。当前方有障碍物时，再检测左侧和右侧是否有障碍物，自动避障。如果前方没有障碍物，继续前进。如果舵机的安装方向相反，在控制舵机转向的代码 servo_0.angle 方法中，将向左转和向右转的参数对调即可。

15.4.8　红外控制

遥控器的基带通信协议有几十种，目前市面上使用最多的是 NEC 协议。NEC 协议的数据格式包括引导码、用户码、用户码（或者用户码反码）、按键键码和键码反码，最后一个停止位。停止位主要起隔离作用，一般不进行判断，编程时可不必理会。其中，数据编码共 4 个字节 32 位，第一个字节是用户码，第二个字节可能也是用户码，或者是用户码的反码，具体由生产商决定，第三个字节是当前按键的键码，第四个字节是键码的反码，用于对数据纠错。

本项目使用的树莓派转接板上带有一个红外接收头，其接口为 GPIO4，当收到有载波的信号时，输出一个低电平，空闲的时候输出高电平。为了更加方便地从红外接收器读取数据，需要借助 pylirc 库来实现，但 pylirc 库已经很久没有人维护，并不兼容 Python3，只能使用 Python2 运行代码。在提供的镜像中已经包含了这个库，大家只需上传配置文件和测试代码即可。

新建一个 ic_control_python2.py 文件，在代码中通过 pylirc 库循环读取红外键值，然后查询配置文件信息，控制小车运动，具体代码如下：

【实例 15.8】 红外控制（实例位置：资源包\Code\15\08）

```python
01  #!/usr/bin/python
02  import time
03
04  import pylirc
05  import RPi.GPIO as GPIO
06
07
08  PWMA = 18
09  AIN1 = 22
10  AIN2 = 27
11
12  PWMB = 23
13  BIN1 = 25
14  BIN2 = 24
15
16  BtnPin = 19
17  Gpin = 5
18  Rpin = 6
19
20  blocking = 0
21
22
23  def t_up(speed,t_time):
24      """前进"""
25      L_Motor.ChangeDutyCycle(speed)
26      GPIO.output(AIN2, False)
27      GPIO.output(AIN1, True)          # 左前
28
29      R_Motor.ChangeDutyCycle(speed)
30      GPIO.output(BIN2, False)
31      GPIO.output(BIN1, True)          # 右前
32      time.sleep(t_time)
33
34
35  def t_down(speed,t_time):
36      """后退"""
37      L_Motor.ChangeDutyCycle(speed)
38      GPIO.output(AIN2, True)          # 左后
39      GPIO.output(AIN1, False)
40
```

```
41         R_Motor.ChangeDutyCycle(speed)
42         GPIO.output(BIN2, True)                          # 右后
43         GPIO.output(BIN1, False)
44         time.sleep(t_time)
45
46
47     def t_left(speed,t_time):
48         """原地左转"""
49         L_Motor.ChangeDutyCycle(speed)
50         GPIO.output(AIN2, True)                          # 左后
51         GPIO.output(AIN1, False)
52
53         R_Motor.ChangeDutyCycle(speed)
54         GPIO.output(BIN2, False)
55         GPIO.output(BIN1, True)                          # 右前
56         time.sleep(t_time)
57
58
59     def t_right(speed,t_time):
60         """原地右转"""
61         L_Motor.ChangeDutyCycle(speed)
62         GPIO.output(AIN2, False)
63         GPIO.output(AIN1, True)                          # 左前
64
65         R_Motor.ChangeDutyCycle(speed)
66         GPIO.output(BIN2, True)                          # 右后
67         GPIO.output(BIN1, False)
68         time.sleep(t_time)
69
70
71     def t_stop(t_time):
72         """停止"""
73         L_Motor.ChangeDutyCycle(0)
74         GPIO.output(AIN2, False)
75         GPIO.output(AIN1, False)
76
77         R_Motor.ChangeDutyCycle(0)
78         GPIO.output(BIN2, False)
79         GPIO.output(BIN1, False)
80         time.sleep(t_time)
81
82
83     def keyscan():
84         """按键开关"""
85         while not GPIO.input(BtnPin):                    # 监听 BtnPin 是否为低电平
86             pass
87         while GPIO.input(BtnPin):     # 监听 BtnPin 是否为高电平，低→高，按键按下，程序往下执行
88             time.sleep(0.01)
89             val = GPIO.input(BtnPin)
90             if val:
91                 GPIO.output(Rpin, 1)
```

```
92          while not GPIO.input(BtnPin):
93              GPIO.output(Rpin, 0)
94      else:
95          GPIO.output(Rpin, 0)
96
97
98  def setup():
99      """初始化"""
100     GPIO.setwarnings(False)                              # 忽略警告
101     GPIO.setmode(GPIO.BCM)                               # 设置编号方式
102
103     GPIO.setup(Rpin, GPIO.OUT)                           # 将红色 LED 引脚模式设置为输出
104     GPIO.setup(BtnPin, GPIO.IN, pull_up_down=GPIO.PUD_UP)
                                                             # 设置 BtnPin 的模式输入，并上拉至高电平（3.3V）
105
106     GPIO.setup(AIN2, GPIO.OUT)                           # 设置为输出模式
107     GPIO.setup(AIN1, GPIO.OUT)
108     GPIO.setup(PWMA, GPIO.OUT)
109
110     GPIO.setup(BIN1, GPIO.OUT)
111     GPIO.setup(BIN2, GPIO.OUT)
112     GPIO.setup(PWMB, GPIO.OUT)
113
114     global L_Motor                                       # 设置全局变量
115     L_Motor = GPIO.PWM(PWMA, 100)                        # 初始化一个频率为 100Hz 的 PWM 实例
116     L_Motor.start(0)                                     # 启用 PWM
117
118     global R_Motor
119     R_Motor = GPIO.PWM(PWMB, 100)
120     R_Motor.start(0)
121
122
123 def destroy():
124     """释放资源"""
125     pylirc.exit()
126     L_Motor.stop()                                       # 停止 PWM 实例
127     R_Motor.stop()
128     GPIO.cleanup()                                       # 释放引脚
129
130
131 def ir(config):
132     """键值匹配查询"""
133     if config == 'KEY_CHANNEL':
134         t_up(50,0)
135         print 't_up'
136     elif config == 'KEY_NEXT':
137         t_stop(0)
138         print 't_stop'
139     elif config == 'KEY_PREVIOUS':
140         t_left(50,0)
141         print 't_left'
```

```
142          elif config == 'KEY_PLAYPAUSE':
143              t_right(50,0)
144              print 't_right'
145          elif config == 'KEY_VOLUMEUP':
146              t_down(50,0)
147              print 't_down'
148
149
150  def loop():
151      """主循环"""
152      while True:
153          s = pylirc.nextcode(1)
154          while s:                                    # 读取红外键值
155              for (code) in s:
156                  print 'Command: ', code["config"]
157                  ir(code["config"])                  # 查询文件
158              if not blocking:
159                  s = pylirc.nextcode(1)
160              else:
161                  s = []
162
163
164  if __name__ == "__main__":                          # 程序入口
165      setup()
166      keyscan()
167      pylirc.init("pylirc", "./conf", blocking)       # 初始化配置文件
168      try:
169          loop()
170      except KeyboardInterrupt:                        # 使用 Ctrl + C 快捷键终止程序
171          destroy()
```

使用 Python2 运行程序，按功能按键，使用遥控器控制小车运动。例如按 CH 键时，小车前进；按 ⏮ 键时，小车左转；按 ⏭ 键时，小车停止运动；按 ⏯ 键时，小车右转；按 ✚ 键时，小车后退。

15.4.9 WIFI 控制

目前，Python 的 RPi.GPIO 库并没有 WIFI 控制功能，所以只能使用 C 语言实现。

【实例 15.9】 WIFI 控制（实例位置：资源包\Code\15\09）

首先需要将资源包中的 WIFI_SERVO（也可以使用 WIFI_C，但它没有对舵机云台的控制）文件夹上传至树莓派的文件管理系统中，这里使用路径为/home/pi/Demo/WIFI_SERVO，打开终端，执行以下命令开启摄像头：

```
cd mjpg-streamer/mjpg-streamer-experimental/
sudo ./start.sh
```

此时，如果出现了如图 15.47 所示信息，表示摄像头开启成功。

```
MJPG Streamer Version: git rev: 501f6362c5afddcfb41055f97ae484252c85c912
i: Using V4L2 device.: /dev/video0
i: Desired Resolution: 640 x 480
i: Frames Per Second.: -1
i: Format............: JPEG
i: TV-Norm...........: DEFAULT
i: Could not obtain the requested pixelformat: MJPG , driver gave us: YUYV
   ... will try to handle this by checking against supported formats.
   ... Falling back to YUV mode (consider using -yuv option). Note that this requires much more CPU power
UVCIOC_CTRL_ADD - Error at Pan (relative): Inappropriate ioctl for device (25)
UVCIOC_CTRL_ADD - Error at Tilt (relative): Inappropriate ioctl for device (25)
UVCIOC_CTRL_ADD - Error at Pan Reset: Inappropriate ioctl for device (25)
UVCIOC_CTRL_ADD - Error at Tilt Reset: Inappropriate ioctl for device (25)
UVCIOC_CTRL_ADD - Error at Pan/tilt Reset: Inappropriate ioctl for device (25)
UVCIOC_CTRL_ADD - Error at Focus (absolute): Inappropriate ioctl for device (25)
UVCIOC_CTRL_MAP - Error at Pan (relative): Inappropriate ioctl for device (25)
UVCIOC_CTRL_MAP - Error at Tilt (relative): Inappropriate ioctl for device (25)
UVCIOC_CTRL_MAP - Error at Pan Reset: Inappropriate ioctl for device (25)
UVCIOC_CTRL_MAP - Error at Tilt Reset: Inappropriate ioctl for device (25)
UVCIOC_CTRL_MAP - Error at Pan/tilt Reset: Inappropriate ioctl for device (25)
UVCIOC_CTRL_MAP - Error at Focus (absolute): Inappropriate ioctl for device (25)
UVCIOC_CTRL_MAP - Error at LED1 Mode: Inappropriate ioctl for device (25)
UVCIOC_CTRL_MAP - Error at LED1 Frequency: Inappropriate ioctl for device (25)
UVCIOC_CTRL_MAP - Error at Disable video processing: Inappropriate ioctl for device (25)
UVCIOC_CTRL_MAP - Error at Raw bits per pixel: Inappropriate ioctl for device (25)
o: www-folder-path......: ./www/
o: HTTP TCP port........: 8080
o: HTTP Listen Address..: (null)
o: username:password....: disabled
o: commands.............: enabled
```

图 15.47　开启摄像头

成功开启摄像头后，保持当前终端为开启状态，另开一个终端编译 C 语言文件，命令如下：

```
cd /home/pi/Demo/WIFI_SERVO/examples
sudo gcc car_server.c -o car_server pca9685.c -lwiringPi -lwiringPiDev
```

编译成功后结果如图 15.48 所示。

```
car_server.c: In function 'main':
car_server.c:279:4: warning: '__builtin_memset' writing 513 bytes into a region of size 512 overflows the destination [-Wstringop-overfl
ow=]
    bzero(buf,BUFSIZE + 1);
    ^~~~~~~~~~~~~~~~~~~~~~~
```

图 15.48　编译 car_server.c 成功

执行以下命令启动 car_server 文件：

```
sudo ./car_server 2001
```

可以通过 PC 或 Android 两个客户端控制小车运行。在使用 PC 客户端控制小车时，需要双击资源包中的 setup.exe 应用程序完成软件的安装。如果报错，可以双击.Net Framework 4.6.1.exe 文件安装依赖。安装完成后，以管理员的身份运行客户端软件，并配置 IP 信息。在使用 Android 客户端控制小车时，需要先连接小车分享的热点，连接成功后，打开应用程序，点击"设置"按钮，配置小车的 IP 和端口信息，最后点击连接即可成功控制小车。

15.5　小　　结

本章使用树莓派、传感器和一些硬件模块组装了一辆智能小车。首先列出了组装小车所需的硬件清单，读者可自行购买。随后给出了详细的组装方法，和烧录镜像的方法。最后，通过小车实现一些控制实验，例如，控制蜂鸣器、按键检测、实现基本运动、自动循迹、自动避障、超声测距、舵机转动、红外控制和 WIFI 控制等实验。